“十四五”职业教育工业机器人技术应用专业系列教材

焊接机器人工作站操作与运维

陆可人　郭　跃◎主　编
邵红硕◎副主编
王珺萩◎主　审

中国铁道出版社有限公司
CHINA RAILWAY PUBLISHING HOUSE CO., LTD.

内 容 简 介

本书聚焦于焊接机器人，围绕其工作站的组成、操作与编程、工艺实践、仿真应用、维护与保养五大模块，通过项目化的教学方式，引导读者系统掌握焊接机器人的实践技能，并深入了解其生命周期管理。

本书紧密结合智能制造产业前沿需求，融入了最新技术、企业流程与职业规范，旨在培养理论与实践并重的复合型人才。本书以职业为导向，在确保教材内容与岗位标准紧密对接的同时，还注重学生的个性化学习需求，帮助学生发挥自己的潜力和优势。

本书适合作为职业院校工业机器人技术专业的教材，也可作为企业工程人员的培训教材。

图书在版编目(CIP)数据

焊接机器人工作站操作与运维 / 陆可人，郭跃主编.
北京 ：中国铁道出版社有限公司, 2024. 12. --（“十四五”职业教育工业机器人技术应用专业系列教材）.
ISBN 978-7-113-31483-5

Ⅰ. TP242.2

中国国家版本馆 CIP 数据核字第 2024SQ6313 号

书　　名：焊接机器人工作站操作与运维
作　　者：陆可人　郭　跃

策　　划：张松涛　　　　**编辑部电话：**(010)83527746
责任编辑：张松涛　彭立辉
封面设计：刘　颖
责任校对：苗　丹
责任印制：赵星辰

出版发行：中国铁道出版社有限公司(100054，北京市西城区右安门西街 8 号)
网　　址：https://www.tdpress.com/51eds
印　　刷：北京联兴盛业印刷股份有限公司
版　　次：2024 年 12 月第 1 版　2024 年 12 月第 1 次印刷
开　　本：787 mm×1 092 mm　1/16　**印张：**12.75　**字数：**351 千
书　　号：ISBN 978-7-113-31483-5
定　　价：58.00 元

序

随着制造产业的转型升级，工业 4.0 的推进，工业机器人的应用呈逐年快速增长态势。为认真贯彻落实《关于加快发展现代职业教育的决定》，加快建设现代职业教育体系，推进职业教育改革发展，2012 年，上海信息技术学校顺应技术的变迁，向上海市教委申办工业机器人技术应用专业，并于 2013 年招收第一届工业机器人技术应用专业学生。2014 年，学校成功申报上海市职业教育现代控制技术开放实训中心，以工业机器人技术应用实训设施为主，次年 10 月完成建设任务。2017 年以“面向智能制造的专业创新模式与实践——以工业机器人应用与维护方向为例”获得上海市职业教育教学成果一等奖。2024 年，学校工业智能高水平开放实训中心被命名为上海市高水平开放实训中心培育项目。

围绕新时代国家给中职的新定位，夯实专业基础知识、扎实训练基本功、熟悉职业领域、提升未来职业认同感。经过十多年的教学实践探索，工业机器人技术应用教师团队获国家级教师教学创新团队，在课程设计、教材编写、教学实践等方面积累了经验，专业建设中加强产教融合，引入新技术、新工艺、新设备，获批立项上海市优质专业。

本次出版的六本教材，其中三本为首批“十四五”国家规划教材的改版，三本为新编教材。经过两年左右的准备，学校在原工业机器人技术专业教材编委员的基础上，引入了多位上海新时达机器人有限公司的一线专家，组成了校企双主编的编写团队，本套丛书以工业机器人系统操作和维护为侧重角度，采用任务驱动模式编写，精心设计教材内容，配套完整的课程辅助资源，融入课程思政，实现教材立体化。

本套丛书以典型工业机器人应用实例向读者介绍了工业机器人技术应用领域的系统技能，面向中、高职学生和工业机器人系统操作员、工业机器人运维人员，介绍了使用示教器、操作面板等人机交互设备及相关机械工具，对工业机器人、工业机器人工作站或系统进行装配、编程、调试、工艺参数更改、工装夹具更换及其他辅助作业，也着重介绍了使用工具、量具、检测仪器及设备，对工业机器人、工业机器人工作站或系统进行数据采集、状态监测、故障分析与诊断、维修及预防性维护与保养作业等内容。

本套丛书由上海市智能机器人职业教育集团秘书长王珺萩担任主审，并邀请了多位企业专家、职教专家进行审校，力争教材的思政性、科学性、教育性符合要求。

由于工业机器人技术发展快，书中难免有不当之处，请各位读者批评指正。最后感谢为本套丛书制作了教学视频资源的上海优信教育科技有限公司及其他给予我们帮助的人。

王珺萩

2024 年 11 月

前　言

党的二十大报告指出:“加快构建新发展格局,着力推动高质量发展。”“坚持把发展经济的着力点放在实体经济上,推进新型工业化,加快建设制造强国、质量强国、航天强国、交通强国、网络强国、数字中国。”工业和信息化部等部门印发的《“十四五”智能制造发展规划》亦明确指出:“智能制造是制造强国建设的主攻方向,其发展程度直接关乎我国制造业质量水平。”

焊接技术作为制造业中的关键环节,提升其自动化和智能化水平,是实现制造业高质量发展的重要途径。焊接机器人作为智能制造的代表性技术,其研发、制造和应用已成为衡量国家科技创新和高端制造业水平的重要标志。随着中国制造业的快速发展,对高素质复合型技术技能人才的需求日益增长,这就要求职业院校培养更多能够熟练应用焊接机器人的人才,以满足市场的实际需求。

本书针对职业院校学生的实际需求量身打造,以促进学生职业成长为核心,采用项目化教学法,凸显职业特色的同时,倡导个性化与差异化的教学模式。本书强调实践与理论深度融合,主要特点如下:

①立德树人,融合思政教育:深入贯彻立德树人的教育理念,将工匠精神、创新精神和工程思维融入课程设计,通过大国工匠案例,结合国产机器人培养学生的爱国情怀和专业素养。

②实践导向,构建真实情境:以真实工作场景为蓝本,采用项目化任务模式,设计由浅入深的学习路径,确保学生能够学以致用,提升实操能力。

③课证融通,融合“1+X”要求:教材内容与工业机器人职业技能等级标准相结合,实现“岗课赛证”融通。

④技术前沿,覆盖多类品牌:以国产新时达机器人,以及在职业院校中使用较多ABB、FANUC机器人为对象进行讲解,涵盖了工艺参数、编程示教、离线仿真等内容,以帮助学生尽快适应课程学习。

⑤评价改革,确保育人成效:采用客观量化的评价体系,将工匠精神等主观评价转化为可量化的客观指标,全面评价学生的知识、技能和素养。

⑥数字教学，适应时代需求：配套数字化教学资源，建立“互联网+”翻转课堂，支持学生主动、灵活地学习。

本书由上海信息技术学校陆可人、上海新时达机器人有限公司郭跃任主编，上海浦东职业技术学院邵红硕任副主编，上海市智能机器人职业教育集团王珺萩主审，江南造船集团职业技术学校周沪甬及上海信息技术学校戴娟、任洁岚、宁丹、张祁参与了本书的编写。在编写过程中，参考了大量的书籍、文献和手册资料，在此向所有相关作者表示诚挚的感谢。

由于编者水平有限，书中难免存在疏漏与不妥之处，敬请广大读者批评指正。

编　者

2024 年 3 月

目　录

项目一

焊接机器人工作站的认知

项目导入

随着我国工业化步伐的迅速推进，焊接机器人工作站在加工制造业中的应用已变得日益普遍。其广泛涉及的行业领域包括汽车制造、设备制造、工程机械、交通运输、冶金工业、航空航天、军工制造乃至电器生产等多个关键领域。

焊接机器人工作站的应用，不仅显著改善了原本恶劣、危险的工作环境，有效降低了操作人员因直接接触高温、烟尘和有害射线而面临的风险，更以其连续无间断的作业能力，大幅提升了生产效率，确保了焊接质量的一致性和稳定性。

以下图为例，一套标准的焊接机器人工作站主要包括焊接电源单元、焊接机器人单元、机器人焊枪单元、焊接任务单元、安全防护单元、集成控制单元以及周边单元。

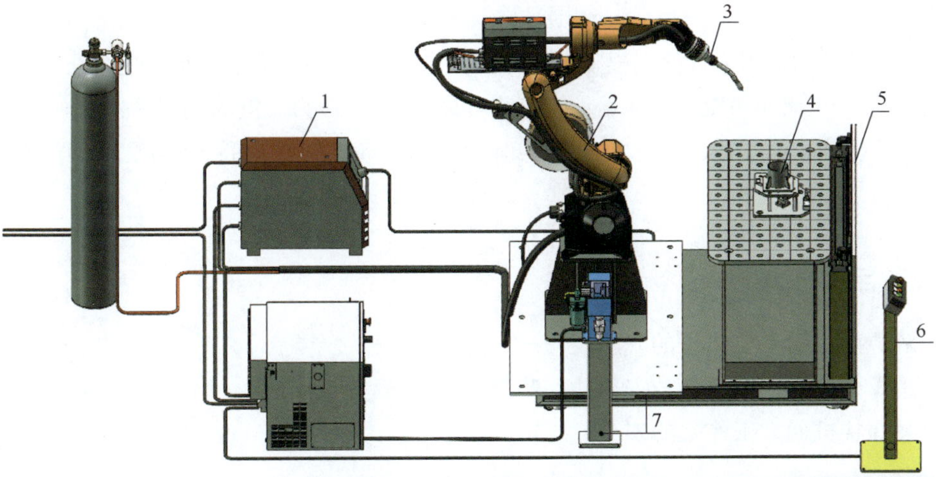

1—焊接电源单元；2—焊接机器人单元；3—机器人焊枪单元；4—焊接任务单元；
5—安全防护单元；6—集成控制单元；7—周边单元。

其工作流程大致为：从焊接任务单元选择待焊试件，放置在周边单元中的柔性焊接工作台上固定，操作焊接机器人单元设备携带焊枪完成空间定向和移位动作，编制任务程序，设置焊接电源参数，启动安全防护单元设备，通过集成控制单元实现自动运转机器人焊接作业。下面通过项目任务揭示这些组成部分如何协同工作，以实现高效、安全的焊接作业。

知识导图

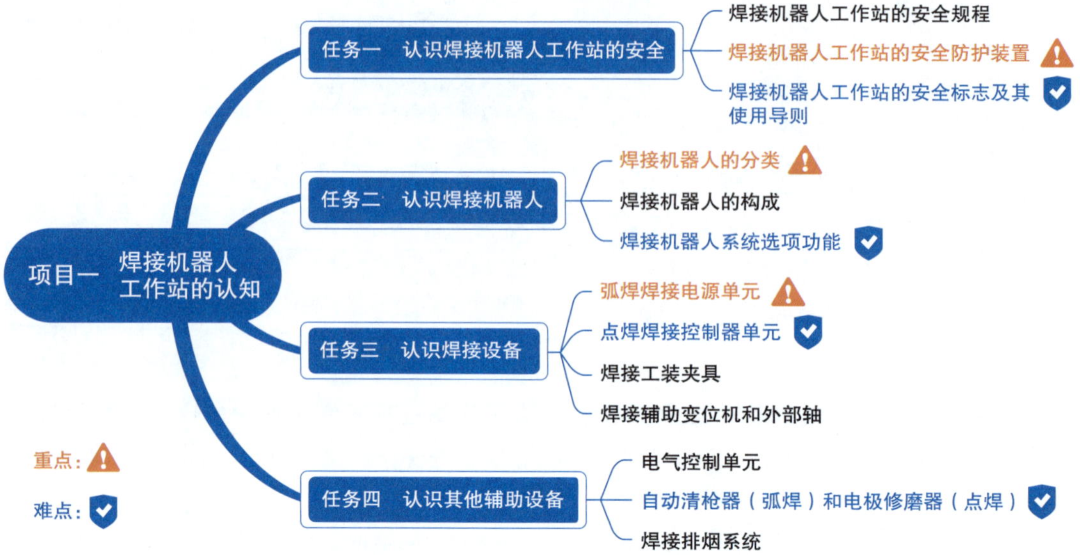

任务一　认识焊接机器人工作站的安全

情景导入

身为企业新晋的机器人焊接工程师，将肩负起重要的职责与使命。在踏上这个充满挑战与机遇的岗位之前，一场全面而系统的入职培训正等待着你。其中，最为关键的一课——安全培训，将筑起一道坚实的防护墙。现在就让我们怀揣着对知识的渴望和对安全的敬畏，共同投入到学习中。

学习目标

一、知识目标

①了解焊接机器人工作站的安全规程。
②熟悉焊接机器人工作站的安全防护装置。
③熟悉焊接机器人工作站的安全标志。

二、能力目标

①能说出焊接机器人工作站的安全规程。
②能作为安全员检查安全防护装置是否能正常工作。
③能按照安全标志及其使用导则，识别安全标志表达的安全信息。

三、素养目标

①培养安全意识。
②养成严谨、规范的工作习惯。

任务描述

在正式启动焊接机器人工作站之前，为确保整个工作环境的安全性与稳定性，必须执行一项至关重要的任务——完成焊接机器人工作站的安全检查工作。请根据所学知识和实际工作站情况，详细填写并完成安全检查表，确保每一项安全要求都得到严格落实。

任务分析

焊接机器人工作站的安全知识涉及多个层面和细节，为确保全面性和准确性，最可靠且高效的信息获取途径是深入查阅相关的操作手册、安全标准及行业规范，深入学习并掌握焊接机器人工作站的安全知识，包括但不限于常规安全规程、设备与人员的安全操作要求，以及使用过程中的安全注意事项。另外，在进行安全检查任务之前，须做好充分的操作准备；完成安全检查后，应按照5S[整理(seiri)、整顿(seiton)、清扫(seiso)、清洁(seiketsu)、素养(shitsuke)]标准对操作现场进行规范整理，以维护工作站的安全与秩序。具体的任务工作流程如图1-1-1所示。

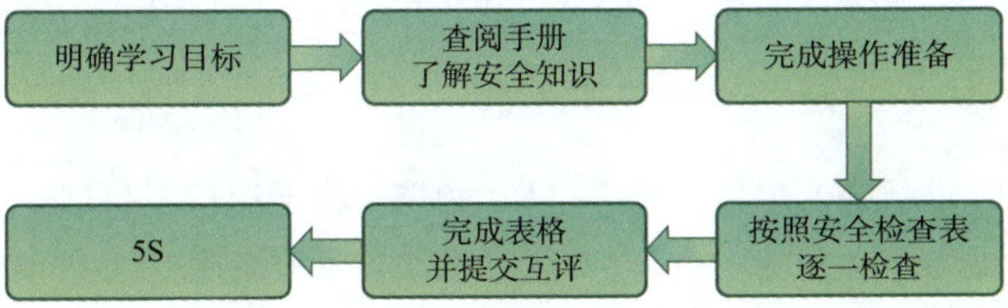

图1-1-1　焊接机器人工作站安全认知任务工作流程

核心知识

一、焊接机器人工作站的安全规程

焊接机器人工作站的安全规程，是守护操作人员与设备安全的坚固屏障，它贯穿于操作前、操作中、工作结束，以及异常处理的每一个细致环节。

1. 操作前的精心筹备

①操作人员必须经过系统的专业培训，并熟悉焊接机器人工作站的操作规程和安全知识。

②针对不同的工作站与应用场景，制定详细的规程(包括启动、运行、停止、维护等步骤)，确保操作人员能够正确、安全地操作机器人，并张贴在显眼位置，定期对操作人员进行培训和考核。

③在操作前，操作人员必须检查焊接机器人及其相关设备是否完好，并确保所有安全防护装置(如防护栏、安全光栅等)都在位且功能正常。

④确保焊接机器人的电气系统符合安全标准，包括接地、绝缘、过载保护等，以防止触电和火灾风险。

⑤确保工作区域整洁、无杂物，远离易燃物品，并保持通风良好。

2. 操作中的严谨守护

①操作人员必须佩戴适当的个人防护装备，如焊接头盔、防护眼镜、手套等。

②在焊接机器人运行时，严禁人员进入其工作区域，以防夹伤、撞伤等事故。

③在焊接与切割过程中，正确预设焊接防护设施，预防弧光、火花、烟尘、气体带来的职业危害。

④确保焊接机器人的动作范围内没有闲杂人员，特别是在进行示教或手动操作时。

⑤严禁擅自修改焊接机器人的程序或参数，除非经过授权和专业培训。

⑥在焊接机器人工作站附近应设置明显的紧急停止按钮，在紧急情况下迅速切断电源，停止机器人运行。

⑦操作人员应提高安全意识，时刻注意周围环境的变化，及时发现并处理潜在的安全隐患。

3. 异常情况下的冷静应对

①如果焊接机器人出现异常情况（如报警、故障等），操作人员应立即按下紧急停止按钮，停止机器人的运行，并及时通知维修人员进行处理。

②在处理异常情况时，严禁盲目行动，必须遵循相应的安全程序，等待专业人员的到来。

③切勿尝试自行修复或重启设备。

4. 工作结束后的细致善后

①在工作结束后，应将焊接机器人停放在安全位置，并关闭电源。

②清理工作区域，确保无残留物、火花等安全隐患。

③对焊接机器人及其相关设备进行必要的维护和保养，以确保其长期稳定运行。

视 频

焊接机器人工作站常见安全防护装置

二、焊接机器人工作站的安全防护装置

安全防护装置是确保焊接机器人工作站安全、稳定运行不可或缺的重要组成部分。它们为操作人员提供了必要的安全防护，同时也保护了设备免受潜在损害。除常见机器人工作站防护装置外，通常还包括焊接烟尘净化器、自动升降遮光屏、安全防护房（配备安全锁）和储气瓶保护柜等。常见的工业机器人工作站安全防护装置见表 1-1-1。

表 1-1-1　常见的工业机器人工作站安全防护装置

单元组成	功能描述	设备示意
安全门锁	安全门锁位于安全防护（房）门上，当机器人自动运转中打开安全门锁时，机器人就会减速停止	—
集成控制急停按钮	集成控制急停按钮位于安全防护房入口处的外部操作盒上，任何时候，按下急停按钮，机器人运动和任务程序均会立即停止。顺时针旋转急停按钮，解除急停状态	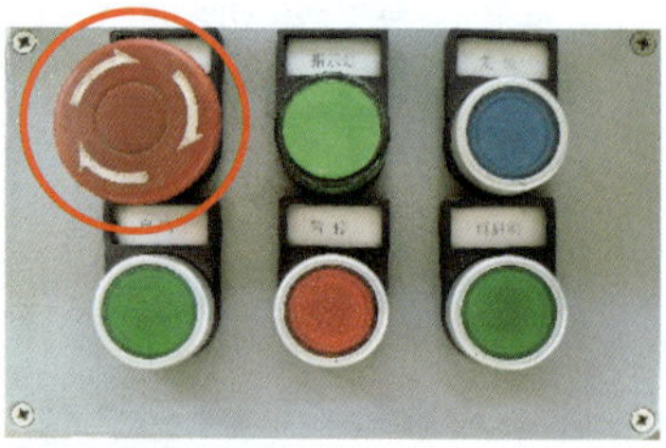
示教盒急停按钮	示教盒急停按钮位于示教盒的右上角，任何时候，按下急停按钮，机器人运动和任务程序均会立即停止。顺时针旋转急停按钮，解除急停状态	

续表

单 元 组 成	功 能 描 述	设 备 示 意
机器人控制柜急停按钮	机器人控制柜急停按钮位于控制柜操作面板上，任何时候，按下急停按钮，机器人运动和任务程序均会立即停止。顺时针旋转急停按钮，解除急停状态	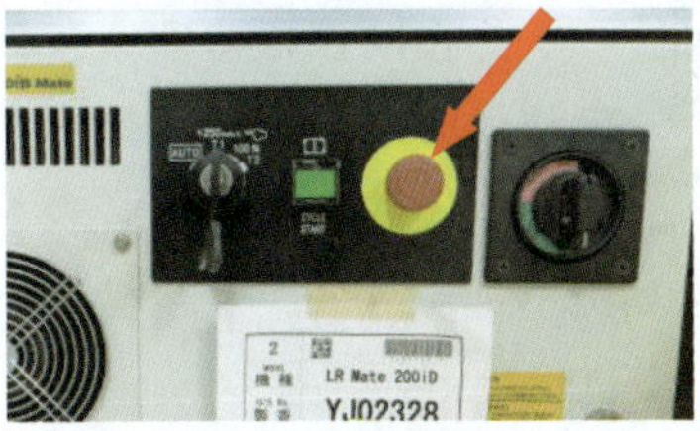
焊接烟尘净化器	①净化焊接作业过程产生大量悬浮在空气中对人体有害的细小金属颗粒。 ②根据布局数量及形式，可以将焊接烟尘净化器分为单机移动式烟尘净化器和中央/集成式烟尘净化系统。 ③国内著名焊接烟尘净化器制造商有北京金雨、无锡博迪、广东酷柏、深圳高福等；国外有德国 TEKA、瑞典 Nederman、美国 Donaldson 等	
安全防护房	①固定式防护装置，使用工具可拆卸掉护栏、屏障、保护罩等。 ②通常与安全门锁、安全光幕、安全地毯、激光区域保护扫描器等搭配使用	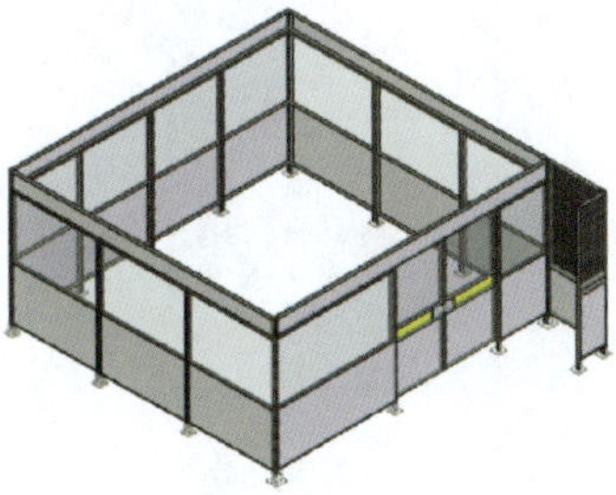
自动升降遮光屏	①活动式防护装置，焊接时通过信号控制遮光屏升起，遮挡弧光，避免现场人员被弧光刺眼，待焊接结束时，遮光屏落下。 ②通常与安全防护房搭配使用，形成区域内和区域外双层防护措施	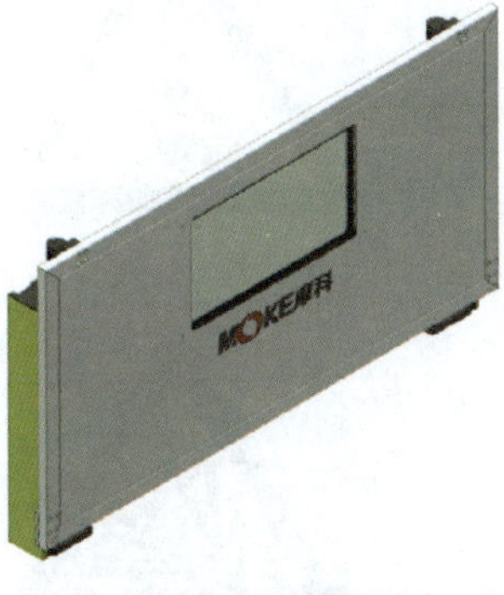
储气瓶保护柜	①存储及输送焊接工艺所需的熔池区域保护气体，可以按需选择单瓶供气或集中供气。 ②常见的保护气体有 CO_2、Ar、He 及 CO_2 + Ar 混合气体等，根据实际工艺需求选择	

动画

安全标志

三、焊接机器人工作站的安全标志及其使用导则

为预防焊接机器人工作站编程和维护作业过程中发生安全事故，通常在工作站各单元模块的醒目位置或操作人员视线高度，安装相应的安全标志，以确保人员能够清晰看到并遵守相应的安全规定。表 1-1-2 列出了焊接机器人工作站配置的禁止标志、警告标志、指令标志和提示标志等四类安全标志。

表 1-1-2　常见的焊接机器人工作站安全标志

编号	图形标志	图标名称	备　注
1		禁止吸烟 No smoking	应安装在显眼且适当的位置，如入口处、休息区或更衣室、紧急出口
2		禁止倚靠 No leaning	建议安装在焊接机器人本体的大臂位置
3		注意安全 Warning danger	应安装在显眼且适当的位置，如入口处、休息区或更衣室、紧急出口
4		当心爆炸 Warning explosion	建议安装在储气瓶保护柜位置
5		当心中毒 Warning poisoning	建议安装在化学品储存区及通风不良区域

续表

编号	图形标志	图标名称	备　注
6		当心触电 Warning electric shock	建议安装在焊接电源位置处
7		当心机械伤人 Warning mechanical injury	建议安装在机械设备附近、操作控制台以及通道处
8		当心弧光 Warning arc	建议安装在自动升降遮光屏位置
9		当心高温表面 Warning hot surface	建议安装在焊接区域附近及设备表面
10		必须佩戴遮光护目镜 Must wear opaque eye protection	安装在入口处、更衣室、工作区域、其他可能需要遮光护目的设备附近
11		必须佩戴防尘口罩 Must wear dustproof mask	安装在入口处、更衣室、工作区域、其他可能产生粉尘的设备附近

续表

编号	图形标志	图标名称	备注
12		必须戴安全帽 Must wear safety helmet	安装在入口处、更衣室、工作区域
13		必须穿防护鞋 Must wear protective shoes	安装在入口处、更衣室、工作区域
14		急救药箱 First aid box	—

学习笔记

任务实施

一、准备工作

①领取安全防护装备:护目镜、防尘口罩、安全帽、防护鞋。
②正确穿戴安全防护装备。

二、焊接工作站安全检查

拓展阅读

焊接机器人工作站的安全规程

根据焊接工作站安全规程要求,检查安全防护装置及安全标志。
①查阅手册了解安全知识。
②巡查工作站设置是否符合安全规程。
③观察安全标识是否安装正确。
④检查安全防护装置是否能正常工作。
⑤根据上述检查结果,完成安全检查表,见表 1-1-3。

表 1-1-3　焊接机器人工作站安全检查表

日期:　　　　　　　　　　　　　　　　巡查人:

序号	巡 查 项 目	是/否	备　注
1	焊接区域周围是否有易燃物品		
2	操作人员是否佩戴了适当的个人防护装备(头盔、手套、鞋靴等)		
3	电气线路是否整洁、无裸露		
4	工作区域内是否有杂物、油污等		
5	安全标志是否清晰可见且无损坏		
6	安全防护装置(如防护屏、光栅等)是否完好且在位		
7	紧急停止按钮是否容易触及且无阻碍		
8	焊接烟尘净化器是否正常运行		
9	自动升降遮光屏是否功能正常		
10	储气瓶保护柜是否关闭且安全锁正常		
11	其他安全问题或隐患		

三、任务结束

①归还安全防护装备:护目镜、安全帽和安全鞋。
②提交焊接机器人工作站安全检查表。

任务评价

任务评价见表 1-1-4。

表 1-1-4　任务评价表

序号	评价内容	评价标准	分数	评分记录		
				学生自评	组间互评	教师评分
1	焊接机器人工作站安全规程	①能正确复述安全规程贯穿的四个环节，不能说出其中一项扣 2 分。 ②能正确复述各环节安全规程至少 3 条，错误一处扣 2 分	30			
2	焊接机器人工作站安全设备检查	能按照使用规范，逐一检查安全防护装置是否可以正常工作，错误一处扣 5 分	30			
3	安全标志使用	能识读安全标志，并知道其正确安全位置，错误一处扣 5 分	20			
4	安全操作注意事项	理解与掌握安全操作注意事项，操作时违反安全操作规程，带电操作扣 10 分	10			
5	学生考勤情况	无迟到、早退、旷课	5			
6	工作态度	态度认真、团队合作、任务完成质量良好（字迹工整、计算正确）	5			
总分			100			

拓展阅读

徐立平：在刀尖上“跳舞”的大国工匠

徐立平是中国航天科技集团的特级技师，自 1987 年参加工作以来，他一直从事固体火箭发动机药面整形工作，这一工序被誉为“雕刻火药”，是固体火箭发动机生产过程中最危险的工序之一。他承担了战略导弹、战术导弹、载人航天、固体运载等国家重大专项武器装备生产，次次不辱使命。

在火药上动刀，稍有不慎就可能引起燃烧爆炸，但徐立平凭借精湛的技能和严谨的态度，将药面精度控制在 0.2 mm 以内，远低于工艺要求的 0.5 mm 误差。在重点型号研制生产中，他经常被指定为唯一操作者，在高危险、高精度、进度紧等严苛的生产条件下，他整形的产品型面均一次合格，尺寸从无超差。

徐立平非常注重工作安全。为了杜绝安全隐患，他设计发明了 20 多种药面整形刀具，其中有两种获得国家专利，一种还被单位命名为“立平刀”。此外，他还带领班组开展机械整形技术攻关，推动实现了包括“神舟”系列在内的 20 余种发动机远距离数控整形，填补了国内行业技术空白，进一步提升了工作的安全性。

然而，徐立平的身体却因为长年一个姿势雕刻火药，以及火药中毒后遗症，变得向一边倾斜，头发也掉了大半。尽管如此，他仍然坚守岗位，无怨无悔。

徐立平的事迹充分体现了大国工匠的精神，他用自己的实际行动诠释了什么是真正的工匠，什么是真正的安全。他的事迹值得我们每一个人学习和传颂。

任务二　认识焊接机器人

情景导入

身为企业新晋的机器人焊接工程师，正站在职业生涯的一个崭新而充满挑战的起点。想象一下，当你第一次走进现代化焊接工作站，眼前的景象定会让你震撼不已。巨大的机械臂在空间灵活舞动，精确而迅速地完成每一个焊接动作，焊花飞溅的瞬间，光芒闪烁，仿佛在诉说着技术与工艺的完美结合。在正式踏入这个令人振奋的领域之前，首先需要对你的新伙伴——焊接机器人有全面而深入的认识。

学习目标

一、知识目标

①掌握焊接机器人的分类。

②了解焊接机器人的构成。

③熟悉焊接机器人系统选项功能。

二、能力目标

①能说出焊接机器人的分类。

②能描述焊接机器人的构成。

③能选择正确的焊接软件选项。

三、素养目标

①培养自主探究的意识。

②培养交流沟通的能力。

任务描述

随着工业自动化的快速发展，焊接机器人已成为现代制造业中不可或缺的重要装备。请撰写一份详细的报告，总结对焊接机器人的认识和理解。报告中应包含对焊接机器人分类、构成和系统选项的详细阐述，以及在学习和实践过程中的心得体会。

任务分析

撰写一份焊接机器人认识报告，大致可以分为 5 个步骤，具体的任务工作流程如图 1-2-1 所示。

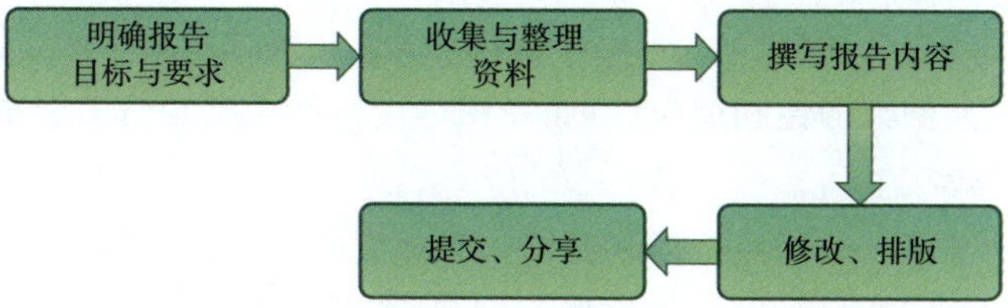

图 1-2-1　焊接机器人认知任务工作流程

核心知识

一、焊接机器人的分类

动画

焊接机器人

焊接机器人承载着执行焊接任务的重要责任，主流构型为垂直六关节串联结构，可携带焊枪完成空间定位和定向运动。为减小线束对机器人运动轨迹的限制，焊接机器人本体大多采用中空手腕设计；为提高机器人动作的灵活性和可达性，可以利用冗余自由度，如 7 轴本体或外部附加轴等。国内著名本体制造商有新时达、沈阳新松、广州华数、安徽埃夫特、南京埃斯顿等；国外有 FANUC、ABB、Motoman、OTC 等。常见的焊接机器人见表 1-2-1。

表 1-2-1　常见的焊接机器人

品　　牌	机器人型号			
新时达 SA 焊接机器人	 SA10/2000H 焊接机器人	 SA6/1440H 焊接机器人	 SA6/1400 焊接机器人	
FANUC 中空型机器人	 M-10iA 标准轴数:6 轴 手臂负载:10 kg 操作半径:1 420 mm 重复精度: ±0. 08 mm	 M-10iA/6L 标准轴数:6 轴 手臂负载:6 kg 操作半径:1 632 mm 重复精度: ±0. 10 mm	 M-20iA 标准轴数:6 轴 手臂负载:20 kg 操作半径:1 810 mm 重复精度: ±0. 08 mm	 M-20iA/10L 标准轴数:6 轴 手臂负载:10 kg 操作半径:2 009 mm 重复精度: ±0. 10 mm
ABB 弧焊机器人	 IRB 1410 负载:5 kg 工作范围:1. 44 m	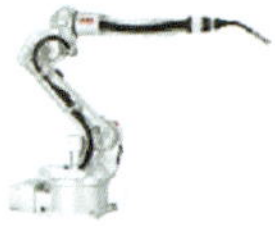 IRB 1510ID 负载:4 kg 工作范围:1. 50 m	 IRB 1520ID 负载:4 kg 工作范围:1. 50 m	

由于焊接机器人种类繁多，其工作站组成也因待焊工件的坡口、接头形式、几何尺寸和工艺方法等各不相同。因此，焊接机器人主要可以按照以下几种方式进行分类：

①按用途分类：可分为通用焊接机器人和专用焊接机器人。通用焊接机器人可以完成多种类型的焊接任务，具有较高的灵活性和适应性；而专用焊接机器人则专门用于某种特定的焊接工艺，例如激光焊接、等离子焊接等。

②按运动轨迹分类：可以分为点位控制机器人和连续轨迹控制机器人。点位控制机器人主要用于空间位置的精确移动和定位；而连续轨迹控制机器人则可以完成更为复杂的运动轨迹控制，如弧焊、缝焊等。

③按操作方式分类：可分为示教再现型机器人和非示教型机器人。示教再现型机器人通过预先示教编程完成任务的再现，而非示教型机器人则需要通过实时感知和反馈信息实现自主控制。

④按焊接工艺方法分类：可分为点焊机器人、弧焊机器人、搅拌摩擦焊机器人及激光焊机器人等类型。

以上分类方式并不是绝对的，实际上，同一台焊接机器人可能会同时具备多种分类特征。因此，在选择和使用焊接机器人时，需要根据具体的焊接任务、工作环境以及工艺要求等因素进行综合考虑。

二、焊接机器人构成

焊接机器人主要由机器人本体、控制器、示教器组成，下面主要介绍控制器和示教器。

1. 控制器

控制器作为工业机器人的“中枢神经”，承载着至关重要的交互、感知、控制及决策功能。根据设计理念的不同，控制器可分为封闭式（以日系为代表）和开放式（以欧系为代表）两大类别。目前机器人制造商所推出的控制器已具备同时操控多达 4 台机器人（最多可控制 56 根轴）的能力，显著提升了生产线的灵活性和效率。

为实现多样化的焊接作业需求，控制器内部需要集成弧焊、点焊、激光焊接/切割等工艺软件包。这些软件包不仅简化了用户设置工艺参数的流程，还提供了作业过程（状态）的实时监测功能。此外，控制器与外部焊接电源之间的通信也至关重要。为确保通信的顺畅与高效，控制器支持多种制式的总线通信，包括 DeviceNet、CC-Link 等现场总线，以及 EtherNet/IP、Profinet 等以太网通信协议。这些通信技术的运用，不仅提升了焊接机器人单元的协同作业能力，还为实现智能化焊接生产奠定了坚实基础。

2. 示教器

焊接机器人的示教器是实现人机交互的重要接口，它主要用于机器人的手动操作、任务编程、系统诊断以及状态确认等功能。

在手动操作方面，示教器允许操作者通过操纵杆或按键来实时控制机器人的运动，包括移动速度、方向以及各个关节的转动等。这使得操作者能够精确地调整机器人的位置和姿态，以适应不同的焊接需求。

在任务编程方面，示教器提供了强大的编程功能。操作者可以通过示教器输入焊接任务的各种参数和指令，如焊接路径、焊接速度、焊接电流等。示教器通常支持多种编程语言和编程方式，以满足不同用户的编程需求。编程完成后，机器人可以自动执行这些任务，大幅提高了焊接效率和质量。

在系统诊断和状态确认方面，它可以实时显示机器人的运行状态、错误信息以及焊接参数等，帮助操作者及时发现并解决问题。同时，示教器还提供了丰富的诊断工具和功能，如故障代码查询、历史记录查看等，以方便操作者进行故障排查和原因分析。

拓展阅读

各类机器人系统选项说明书

三、焊接机器人系统选项功能

机器人的选项功能是指那些非标准配置、需要根据特定应用场景或用户需求额外购买和添加的功能。这些功能通常是为了扩展机器人的基本能力，使其能够更好地适应特定的任务或环境。在焊接机器人中,选项功能包括焊接软件包、外部轴与变位机、焊接工艺参数库、焊接跟踪与自适应技术等,这些功能可以提升机器人的焊接能力、适应性和精度。常用的焊接系统选项见表 1-2-2。

表 1-2-2 常用焊接系统选项

品 牌	Option 选项	功能描述
FANUC	1A05B-2600-H590 ! SpotTool +	点焊工具
	1A05B-2600-H869 ! Servo Gun Axes	伺服枪附加轴
	1A05B-2600-H930 ! Digital servo function	伺服功能
	1A05B-2600-J643 ! Servo Gun Option	伺服枪配置
ABB	660-1 Optical Tracking Arc	弧焊追踪
	815-2 WeldGuide Multipass	多功能导轨
	663-4 Arc	弧焊
	635-6 Spot Welding	点焊

学习笔记

任务实施

撰写焊接机器人认识报告

撰写一份包含焊接机器人分类、构成两大内容的认识报告：

①参观实体焊接机器人。

②收集资料。

③填写表 1-2-3，形成报告初稿。

④对报告进行修改、排版。

表 1-2-3　认识报告初稿

段落	标　题	内　容
一	引言：简要介绍焊接机器人的背景、重要性和报告的目的	
二	焊接机器人分类：详细介绍不同类型的焊接机器人及其特点	
三	焊接机器人构成：深入分析焊接机器人的主要组成部分及其功能	
四	应用与案例分析（可选）：展示焊接机器人在实际生产中的应用案例	
五	总结：总结对焊接机器人的认识，提出相关的展望	

任务评价

任务评价见表 1-2-4。

表 1-2-4　焊接机器人认知任务评价表

序号	主要内容	考核要求	评分标准	配分	得分
1	参观焊接机器人	正确说出各设备名称	在参观过程中能正确说出各机器人单元各部分名称和作用，错误一处扣 3 分	15	
		系统选项	能说出焊接相关系统选项，每正确一个得 3 分	15	
2	焊接机器人认识报告	机器人分类	正确阐述焊接机器人的分类，错误一处扣 5 分	20	
		单元构成	正确阐述焊接机器人单元的构成及各部分作用，错误一处扣 4 分	20	
		案例分析	能描述焊接机器人在实际生产中的应用案例，每描述正确一例得 5 分	10	
		报告撰写	报告文字流畅，表述清晰，内容详尽充实	20	
合计				100	

任务三　认识焊接设备

情景导入

在对焊接机器人有所认识之后，作为新入职的工程师，即将参与到来的展览会，主要负责焊接应用现场的讲解，以及焊接设备的整理和准备，期待你在展览会上的精彩表现，共同为公司赢得荣誉。

学习目标

一、知识目标

①熟悉弧焊焊接电源单元。
②熟悉点焊焊接控制器单元。
③了解焊接工装夹具。
④认识焊接辅助变位机和外部轴。

二、能力目标

①能说出焊接电源单元构成。
②能说出焊接控制器单元。
③会选择适当的焊接工装夹具。
④能操作焊接辅助变位机和外部轴。

三、素养目标

①养成仔细认真的工作态度。
②培养严谨规范的工作习惯。

任务描述

为在即将到来的展览会上专业地介绍点焊应用展品，需要熟悉焊接相关设备，并准确说出其功能，请通过公司内部模拟演练，确保讲解流畅准确，更好地为客户服务。

任务分析

任务工作流程如图 1-3-1 所示。

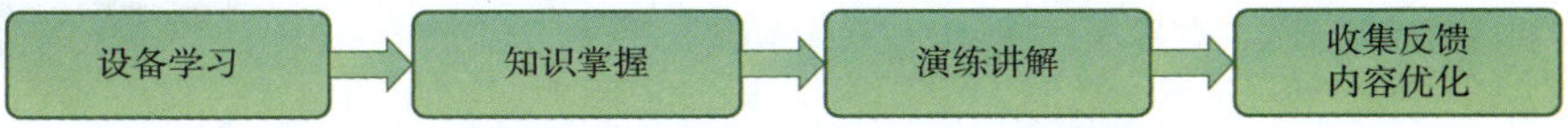

图 1-3-1　认识焊接设备任务工作流程

核心知识

一、弧焊焊接电源单元

焊接电源单元，被誉为焊接工艺装备中的“心脏”，其核心职责是将普通的工业级交流电源波形精准地转换为满足特定焊接工艺要求的电流与电压波形。这一至关重要的转换不仅确保了焊接质量的稳定与可靠，而且是提高焊接效率、实现工艺优化的关键所在。焊接电源单元通常由焊接电源、冷却装置、送丝机以及焊接工艺包等多个模块组成，见表 1-3-1。

视　频

焊接电源

表 1-3-1　焊接电源单元设备及功能

单元组成	功能描述	设备示意
焊接电源	①提供适合弧焊和类似工艺所需的电流、电压输出特性，具有低飞溅、单双脉冲等焊接功能； ②为实现机器人自动化焊接，通常选择全数字焊接电源，支持与机器人控制器间的总线通信（如 DeviceNet、CC-Link 等）或以太网通信（如 EtherNet/IP、Profinet 等）； ③国内著名焊接电源制造商有北京时代、山东奥太、深圳瑞凌等；国外有奥地利 Fronius、瑞典 ESAB、德国 EWM、芬兰 Kemppi、美国 Lincoln、日本 Panasonic 等	
送丝机	①受焊接电源控制，能够连续稳定地将盘装或桶装焊丝输送至焊枪前端或熔池中； ②送丝机可带送丝电源（一体式）或不带送丝电源（分体式），主要有推丝、拉丝和推拉丝三种送丝形式； ③送丝机的品牌基本与焊接电源的品牌相同，国内著名送丝机制造商有北京时代、山东奥太、深圳瑞凌等；国外有奥地利 Fronius、瑞典 ESAB、德国 EWM、芬兰 Kemppi、美国 Lincoln、日本 Panasonic 等	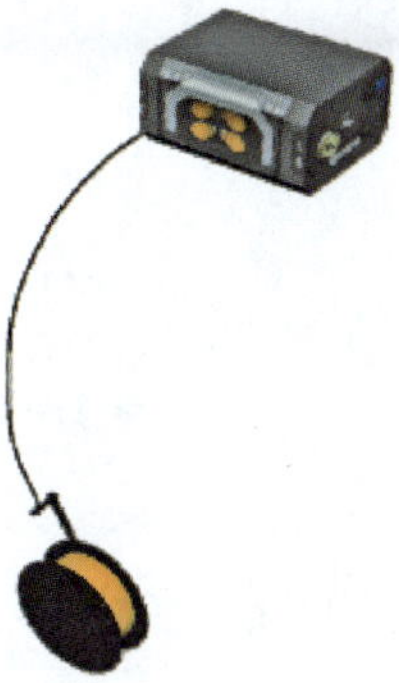

续表

单元组成	功能描述	设备示意
冷却装置	①提供持续长时间焊接作业条件时焊枪所需的冷却介质，避免焊枪及其组件过热烧损； ②当 Ar、He 气保焊电流超过 200 A 或 CO_2 气保焊电流超过 500 A 时，基本均采用水冷方式，否则采用风冷； ③国内著名焊接冷却装置制造商有北京时代、山东奥太、深圳瑞凌等；国外有奥地利 Fronius、瑞典 ESAB、德国 EWM、芬兰 Kemppi、美国 Lincoln、日本 Panasonic 等	
焊枪	①提供维持电弧燃烧所需的焊丝、电流、气体、冷却液通道，通常分为手持焊枪和机器人专用焊枪两种； ②焊枪的冷却方式主要有气冷和水冷两种，当焊接电流达到 300 A 以上，基本采用水冷焊枪； ③著名焊枪制造商有奥地利 Fronius、德国 TBi、Binzel、日本 Panasonic 等	
防碰撞传感器	①检测机械臂及末端执行器（如焊枪）与周边环境（设备和焊接试件）发生碰撞，及时反馈信号给机器人控制器，停止机器人继续运动，降低机械臂及末端执行器受损程度； ②著名防碰撞传感器制造商有美国 ATI、德国 TBi 及 Binzel、沈阳埃克斯邦等	

值得一提的是，焊接电源在实际应用中往往与焊枪这一重要工具协同工作，因此，这里也将其归类到焊接电源单元中一并讨论。焊枪常见于气焊或某些类型的电焊工艺中。在气焊中，焊枪主要用来焊接较薄的材料；而在电焊中，焊枪则可以通过产生电弧来熔化焊条和母材，形成焊缝。焊枪不仅提供了电弧稳定燃烧的必要条件，还是熔池保护所需介质的重要通道。它通常由焊枪本体和防碰撞传感器两部分组成，确保焊接过程的安全与稳定。

二、点焊焊接控制器单元

在现代焊接技术中，焊接控制器和焊钳在焊接系统中经常搭配使用，但它们之间的直接连接和配合方式可能因具体的焊接设备和应用场景而异。焊接控制器单元设备及功能见表 1-3-2。

表 1-3-2　焊接控制器单元设备及功能

单元组成	功能描述	设备示意
焊接控制器	负责控制整个焊接过程，包括焊接参数的设置、焊接过程的监控以及故障诊断等功能	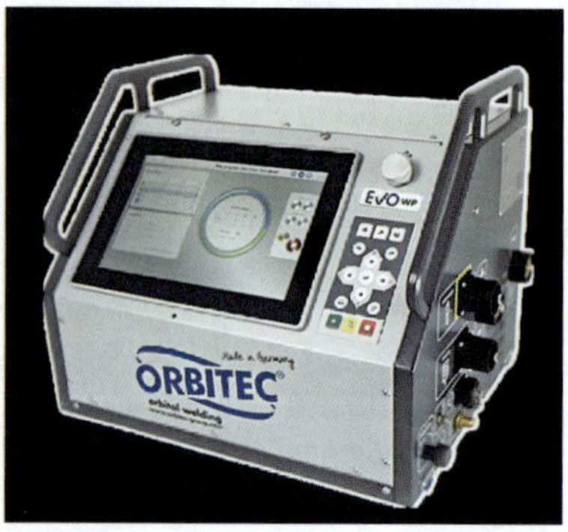

续表

单元组成	功能描述	设备示意
焊接电缆包	连接焊接控制器和焊钳，用于传输焊接电流和信号，具有良好的绝缘和耐高温性能	
焊钳	直接与工件接触，负责夹持工件并传递焊接电流，不同类型的焊钳适用于不同的焊接需求和工件材料	

焊接控制器，作为整个焊接过程的大脑，负责监控和调节焊接电源的输出。它根据预设的焊接参数，如电流强度、电压大小和焊接持续时间，精确地调控焊接过程。控制器接收来自操作员或自动化系统的指令，并对这些指令进行解析和执行，确保焊接过程符合工艺要求。

焊钳主要是作为点焊焊接的工具，负责夹持待焊接的工件，并确保电流能够顺畅地通过工件，从而产生足够的热量实现焊接。焊钳的设计和材质选择，均以满足特定焊接需求为目标，确保其在夹持力和导电性能方面的优异表现。

在实际应用中，焊接控制器并不直接与焊钳连接。相反，它通过焊接电缆与焊接电源相连，形成一个完整的电路。焊接电源产生的电流经过焊接电缆传输到焊钳，再通过焊钳传递到工件上。在这个过程中，焊接控制器持续监控焊接参数，并根据需要实时调整焊接电源的输出，确保焊接过程的稳定性和质量。

视频

焊接工装夹具

三、焊接工装夹具

焊接工装夹具是焊接过程中确保工件位置精确、稳定的关键工具。它们的设计紧密结合焊接工艺要求，为工件提供牢固的支撑和定位，从而确保焊接接缝的准确性和质量。夹具通常由高强度材料制成，能够承受焊接过程中产生的热力和机械应力，其结构多样化，可以是简单的夹具块，也可以是复杂的组合夹具系统，根据具体焊接需求定制。

视频

焊接辅助变位机

四、焊接辅助变位机和外部轴

焊接辅助变位机是现代焊接工艺中提升效率与灵活性的重要设备。它能够通过旋转、倾斜或其他动作，将工件移动到最佳焊接位置，便于焊工进行连续、高效的焊接作业。变位机通常由精确的控制系统驱动，可以预设多种焊接位置，实现自动化操作。在复杂工件的焊接中，其重要性尤为突出，显著提高了生产效率和焊接质量。

外部轴是焊接系统中的一个重要组成部分，用于增加焊接过程的灵活性和复杂性。它通常指的是除焊接机器人本身轴以外的附加轴，如旋转轴、平移轴等。这些外部轴可以与焊接机器人协同工作，扩展其工作范围和能力。焊接辅助变位机通常作为机器人的外部轴进行使用，其移动、编程方法和机器人6轴本体相同，如图1-3-2所示。

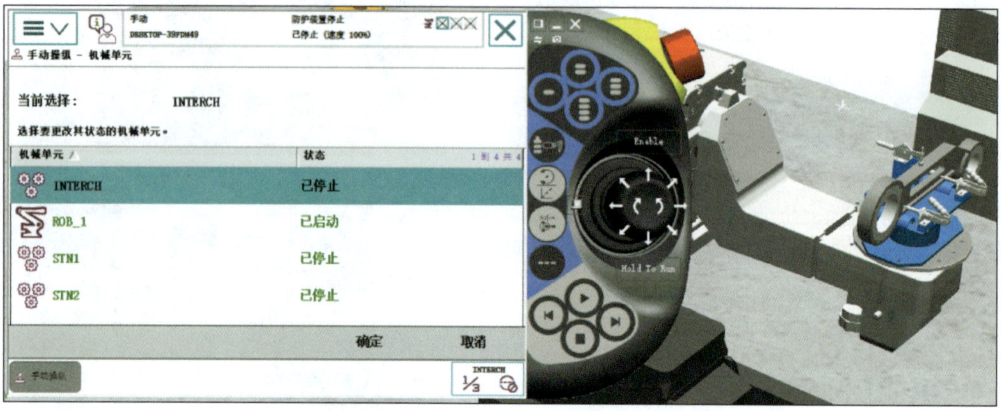

图1-3-2　作为外部轴移动变位机

学习笔记

任务实施

一、准备工作

①领取安全防护装备:护目镜、防尘口罩、安全帽、防护鞋。
②正确穿戴安全防护装备。

二、点焊应用展品模拟讲解

①学习焊接设备知识。
②模拟一日讲解员介绍设备,并演示变位机的使用。
③收集客户反馈表(见表1-3-3),优化讲解。

表1-3-3　客户反馈表

序号	评价项目	评价标准	分值	得分	备注
1	知识掌握度	对点焊设备的功能和操作有深入了解	1~50		
2	讲解清晰度	语言清晰,逻辑性强,易于理解	1~10		
3	互动能力	能够吸引听众注意力,有效互动	1~10		
4	专业度	使用专业术语恰当,演示操作正确	1~10		
5	应对问题	对听众提出的问题反应迅速,回答准确	1~10		
6	总体印象	整体表现,包括态度、准备程度等	1~10		
合计					

三、任务结束

①归还安全防护装备:护目镜、防尘口罩、安全帽和防护鞋。
②提交焊接设备发货清单。

任务评价

任务评价见表1-3-4。

表1-3-4 焊接设备认识任务评价表

序号	主要内容	考核要求	评分标准	配分	得分
1	焊接设备介绍	正确介绍点焊设备	能正确认识点焊设备,错误一个扣5分	20	
			能正确介绍每个点焊设备功能,错误一个扣5分	30	
2	设备使用演示	正确使用变位机	能正常移动变位机,轴或方向错误一次扣5分	20	
3	安全操作注意事项	正确阐述设备操作、调试、用电安全知识	理解与掌握安全操作注意事项,操作时违反安全操作规程,带电操作扣20分	20	
合计				100	

任务四 认识其他辅助设备

情景导入

焊接机器人工作站只有工业机器人和焊接电源是不能够实现自动化焊接工作的,还需要其他相应的配套设备进行辅助。现在需要做好焊接设备的整理和准备,为展会构成一套完整的焊接机器人工作站。

学习目标

一、知识目标

①熟悉电气控制单元。

②认识自动清枪器(弧焊)和电极修磨器(点焊)。

③了解焊接排烟系统。

二、能力目标

①能说出电气控制单元的功能。

②能分辨自动清枪器和电极修磨器使用场合。

③能理解排烟系统功能。

三、素养目标

①养成仔细认真的工作态度。

②养成严谨规范的工作习惯。

任务描述

为确保即将到来的展览会上顺利展示点焊应用展品和机器人点焊轨迹,还需要负责整理展示所需的全部焊接设备清单。随后,根据清单准备展会装车工作,请确保设备状态良好,备有必需的安装工具和零件,为观众呈现一个专业且具吸引力的点焊技术展示。

任务分析

任务工作流程如图 1-4-1 所示。

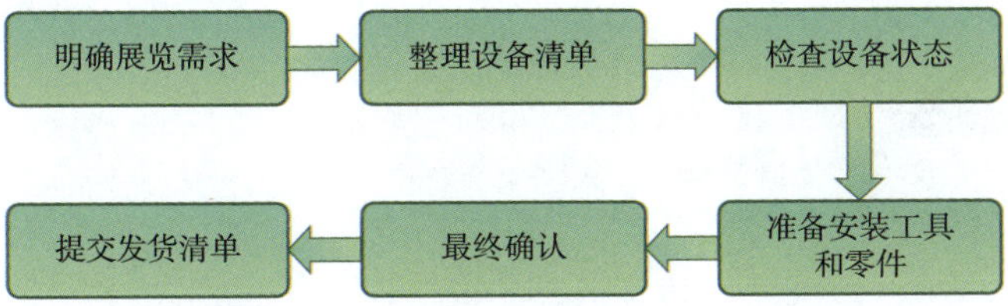

图 1-4-1　认识其他辅助设备工作流程

核心知识

视频

其他辅助设备

一、电气控制单元

电气控制单元是焊接设备的核心组成部分，负责控制整个焊接过程的电气信号和参数，如图 1-4-2（a）所示。它接收来自操作界面或自动化系统的指令，并根据预设的焊接要求，精确控制焊接电流、电压、焊接速度等关键参数，确保焊接过程的稳定性和质量。

二、自动清枪器（弧焊）和电极修磨器（点焊）

自动清枪器是用于弧焊工艺的辅助设备，主要功能是自动清除焊枪上的焊渣和飞溅物，如图 1-4-2（b）所示。在焊接过程中，焊渣和飞溅物可能会附着在焊枪上，影响焊接质量和焊枪的使用寿命。自动清枪器通过机械或气动方式，定期或实时地清理焊枪，保持焊枪的清洁和良好工作状态。

电极修磨器是点焊工艺中不可或缺的设备，用于修磨和整形点焊电极，如图 1-4-3（a）所示。在点焊过程中，电极的磨损和变形是不可避免的，这会影响焊接质量和电极的使用寿命。电极修磨器通过精确的修磨和整形，恢复电极的原始形状和尺寸，确保点焊过程的稳定性和质量。

（a）电气控制单元　　（b）自动清枪器

图 1-4-2　辅助设备（一）

三、焊接排烟系统

焊接排烟系统是用于焊接车间的重要环保设备，主要功能是有效排除焊接过程中产生的烟雾和有害气体,如图1-4-3(b)所示。焊接烟雾和有害气体对操作人员的健康和车间环境都构成潜在威胁。焊接排烟系统通过高效的过滤和排放装置,将烟雾和有害气体排出车间,保持车间空气的清新和操作人员的健康。

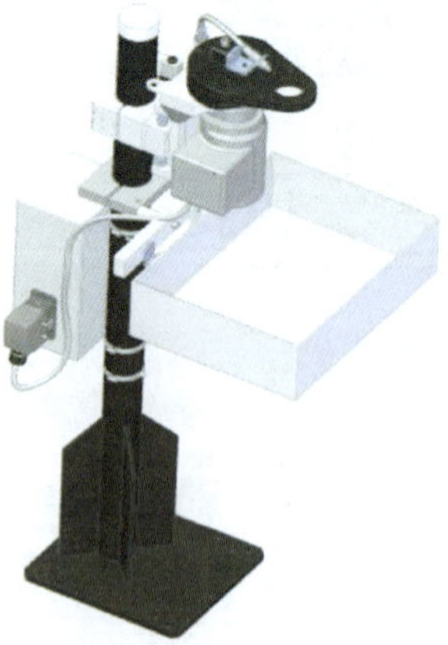

(a)电极修磨器

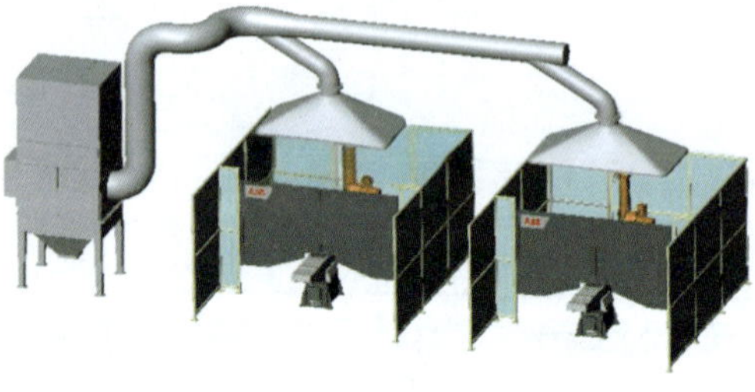

(b)焊接排烟系统

图1-4-3 辅助设备(二)

学习笔记

任务实施

一、准备工作

①领取安全防护装备：护目镜、防尘口罩、安全帽、防护鞋。
②正确穿戴安全防护装备。

视频
如何准备发货清单

二、整理焊接设备发货清单

①根据展会应用，整理焊接设备。
②检查所列设备中的变位机状态，是否可以正常工作。
③完成发货清单，见表 1-4-1。

表 1-4-1　焊接设备发货清单

序号	名　称	规格/型号	单　位	数　量	备　注
1					
2					
3					
4					
5					
6					

发货日期：　　　　　　　　　制单人：
收货日期：　　　　　　　　　签收人：

三、任务结束

①归还安全防护装备：护目镜、防尘口罩、安全帽和防护鞋。
②提交焊接设备发货清单。

任务评价

任务评价见表 1-4-2。

表 1-4-2　其他辅助设备认识任务评价表

序号	主要内容	考核要求	评分标准	配分	得分
1	设备选择	正确选择点焊所需的辅助设备	能正确分析应选择点焊设备	25	
			能正确整理点焊所需设备，缺少一个类型扣 5 分	25	
2	设备检查	正确检查焊接设备	能正常使用焊接设备，错误一次扣 5 分	25	
3	安全操作注意事项	掌握设备操作、设备调试、用电安全知识	理解与掌握安全操作注意事项，操作时违反安全操作规程，带电操作扣 25 分	25	
合计				100	

巩固练习

一、选择题

1. 电气控制单元接收来自(　　)的指令，并根据预设的焊接要求，精确控制焊接电流、电压、焊接速度等关键参数，确保焊接过程的稳定性和质量。

A. 自动清除焊枪　　B. 操作界面或自动化系统

C. 焊接排烟系统　　D. 机器人

2. 目前机器人制造商所推出的控制器已具备同时操控多达(　　)根轴的能力。

A. 6　　B. 54　　C. 36　　D. 24

3. 以下(　　)不是工业机器人工作站常见安全防护装置。

A. 急停按钮　　B. 升降门　　C. 焊接烟尘净化器　　D. 储气瓶保护柜

4. (多选)为确保通信的顺畅与高效，机器人控制器支持多种制式的总线通信，包括(　　)。

A. DeviceNet　　B. CC-Link　　C. EtherNet/IP　　D. Profinet

5. (多选)焊接机器人单元主要由(　　)组成。

A. 机器人本体　　B. 控制器　　C. 示教盒　　D. PLC

6. (多选)以下(　　)是常见的国产焊接机器人型号。

A. IRB1400　　B. SA2000H　　C. SA1400H　　D. M-10iA

二、填空题

1. 如图题 1 所示，表示__________安全标志，应安装在__________位置。
2. 如图题 2 所示，为__________安全防护装置，其功能是__________。

题 1

题 2

3. 通常与安全门锁、安全光幕、安全地毯、激光区域保护扫描器等搭配使用的设备为__________。
4. 焊接机器人主要可以按照__________、__________、__________、__________方式进行分类。
5. 663-4 Arc 是__________机器人的系统功能选项，可以实现__________功能。
6. 控制器支持多种制式的总线通信，包括________现场总线，以及________以太网通信协议。
7. 电极修磨器是__________工艺中不可或缺的设备，用于__________。

三、简答题

1. 简述焊接机器人工作站的安全规程贯穿于哪几个环节。
2. 简述焊接电源单元的组成模块及功能。
3. 简述焊接控制器单元的组成模块及功能。

项目二 焊接机器人的操作与编程

项目导入

随着焊接机器人工作站的顺利构建，项目进入了关键的操控执行阶段。在这一阶段，核心目标是实现焊接机器人的高效作业，以提升整体焊接生产线的性能。

为确保焊接流程的顺利进行，首先需要构建稳定可靠的通信链路，实现焊接机器人与焊接电源之间无缝对接。在此基础上，要精细配置各项焊接参数，确保焊接过程的质量与效率达到最优状态。

为实现机器人焊接，还将运用专业的弧焊指令，进行焊接机器人的示教编程工作。通过这一步骤，将为机器人设置精确的焊接轨迹与参数，确保其能够按照预设要求进行精准焊接。

这一流程的实施，不仅将大幅提升焊接作业的自动化水平，减轻操作人员的负担，同时也将确保焊接过程的安全性与稳定性，为项目的顺利推进奠定坚实基础。

知识导图

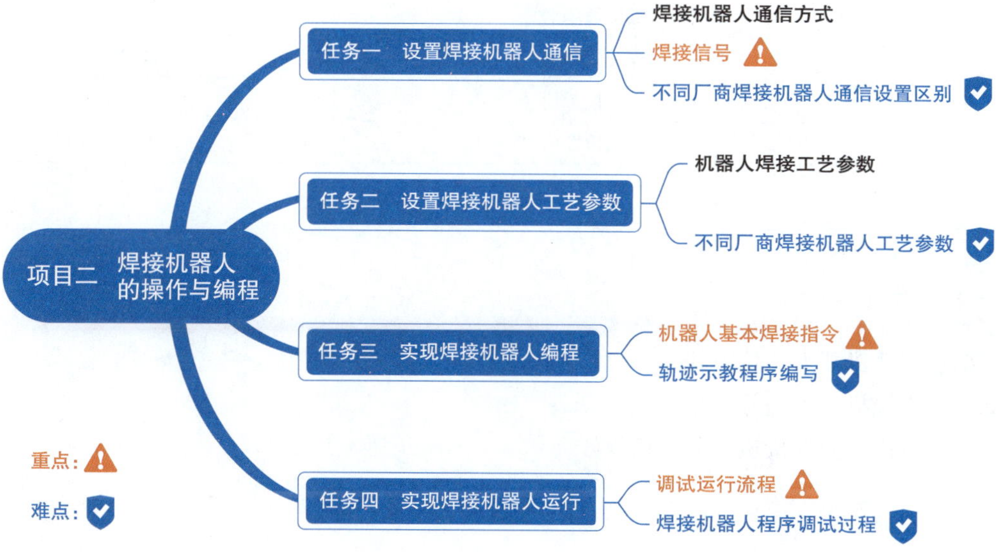

任务一　设置焊接机器人通信

情景导入

公司近期承接了一项工厂改造项目，其核心任务之一是焊接车间的自动化升级。作为助理工程师，你将被委以重任，协助团队成员完成焊接机器人的编程工作。目前，已为你提供了一份详尽的焊接工作站信号交互表（见表 2-1-1），包括送气、送丝、退丝、焊接指示、电流监测、电压设置等信号。请发挥专业知识和技能，完成焊接机器人通信设置工作，确保焊接车间改造项目的顺利进行。

表 2-1-1　焊接工作站信号交互表

序　号	参数名称	数据类型
1	焊枪开关信号	Bool
2	手动送气信号	Bool
3	手动送丝信号	Bool
4	手动退丝信号	Bool
5	一工位指示信号	Bool
6	二工位指示信号	Bool
7	自动运行指示信号	Bool
8	焊接指示信号	Bool
9	一工位预约信号	Bool
10	二工位预约信号	Bool
11	工位继续信号	Bool
12	工位暂停信号	Bool
13	电流监测信号	Bool
14	电流设置信号	Word
15	电压设置信号	Word

学习目标

一、知识目标

①熟悉焊接机器人通信方式。

②掌握焊接机器人信号类型。

③了解不同厂商焊接机器人通信设置。

二、能力目标

①能说出焊接机器人通信方式。

②能作为助理工程师完成现场焊接信号配置。

③会辨析不同厂商机器人的通信设置区别。

三、素养目标

①养成严谨、规范的工作习惯。
②培养学生逻辑思维。

任务描述

机器人焊接工程师最重要的工作之一就是完成焊接工作站中机器人的编程任务。在进行编程之前，确保机器人与焊接电源之间的通信设置准确无误至关重要。这不仅是为了让机器人能够顺利接收来自外围设备的请求信号，还需要确保机器人能够向外围设备发送精准的控制信号。为此，将深入学习 I/O 信号的创建和通信设置，确保通信过程的稳定与高效。

任务分析

焊接机器人信号配置需要根据设备的类型、硬件配置、信号数量等选择合适的通信方法，完成信号配置及测试后，还应生成一份信号配置表，帮助后续编程、维护人员进行操作。最后按照 5S 标准对操作现场进行规范整理，以维护工作站的安全与秩序，具体的工作流程如图 2-1-1 所示。

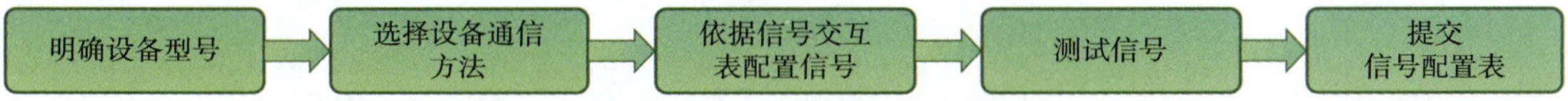

图 2-1-1　设置焊接机器人通信任务流程

核心知识

一、焊接机器人通信方式

接机器人作为现代工业自动化领域的重要成员，其通信方式的多样性和高效性对于实现与周边设备的无缝对接至关重要。这些通信方式不仅确保了机器人能够准确接收并执行来自外围设备的指令，同时也能够实时反馈工作状态，从而保证焊接作业的顺利进行。焊接机器人常用通信方式如图 2-1-2 所示。

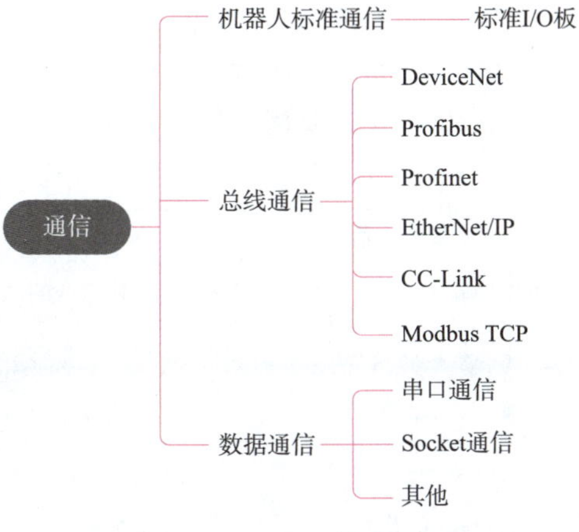

图 2-1-2　焊接机器人常用通信方式

一般机器人厂家都会提供基于自身机器人的标准 I/O 板卡，这种通信方式基于标准化的通信协议，使得焊接机器人能够与不同型号、不同厂家的 PLC（可编程逻辑控制器）进行高效的数据交换。但此类通信板卡一般可传输信号数量有限。

PLC 现场总线通信是另一种常见的焊接机器人通信方式。现场总线是一种用于工业自动化领域的通信网络，能够将分散在生产线上的各种设备连接起来，实现数据的实时传输和共享。通过 PLC 现场总线通信，焊接机器人可以与生产线上的其他设备（如传感器、执行器等）进行通信，获取实时的生产数据，并根据数据进行相应的调整和优化。

除了与 PLC 等工业控制设备通信外，焊接机器人还可以通过数据通信接口与 PC 进行连接。这种通信方式使得焊接机器人能够接收来自上位机（如 PC 机）的控制指令，实现远程编程、监控和故障诊断等功能。同时，焊接机器人也可以将实时的工作状态、焊接数据等传输到 PC，方便操作人员进行数据分析和管理。

此外，随着工业物联网技术的发展，焊接机器人还可以通过无线通信方式与其他设备进行连接，实现更加灵活和高效的数据传输和共享。

综上所述，焊接机器人的通信方式多种多样，每种方式都有其独特的优势和适用场景。在实际应用中，应根据具体需求选择合适的通信方式，以实现焊接机器人与周边设备的无缝对接和高效协同工作。

二、焊接信号

焊接输入信号是从焊接电源和外围设备输入的弧焊专用信号，常规焊接输入信号见表 2-1-2。

表 2-1-2　焊接输入信号

项　目	说　明
电压（Voltage）	将当前的焊接电压反馈到机器人
电流（Current）	将当前的焊接电流反馈到机器人
电弧检测（Arc Detect）	焊枪起弧后，电弧检测信号为 ON
气体异常（Gas Fault）	连接保护气检测开关，保护气耗尽时，信号置 ON，机器人报警
焊丝异常（Wire Fault）	焊接过程中，送丝装置异常时，该信号接通，机器人报警
冷却水异常（Water Fault）	焊接过程中，冷却水回路异常时，信号接通，机器人报警
电源异常（Power Fault）	焊接过程中，焊接电源异常时，该信号接通，机器人报警
溶敷检测（Wire Stick）	用于检测焊丝和工件的溶敷情况
焊接有效（Arc Enable）	用于控制焊接有效/无效的外围输入信号。仅在自动模式下有效，该信号有效时，如果 SFSPD、ENABLE 信号丢失，则会变为焊接无效状态

焊接输出信号是向焊接电源和外围设备输出的弧焊专用信号，常规焊接输出信号见表 2-1-3。

表 2-1-3　焊接输出信号

项　目	说　明
电压（Voltage）	将焊接指令的电压值发送给焊机
电流送丝速度（Current）	将焊接指令的电流值发送给焊机
起弧（Arc Start）	起弧信号输出时，焊机开始焊接
送气（Gas Start）	送气信号接通时，指示焊机输出保护气
点动回丝（Inch Forward）	通过示教器指示焊机回丝
点动送丝（Inch Backward）	通过示教器指示焊机送丝
溶敷报警（Stick）	在溶敷检测有效时，向周围设备输出报警

三、不同厂商焊接机器人通信设置

视 频

新时达机器人焊接通信配置

1. 新时达机器人焊接机器人通信设置

新时达机器人与焊接机通信方式主要有两种：一种是直接通过数字和模拟 I/O 与焊机的输入输出端相连；另一种是将焊机信号映射到现场总线上，通过总线的方式与焊机进行通信。

(1) I/O 方式的焊接配置

在示教器的焊接配置界面，将所需关联的送气、送丝、起弧成功反馈等焊接信号与 DI 板上的对应端口相连，并设置其有效电平为低电平或高电平有效，如图 2-1-3 所示。

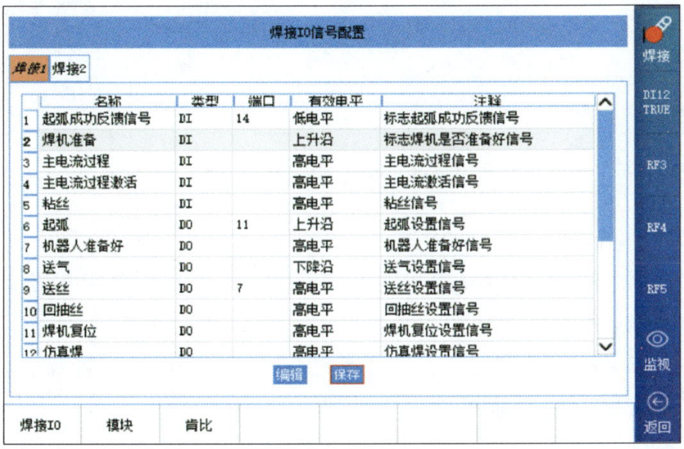

图 2-1-3　焊接配置界面(一)

配置焊接电流和电压时，采用模拟的方式配置(见图 2-1-4)，直接选中输入为模拟量，选择模块的电压范围，然后配置模拟量和物理量的转换关系，单击“确认”按钮时，会自动存储为对应的数字量。

拓展阅读

焊接电流和电压的物理值与逻辑值之间的比例关系

图 2-1-4　模拟的方式配置电流和电压

例如，在 AO 的输入框里设置值，相当于强制输入 AO，且输出的是该值对应的数字量，例如模块是 -10 ~ 10 V，AO 输入框里输入 10，相当于将对应的 AO 端口强制输出 32767，如图 2-1-5 所示。

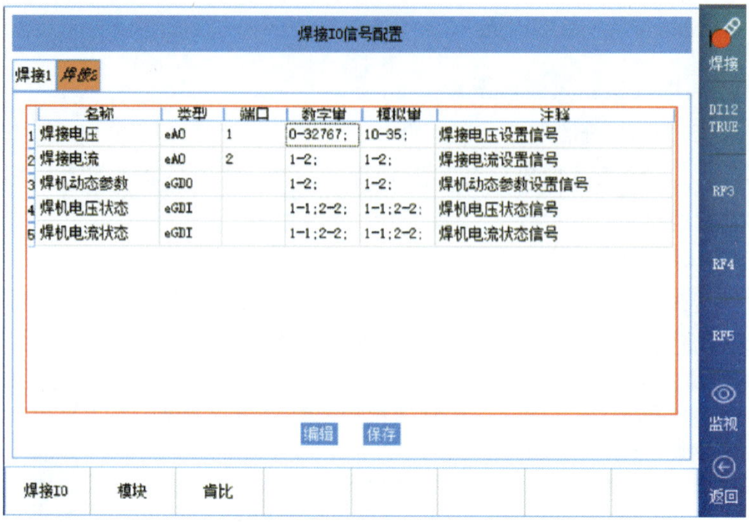

图 2-1-5　焊接配置界面(二)

(2)总线方式的焊接配置

采用总线方式时,需要配置焊接配置文件 WeldingParameter,在焊接配置文件里配置焊接信号的有效电平以及焊接电流和电压的转换关系。

①单击新时达 Robots 机器人配置软件左上角的 View,打开焊接配置界面,如图 2-1-6 所示。

②焊接配置界面分为三块,分别是输出信号、输入信号和设置。其中寻位在相关设置项中进行配置,如图 2-1-7 所示。

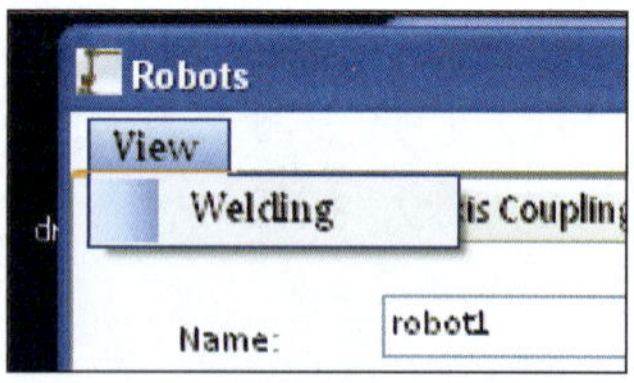

图 2-1-6　焊接配置目录

图 2-1-7　焊接配置界面

③信号界面如图 2-1-8 所示,上半部分是数字量,下半部分是模拟量。数字量输出默认是高电平输出,如果需要改为有效时输出低电平,则选中该数字量边上的复选框即可。如果需要使用某个模拟量,则选中该模拟量边上的复选框,然后就可以设置该模拟量物理值的范围和逻辑值的范围,此数值由焊机决定。

④设置信号界面用于设置默认的焊接速度、是否支持仿真焊以及寻位和跟踪等参数,分为 Basic、Search、Track 三部分,如图 2-1-9 所示。

其中,Basic 的 SuppotSimulation 代表焊机是否支持仿真焊。“进行粘丝检测复选框”用于设置是否使用粘丝检测功能,后面的“粘丝检测延迟时间”文本框用于设置成功熄弧后等待一段时间再进行粘丝检测。“断弧检测时间”用于设置焊接过程中断弧一段时间后报错。起弧等待生效时间用于设置运行 ARCON 后等待一段时间再给焊机下发起弧命令,该值正常情况下不要修改。

Search 中的 IgnoreSearchFailure 复选框代表在使用寻位功能时,如果没有寻到工件,是否需要忽略错误,如果选中,在没有寻到工件时不会报错。

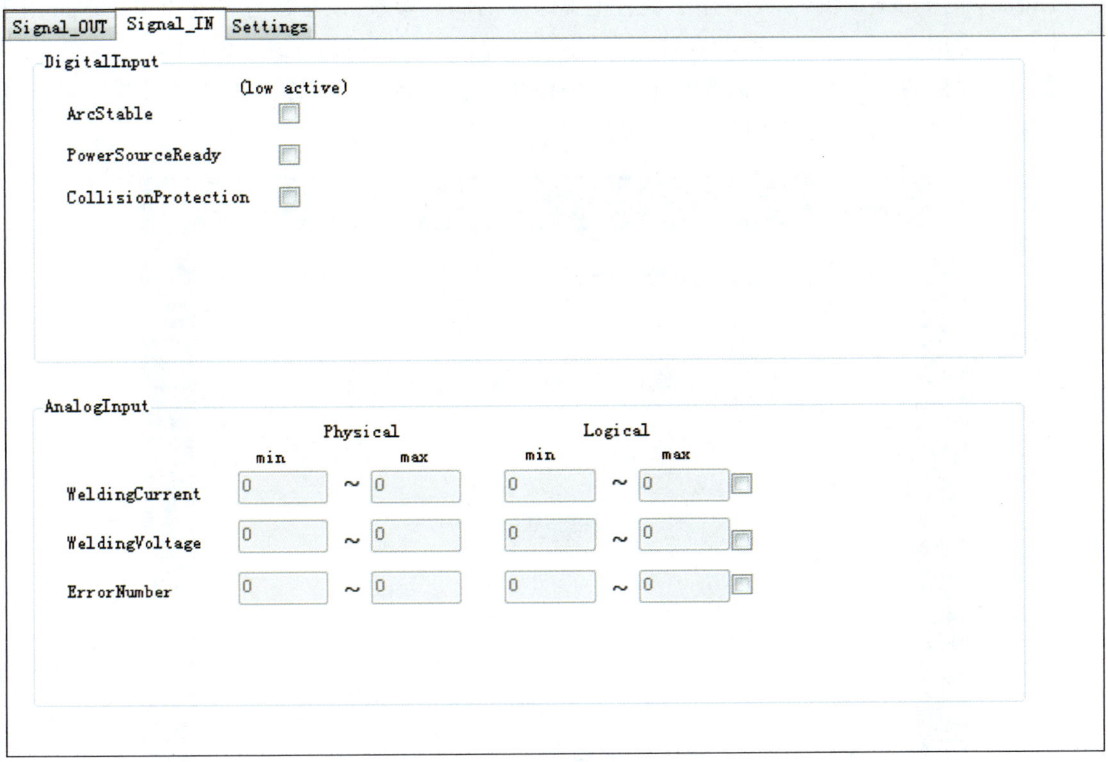

图 2-1-8　数字量和模拟量设置界面

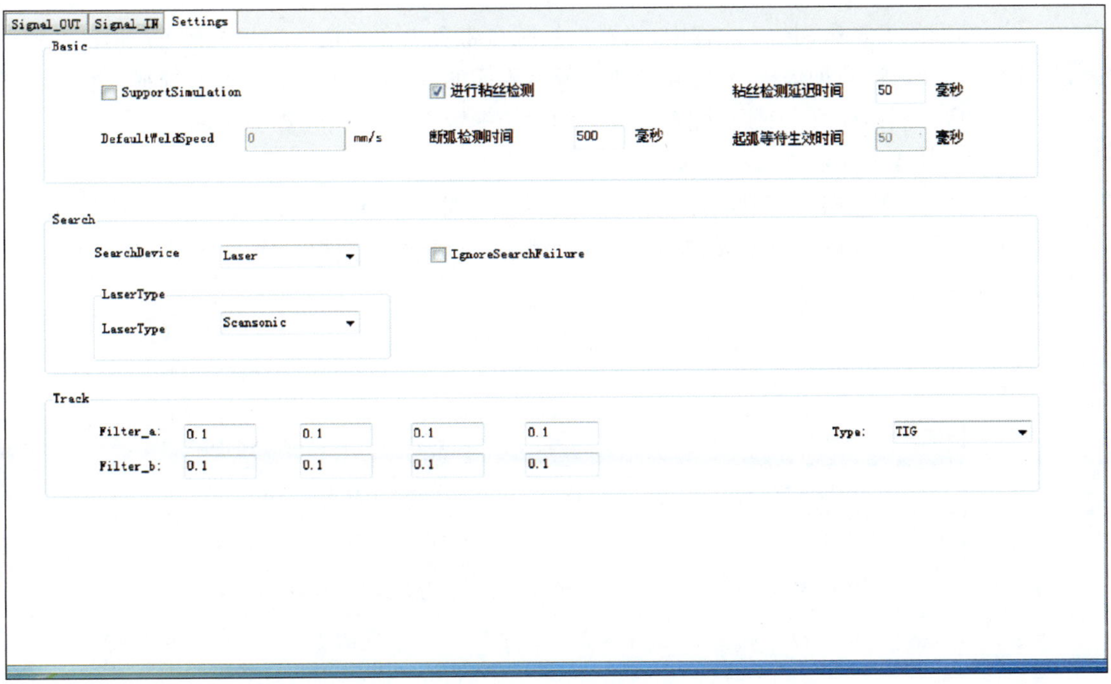

图 2-1-9　焊接设置

Track 中的 Filter_a 和 Filter_b 用于设置电弧跟踪的滤波参数,该参数与焊机相关。Type 用于设置焊接的类型,包含 TIG 焊和 MAG 焊两种,不同的焊接电弧跟踪的滤波参数不同。

⑤使用焊机的总线方式,还需要在示教器的模块配置界面进行配置,新时达机器人可以与不同的焊机通信,如配置奥太焊机的 CAN 总线模式,如图 2-1-10 所示。

图 2-1-10　焊接模块设置

动 画

焊接机器人通信

标准的 1.8.0codesys 工程中,机器人系统自带奥太和麦格米特焊机的 CANOPEN 通信文件,若使用这两种焊机,只需要修改示教器界面的模块配置,将焊机类型选择为相应的类型,重启控制器即可,无须再配置上文中的焊接配置文件 WeldingParameter。

2. ABB 焊接机器人通信设置

ABB 焊接机器人一般经标准 I/O 板与焊接电源进行通信。ABB 的标准 I/O 板提供的常用信号处理有数字量输入、数字量输出、组输入、组输出、模拟量输入、模拟量输出。常见的 ABB 标准 I/O 板见表 2-1-4。

表 2-1-4　常见的 ABB 标准 I/O 板

序　　号	型　　号	说　　明
1	DSQC651	分布式 I/O 模块 di8、do8、ao2
2	DSQC652	分布式 I/O 模块 di16、do16
3	DSQC653	分布式 I/O 模块 di8、do8 带继电器
4	DSQC355A	分布式 I/O 模块 ai4、ao4
5	DSQC377A	输送链跟踪单元

I/O 板是下挂在 DeviceNet 现场总线下的设备,常用型号为 DSQC651,主要提供 8 个数字输入信号、8 个数字输出信号和 2 个模拟输出信号。DSQC651 板如图 2-1-11(a)所示,其与 DeviceNet 总线连接设置如图 2-1-11(b)所示。

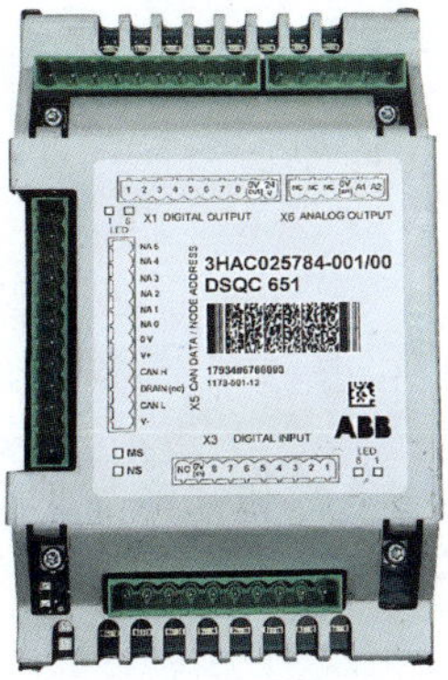

（a）DSQC651型I/O板

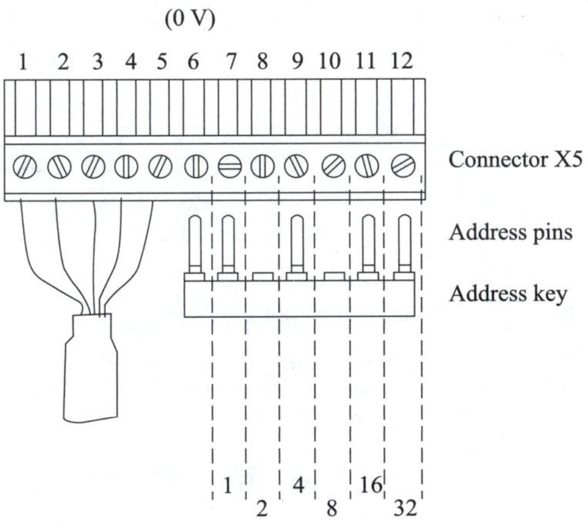

（b）DeviceNet总线

图 2-1-11　I/O 板与总线

具体 I/O 信号添加过程如图 2-1-12 所示。

视频

ABB机器人信息配置流程

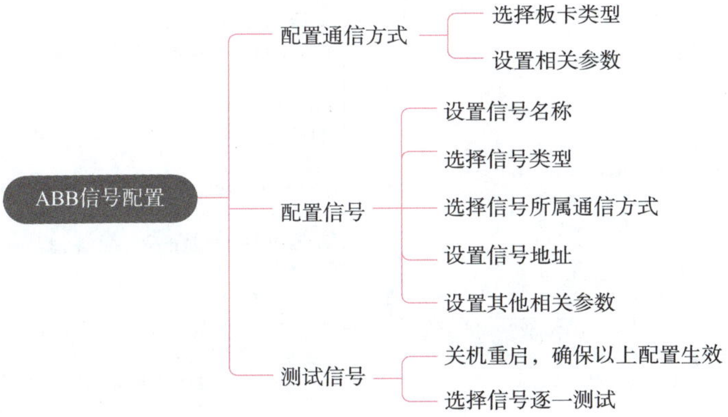

图 2-1-12　ABB 信号配置

（1）配置通信方式

如图 2-1-13 所示，在控制面板菜单中，选择配置，进入 DeviceNet 主题，创建 DSQC651 类型的通信板卡，地址修改为 10，不需要重启控制器，等待信号全部配置完成后统一进行。

（a）进入控制面板，选择配置

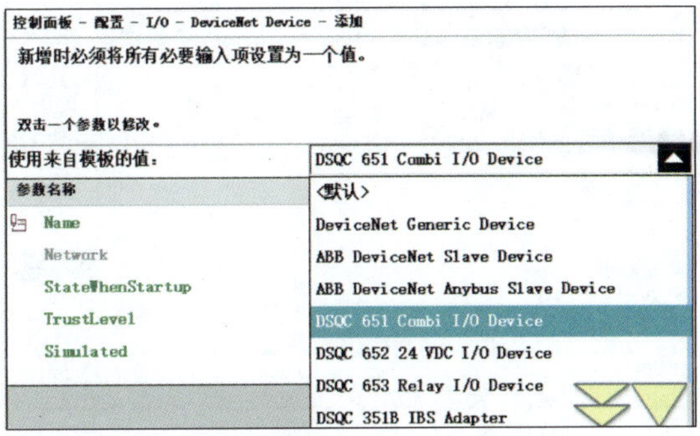

（b）添加新板卡，选择板卡类型

图 2-1-13　ABB 机器人配置通信方式

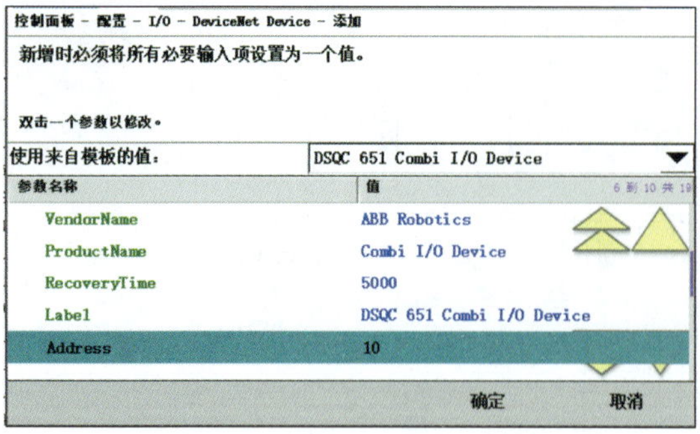

（c）修改板卡地址

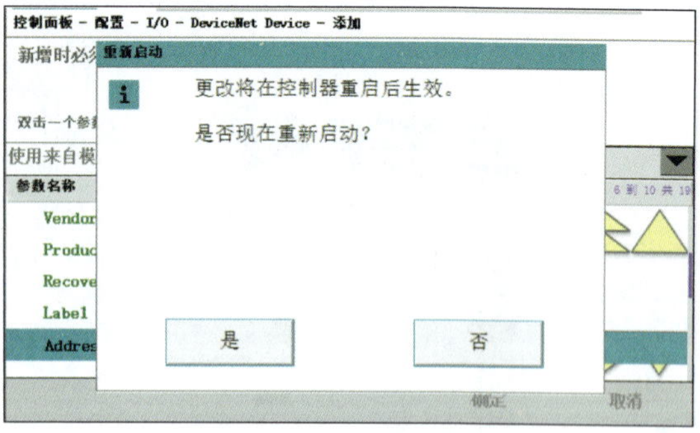

（d）选择否，此时无须重启

图 2-1-13　ABB 机器人配置通信方式(续)

(2)配置信号

在控制面板菜单中，选择配置，进入 Signal 主题，根据需要创建信号，修改包括 Name、Type of Signal、Assigned to Device、Device Mapping 四个关键参数，如图 2-1-14 所示，其余参数根据项目具体情况确定。此时，同样不需要重启控制器，等待信号全部配置完成后统一进行。

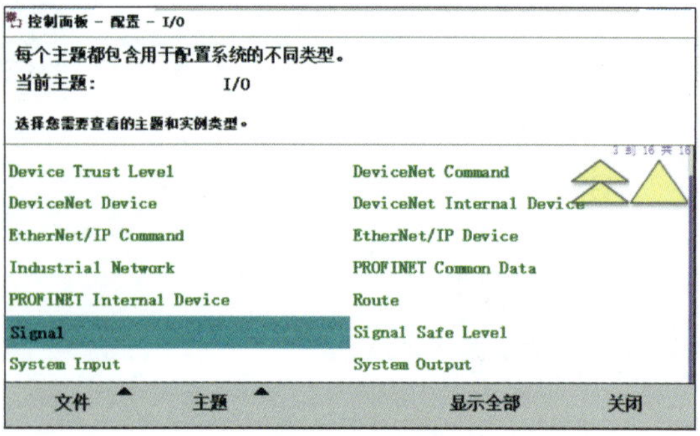

（a）选择Signal主题

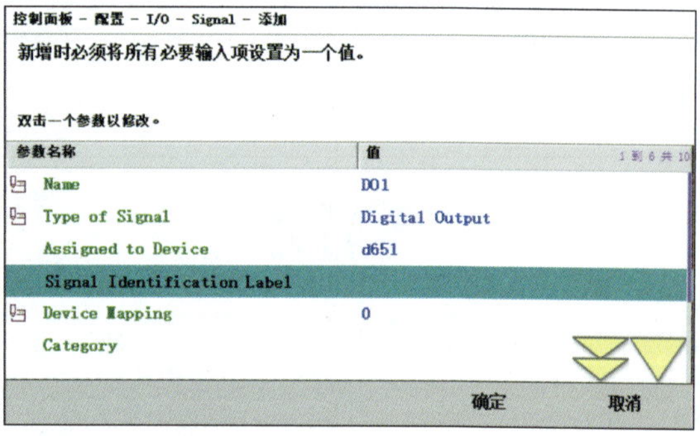

（b）添加新信号，设置相关参数

图 2-1-14　ABB 机器人配置信号

(3)测试信号

在最后一个信号配置完成后，单击“是”按钮重启控制器。完成重启后，进入输入输出菜单中，单击视图，选择全部信号，对照信号交互表逐一测试信号功能，如图 2-1-15 所示。

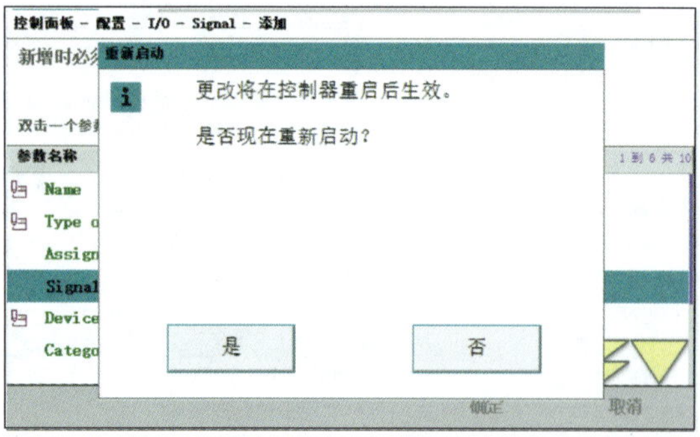

（a）配置好最后一个信号并重启

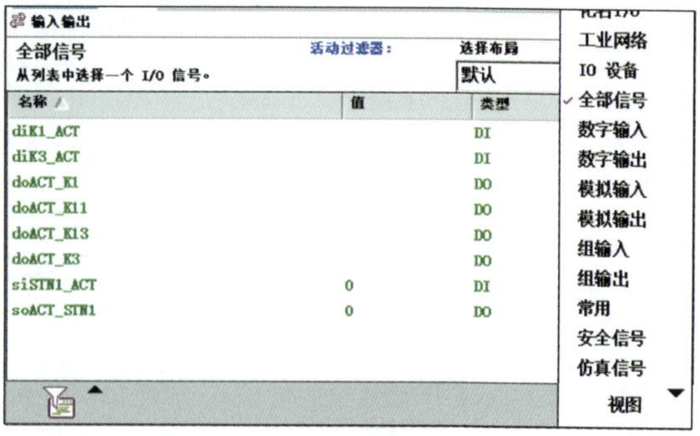

（b）逐一测试信号

图 2-1-15　ABB 机器人测试信号

3. FANUC 焊接机器人通信设置

FANUC 机器人通常采用总线通信的方式，实现焊接机器人的信号传输。常用的总线通信方式有 CC-LINK、Devicenet、Profibus。其中，如果选用 CC-LINK 通信方式，焊接机器人只能作为 CC-LINK 从站，作为三菱 PLC 的从站，机器人本身不支持作为主站通信。电焊柜采用 CC-LINK 通信时，也只能作为 PLC 下从站。焊柜与机器人之间通过 CC-LINK 通信，只能同时挂到三菱 PLC 的 CC-LINK 通信网络中作为从站，通过三菱 PLC 之间转 IO 信号，实现焊柜与机器人之间 CC-LINK 通信，如图 2-1-16 所示。

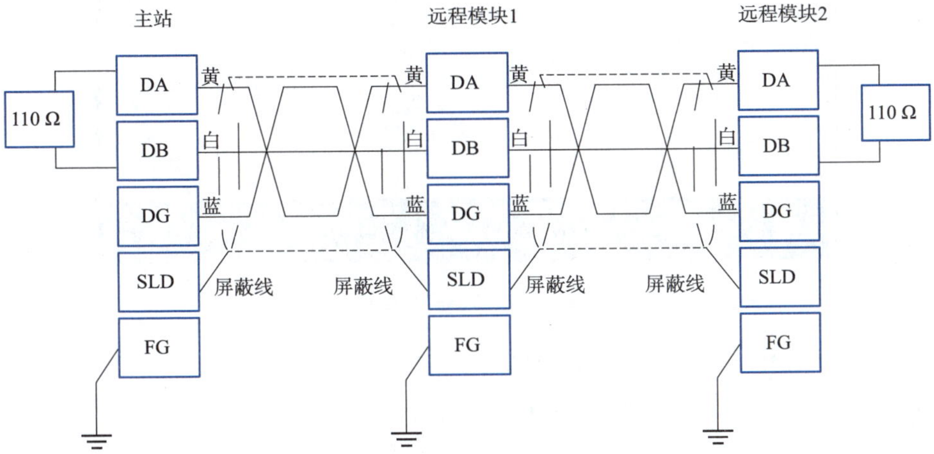

图 2-1-16　CC-Link 通信接线

若选择 Profibus 通信协议，首先需要安装以下软件：A05B-2600-R653、A05B-2600-J752、A05B-2600-J753，并且机器人与焊机连接，机器人为 MASTER，焊机为 SLAVE。具体设置如下：

(1) MASTER 设置

①如图 2-1-17 所示，单击 MENU→SETUP→PROFIBUS 进入 PROFIBUS 总线通信设置界面，再点击 F3[OTHER]→MASTER，进入设置界面如图 2-1-18 所示。

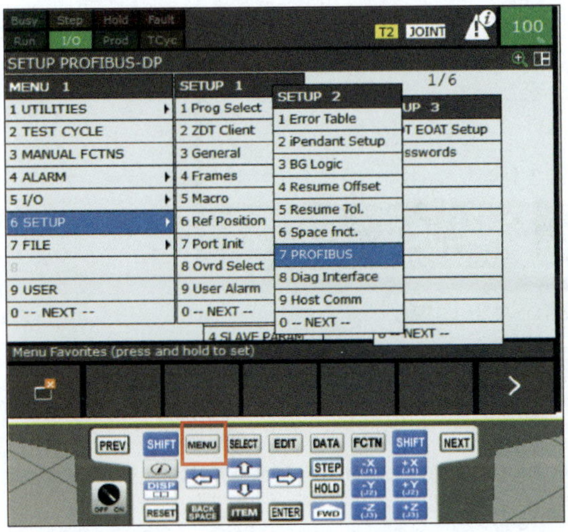

(a) PROFIBUS界面进入路径

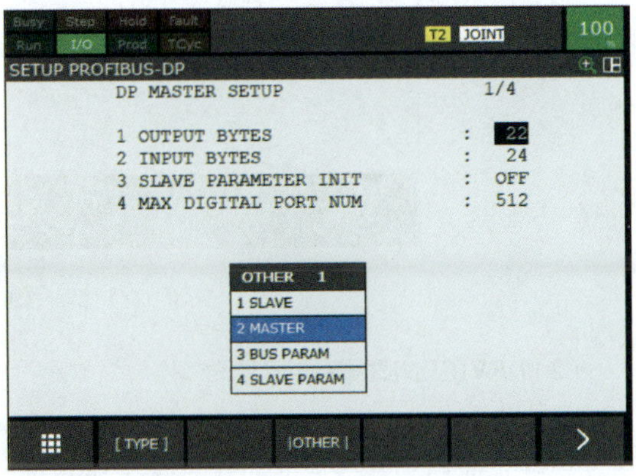

(b) 选择设置对象

图 2-1-17　MASTER 界面进入路径

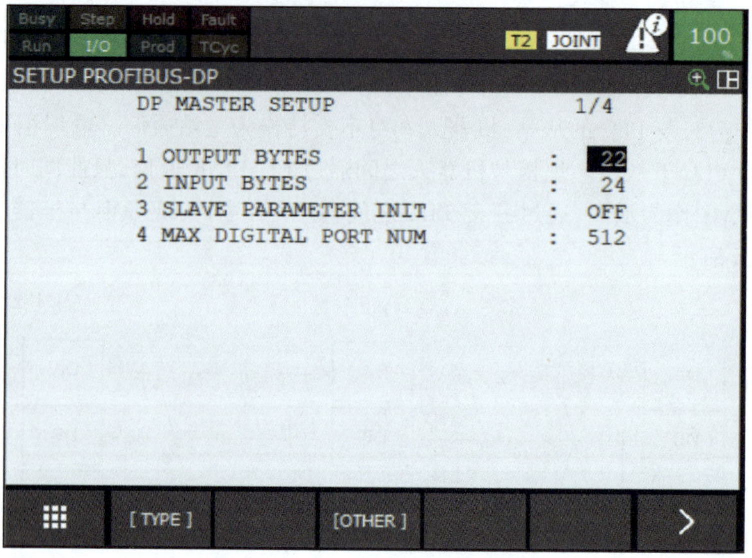

图 2-1-18　MASTER 设置

②单击 F3[OTHER]→BUS PARAM,此界面中,只要设置 Baudrate 即可,其余均可默认。设置 Baudrate 后总线模块会自动调整,如图 2-1-19 所示。

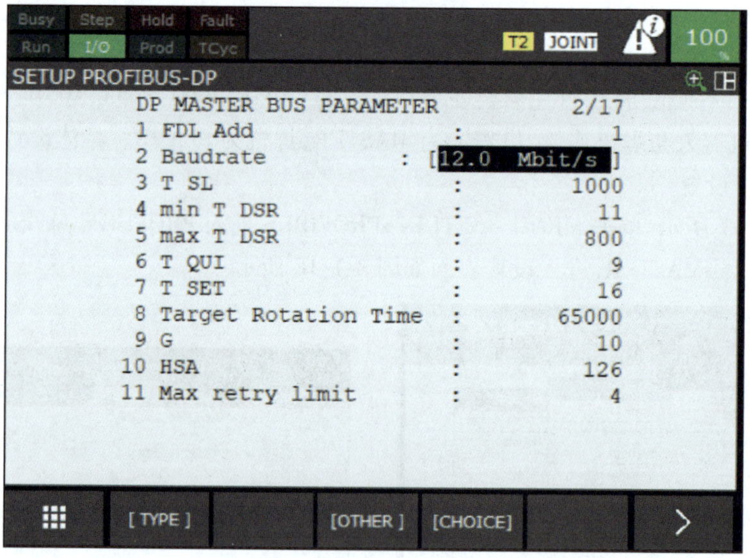

图 2-1-19　PROFIBUS-DP 设置

(2)DEVICENET 桥接焊接信号

①选择 Fronius 软件分配 I/O,按 Prev + Next 键,进入 Controlled Start 界面,如图 2-1-20 所示。

②将光标移到在 Manufacturer,按 CHOICE,选择 Fronius;将光标移到在 Model,按 CHOICE,选择 TS/TPS with DNet,在出现的界面中,选 No,系统会自动分配 I/O。

如果使用 Devicent 或者 Profibus 等总线通信,与 Arc Tool 设置界面不存在的焊接电源连接时,需要将系统变量 $AWEPRR. $VENDER_ID 设置为 108,同时需要手动分配所有的焊接 I/O 信号。

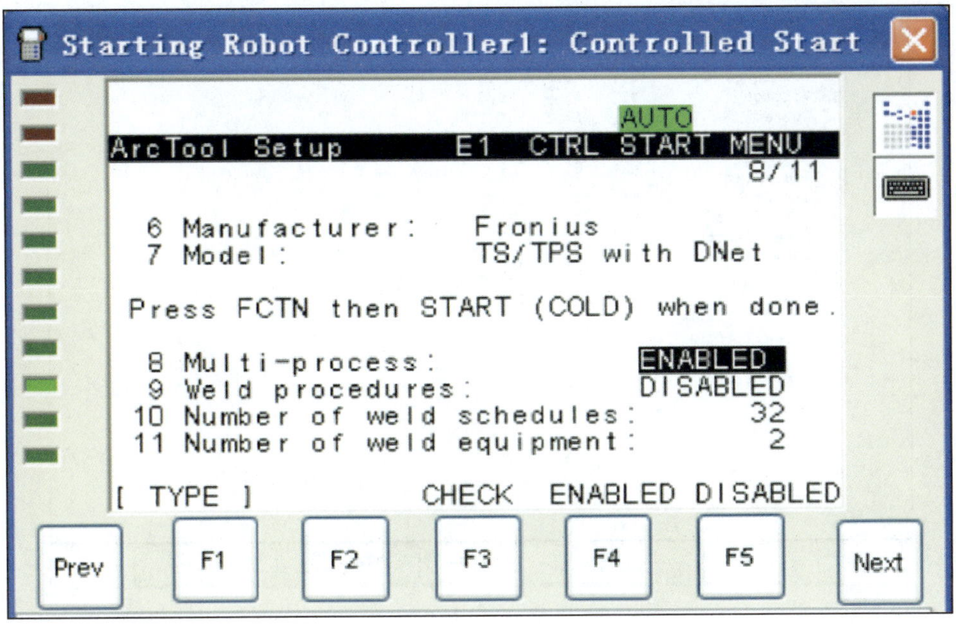

图 2-1-20 控制启动界面

(3)焊接 I/O 画面的显示

①如图 2-1-21 所示,按下 MENU 菜单键,显示菜单画面。选择 5 I/O 中的“1 Weld”,进入焊接 I/O 画面,按 F3[IN/OUT],可以在输入输出画面切换。

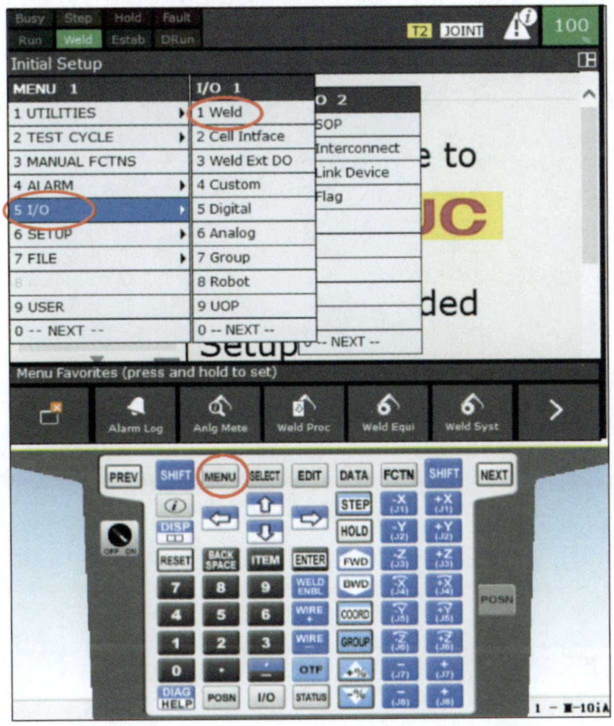

(a)

图 2-1-21 I/O 信号界面

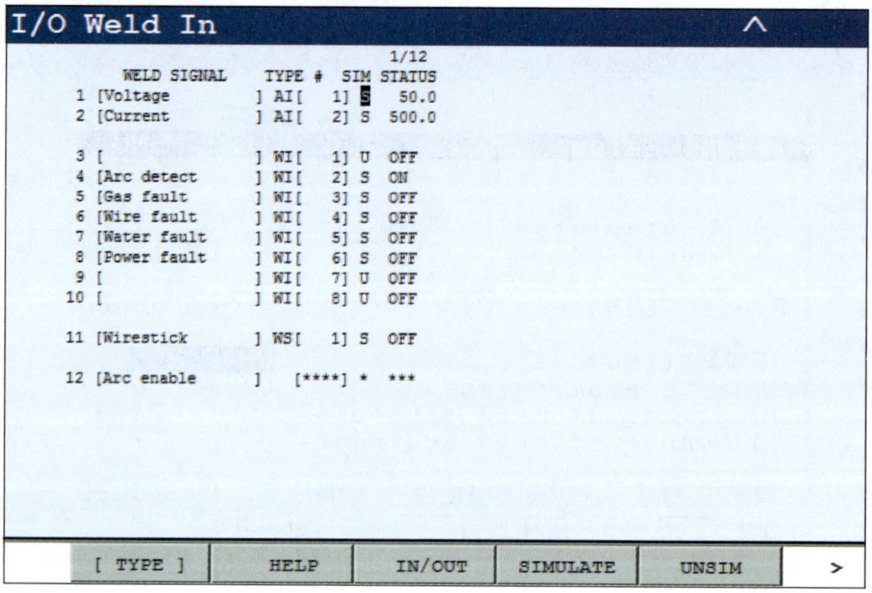

(b)

图 2-1-21　I/O 信号界面(续)

学习笔记

任务实施

拓展阅读

信号配置参考

一、准备工作

①领取安全防护装备：护目镜、防尘口罩、安全帽、防护鞋。

②正确穿戴安全防护装备。

二、焊接机器人通信设置

根据提供的信号交互表 2-1-1，完成 IRB1410 型号机器人的信号配置，完成信号配置表：

①确认机器人型号及所需配置信号数量。

②选择合适的通信方式。

③根据信号交互表 2-1-1 配置信号。

④完成信号配置表 2-1-5。

⑤配置完成后测试信号是否正确。

表 2-1-5　焊接机器人工作站信号配置表

项目名称： 焊接设备：	机器人型号：	制表日期： 制表人：
信号名称	备注	分配地址

三、任务结束

①归还安全防护装备：护目镜、防尘口罩、安全帽和防护鞋。

②提交焊接机器人信号配置表。

任务评价

任务评价见表2-1-6。

表2-1-6　设置焊接机器人通信任务评价表

序号	主要内容	考核要求	评分标准	配分	得分
1	焊接机器人通信方式	正确说出通信方式分类	能正确复述通信方式的种类,不能说出其中一项扣3分	9	
			能正确说出不同种类中典型通信至少2个,错误一处扣2分	12	
2	焊接机器人信号配置	正确选择通信方式	能通过机器人型号确认机器人厂家,选择所适配的通信方式,错误一处扣5分	10	
		正确配置信号	正确配置通信方式,错误一处扣5分	10	
			正确配置信号,错误一处扣2分	30	
			按照顺序,逐一测试信号,遗漏一处扣1分	10	
		正确填写信号配置表	正确填写信号配置表,错误一处扣1分	9	
3	安全操作注意事项	掌握设备操作、设备调试、用电安全知识	理解与掌握安全操作注意事项,操作时违反安全操作规程,带电操作扣10分	10	
合计				100	

拓展阅读

李万君:焊枪在手　匠心闪耀

李万君是我国焊接领域的杰出代表,他先后参与了我国几十种城铁、动车组转向架的首件试制焊接工作。在这些工作中,他总结并制定了30多种转向架焊接规范及操作方法,其中27项获得国家专利。他的"一枪三焊"技术破解了复兴号"腿脚"难题,一把焊枪铸就了中国速度。这些成就的取得,离不开他善于观察、总结归纳的能力。他能够从大量的实践中提炼出规律性的东西,形成具有指导意义的操作方法和规范,这正是逻辑思维能力的体现。

此外,李万君还非常注重逻辑思维的运用。他在面对复杂的焊接问题时,能够运用逻辑思维进行分析和推理,找出问题的症结所在,提出有效的解决方案。这种能力使得他在解决技术难题时能够迅速找到突破口,提高了工作效率和质量。

任务二　设置焊接机器人工艺参数

情景导入

在完成通信设置之后,要想编写焊接机器人程序,还需要为它设置合适的焊接参数。这些参数如同机器人的"灵魂",决定了焊接过程中的温度、速度、电流等关键因素,直接影响到焊接的质量和效率。那么,如何设置这些参数,它们又分别代表着什么意义?接下来,将一起进入焊接参数设置的学习之旅,探索其中的奥秘和技巧。

学习目标

一、知识目标

①熟悉焊接机器人工艺参数类型。
②掌握焊接机器人工艺参数设置方法。
③了解不同厂商焊接机器人工艺参数。

二、能力目标

①能说出焊接机器人的重要工艺参数。
②能作为助理工程师完成焊接工艺参数配置。
③会辨析不同厂商机器人的工艺参数设置的异同。

三、素养目标

①养成严谨、规范的工作习惯。
②培养学生逻辑思维。

任务描述

恭喜你成功完成了焊接机器人的通信设置工作,为焊接车间的自动化升级奠定了坚实的基础。接下来,将迎来新的挑战——焊接参数设置。作为助理工程师,你将与团队成员紧密合作,共同肩负起焊接参数设置的重任。

任务分析

需要深入研究焊接工艺参数,根据任务一配置好的信号,制定出合理的焊接参数设置方案,完成工艺参数配置表,具体工作流程如图 2-2-1 所示。

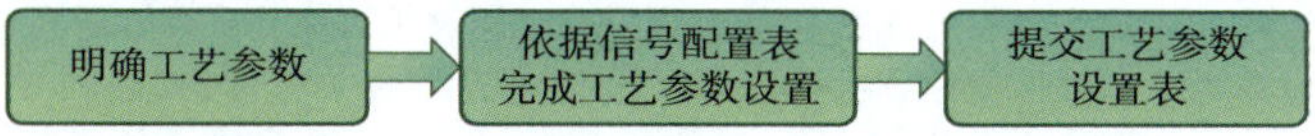

图 2-2-1 设置焊接机器人工艺参数任务流程

核心知识

一、机器人焊接工艺参数

视 频
机器人焊接工艺参数介绍

焊接工艺参数是确保焊接质量和效率的关键因素,它们直接影响着焊接过程的稳定性和最终成品的性能。因此,在进行参数设置时,必须秉持严谨科学的态度,结合实践经验,逐一调整和优化各项参数,以期达到最佳的焊接效果。在焊接过程中涉及的各种工艺相关基本概念见表 2-2-1。

表 2-2-1　基本概念表

编　号	基本概念	含　义
1	焊接电流(送丝速度)	流经焊丝或焊条的电流称为焊接电流。在熔化极气体保护焊中,调整送丝速度可控制焊接电流,速度增加,电流增大
2	焊接电压和焊接电压的修正	焊接时电极与工件之间的电位差称为焊接电压
3	焊接速度(线能量)	单位时间内完成的焊缝长度称为焊接速度。与焊接电流、电压和焊接效率有关,这些共同决定输入焊缝中的线能量
4	干伸长度	在熔化极气体保护焊中,焊丝从导电嘴伸出到电弧起弧点的长度称为干伸长度
5	焊接接头位置(平、立、横、仰)	根据焊缝在空间的位置,焊接接头可分为平焊、立焊、横焊和仰焊四种位置
6	焊接接头形式(对、角、搭)	根据两块或多块钢板之间的相对位置和连接方式,焊接接头可分为对接接头、角接接头和搭接接头等形式
7	焊枪工作角	焊枪工作角是指焊枪(或焊炬)与焊接方向之间的夹角
8	焊枪前倾角(焊枪行走角)	焊枪前倾角是指焊枪(或焊炬)与垂直方向之间的夹角,也称为焊枪行走角
9	焊丝直径选择	焊丝直径指的是焊接过程中使用的焊丝的横截面直径。较厚的母材或要求高效率的焊接会选择直径较大的焊丝
10	收弧电流/电压/时间	在焊接结束时,为了填满弧坑并避免产生裂纹,通常会采用稍低于正常焊接电流的收弧电流。与收弧电流相对应,收弧时的电压也会有所调整,以确保焊缝的平滑过渡。收弧时间:指焊接结束时,维持收弧电流和电压的时间,以确保焊缝质量并减少缺陷
11	保护气体成分和流量	保护气体的流量需要精确控制,以确保焊接区域的保护效果。流量过大可能导致气流紊乱,影响焊接质量;流量过小则可能无法提供足够的保护
12	焊枪摆动轨迹	焊枪摆动轨迹指的是在焊接过程中,焊枪沿着焊缝移动的路径。常见的摆动轨迹有直线形、月牙形、锯齿形等,选择哪种轨迹取决于焊缝的形状和工艺要求
13	摆枪宽度	摆枪宽度指的是焊枪在摆动过程中,从一侧到另一侧的横向移动距离
14	摆枪频率	摆枪频率指的是焊枪在单位时间内摆动的次数
15	两侧停留时间	在焊接过程中,焊枪在焊缝两侧停留的时间。适当的停留时间有助于焊缝的均匀加热和熔合,但停留时间过长可能导致焊缝过高或产生其他缺陷;停留时间过短则可能导致焊缝未完全熔合

视 频

新时达焊接机器人工艺参数配置

二、不同厂商焊接机器人工艺参数设置

1. 新时达焊接机器人工艺参数设置

在新时达机器人中,将焊接相关工艺参数融入其焊接变量中,在实施焊接之前需要先设置其焊接变量,对应关系见表 2-2-2。

表 2-2-2　变量与工艺参数对应关系

变量名称	参数包含内容
ARCONDATA 起弧变量	预送气时间、起弧电流、起弧电压、起弧时间等
ARCOFFDATA 收弧变量	回烧时间、滞后送气时间、收弧电流、收弧电压、收弧时间

续表

变量名称	参数包含内容
ARCDATA 焊接变量	焊接电流、焊接电压、焊接速度等
ARCRETRYDATA 再起弧变量	起弧失败检测时间、重试的次数、焊丝回抽时间、回抽等待时间、再起弧电流增量、再起弧电压增量、是否擦线起弧、擦线距离、返回速度、擦线步长
ARCSEGDATA 间断焊变量	起弧变量、再起弧变量、渐变时间变量和熄弧变量里的所有参数

(1) ARCONDATA

起弧变量由预送气时间、起弧电流、起弧电压、起弧时间等组成，在变量界面的显示如图 2-2-2 所示。

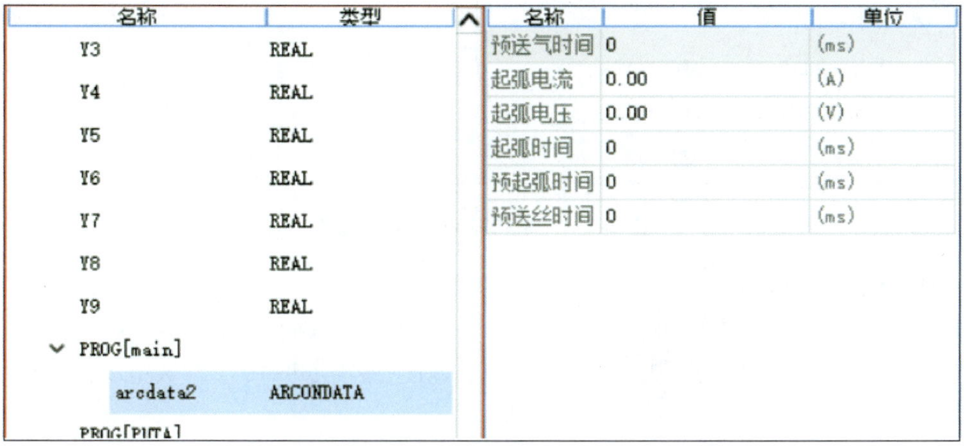

图 2-2-2　ARCONDATA 起弧变量

(2) ARCOFFDATA

收弧变量由回烧时间、滞后送气时间、收弧电流、收弧电压、收弧时间组成，在变量界面的显示，如图 2-2-3 所示。

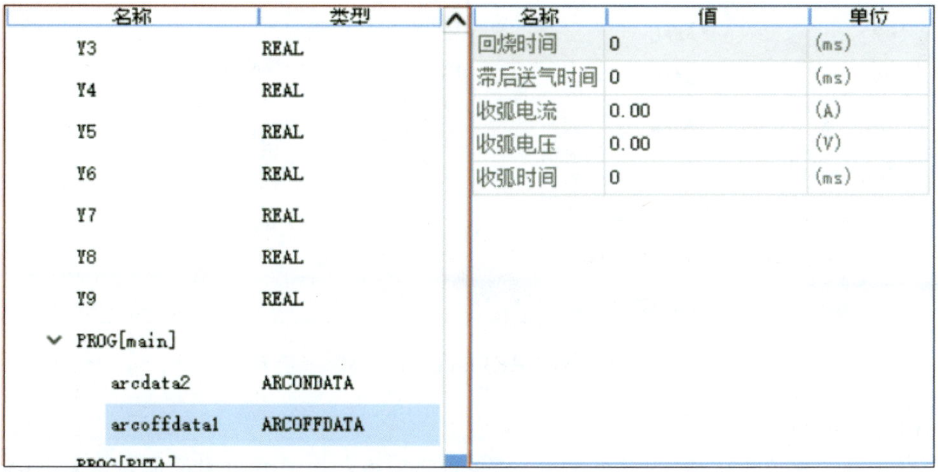

图 2-2-3　ARCOFFDATA 收弧变量

(3) ARCDATA

焊接变量由焊接电流、焊接电压、焊接速度等组成，在变量界面的显示如图 2-2-4 所示。

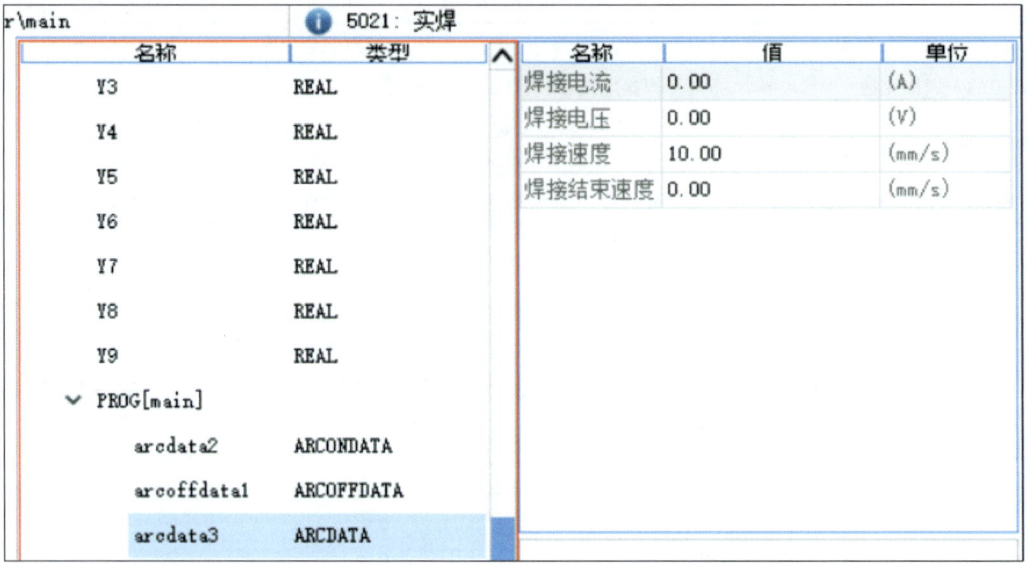

图 2-2-4　ARCDATA 焊接变量

(4) ARCRETRYDATA

再起弧变量由起弧失败检测时间、重试的次数、焊丝回抽时间、回抽等待时间、再起弧电流增量、再起弧电压增量、是否擦线起弧、擦线距离、返回速度、擦线步长 10 个参数组成，在变量界面的显示如图 2-2-5 所示。

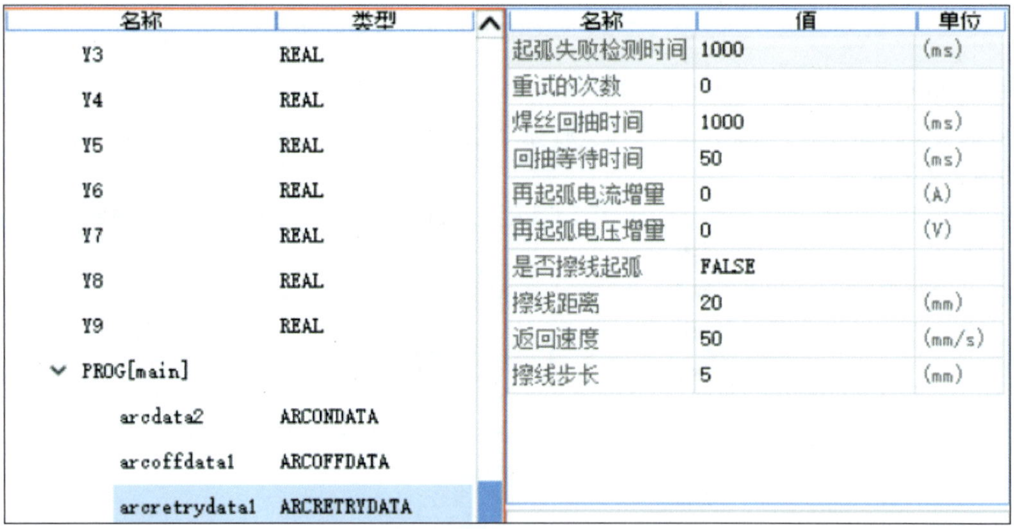

图 2-2-5　ARCRETRYDATA 再起弧变量

(5) ARCSEGDATA

间断焊变量包含起弧变量、再起弧变量、渐变时间变量和熄弧变量里的所有参数，如预送气时间、起弧电流、起弧电压、起弧时间、起弧渐变时间、起弧失败检测时间、重试的次数、焊丝回抽时间、回抽等待时间、再起弧电流增量、再起弧电压增量、回烧时间、滞后送气时间、收弧电流、收弧电压、收弧渐变时间等，在变量界面的显示如图 2-2-6 所示。

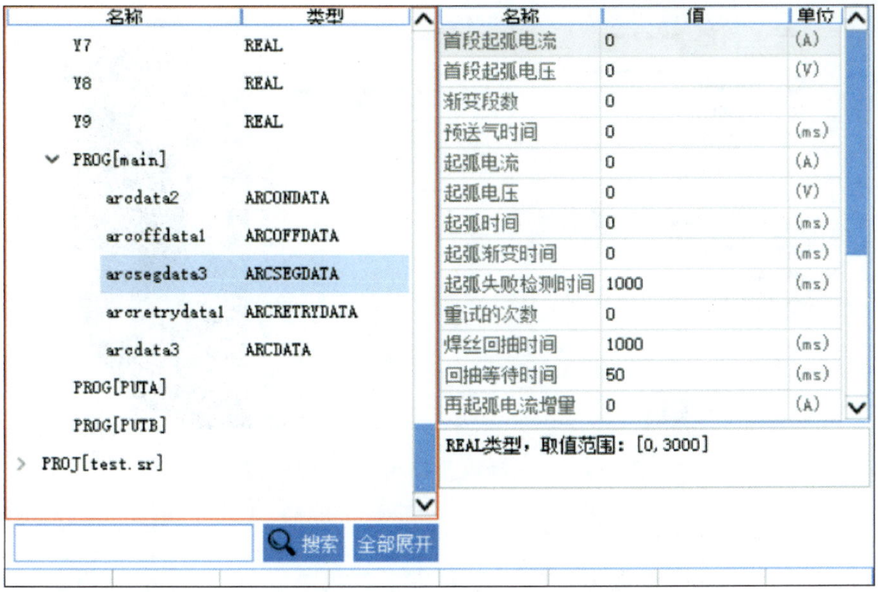

（a）第一屏截图

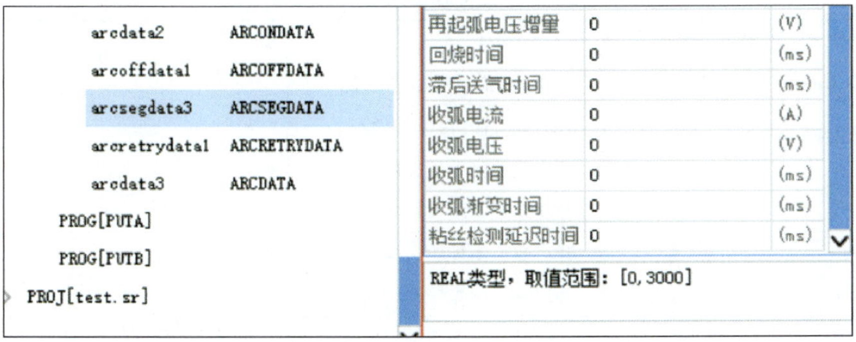

（b）第二屏截图

图 2-2-6 ARCSEGDATA 间断焊变量

视频

ABB焊接机器人工艺参数配置

2. ABB 焊接机器人工艺参数设置

与新时达机器人相同，ABB 机器人中各类焊接工艺参数与其机器人内部参数名称的对应关系见表 2-2-3。

表 2-2-3 配置参数表

参数名称	参数包含内容
Arc Equipment Properties	焊接设备属性：定义使用引弧、加热、收弧段等
Arc Equipment Analogue Outputs、Arc Equipment Digital Inputs、Arc Equipment Digital Outputs	焊接设备信号：定义焊枪开关、电弧检测等信号
Arc System Properties	焊接系统属性：定义单位、自动断弧重试、刮擦起弧等
ARC_UI_MASKING	焊接界面设置：定义使用电流或送丝速度等

ABB 机器人在进行焊接作业之前，首要需要确认焊接应用选项的配置情况。如图 2-2-7 所示，确认系统信息中已正确配置 633-4 Arc 焊接选项。

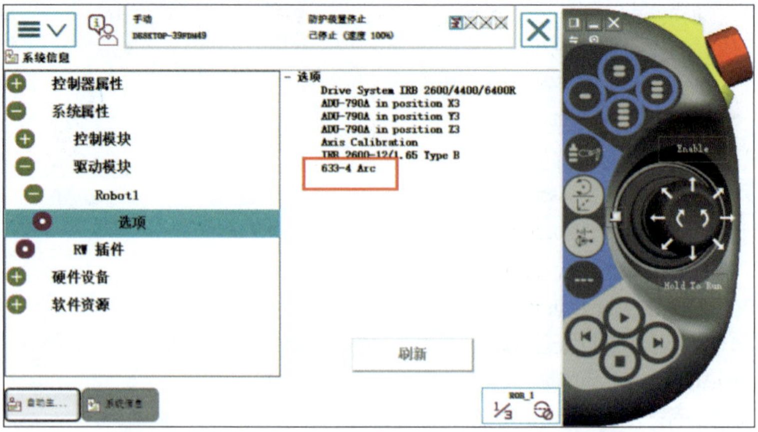

图 2-2-7　正确配置 633-4 Arc 焊接选项

(1) Arc Equipment Properties

Arc Equipment Properties 参数主要有 9 项,见表 2-2-4。

表 2-2-4　Arc Equipment Properties 参数表

参 数 名 称	功　能
Preconditions On	开启或关闭焊接条件检测
Ignition On	开启或关闭焊接引弧段
Heat On	开启或关闭焊接加热段
Fill On	开启或关闭填弧坑功能
Burnback On	开启或关闭焊丝回烧功能
Autoinhibit On	开启或关闭焊接锁定功能
Arc Preset	焊接开始前等待模拟信号稳定的时间值
Ignition Timeout	引弧过程允许的最长时间

具体操作步骤:

①进入主菜单,单击"控制面板"(见图 2-2-8),→"配置"(见图 2-2-9),→"主题",选择 Process 选项,如图 2-2-10 所示。

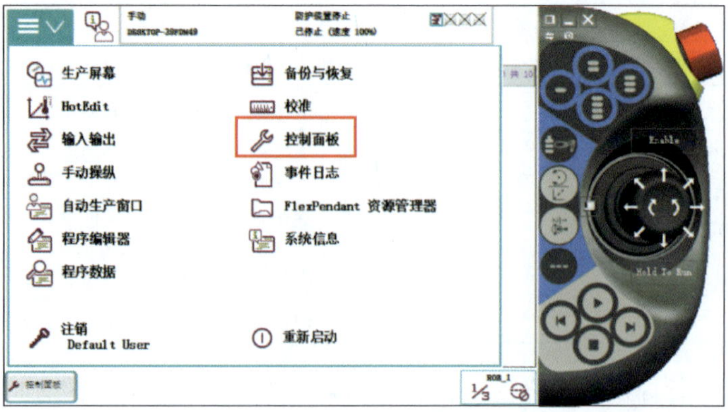

图 2-2-8　单击"控制面板"

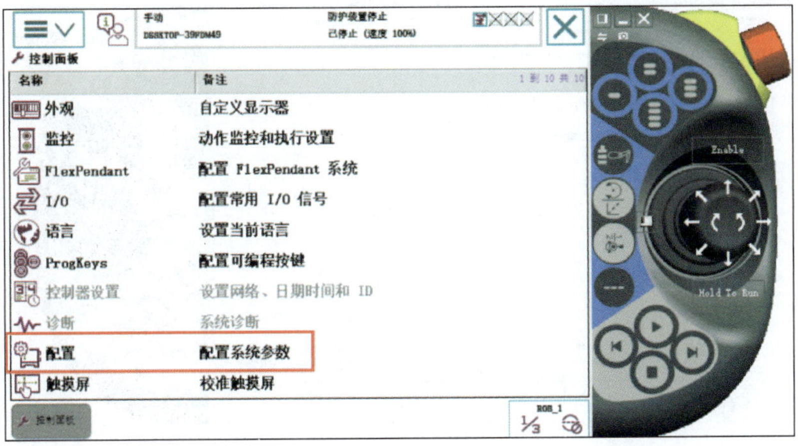

图 2-2-9　单击“配置”

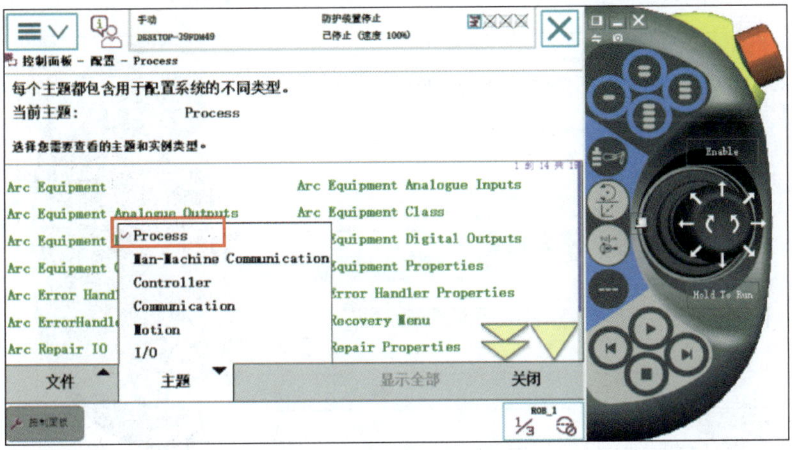

图 2-2-10　单击 Process

②双击 Arc Equipment Properties,(见图 2-2-11),然后双击 ARC1_stdIO_T_ROB 1,如图 2-2-12 所示。

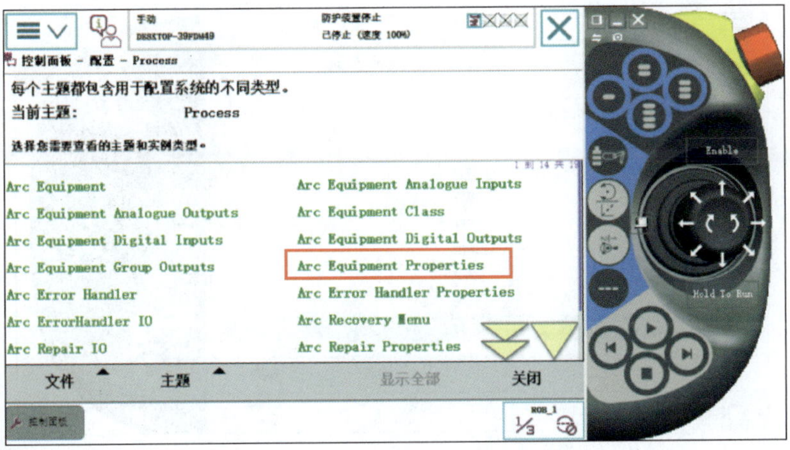

图 2-2-11　双击 Arc Equipment Properties

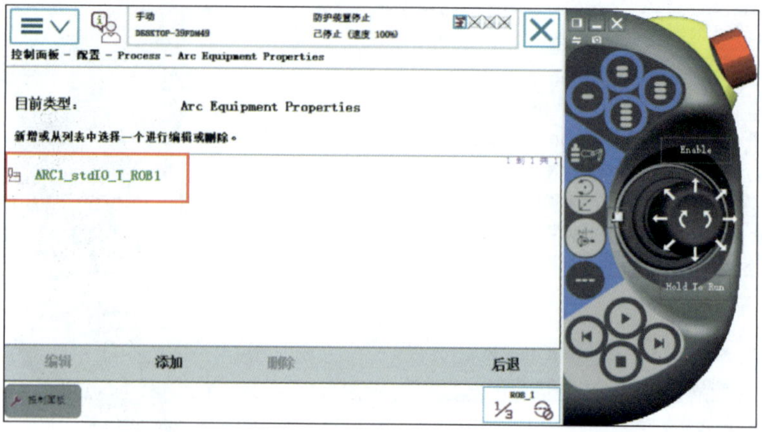

图 2-2-12　双击 stdIO_T_ROB 1

③单击下拉按钮，选择 Preconditions On，将其值改为 TRUE，如图 2-2-13 所示。

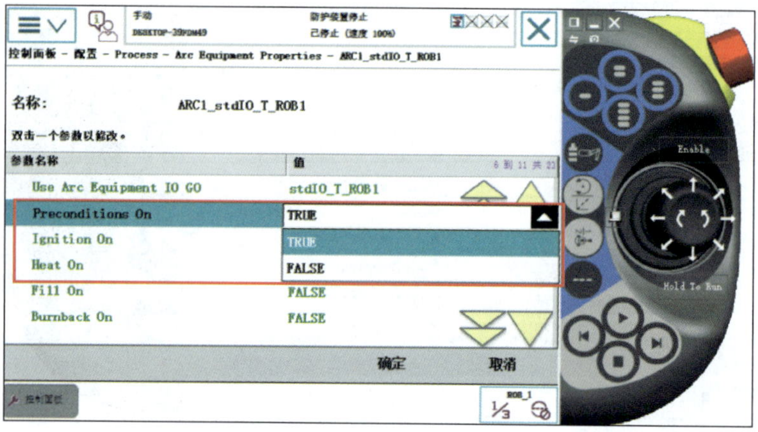

图 2-2-13　改值为 TRUE

④用同样的方法，将 Ignition On、Heat On、Fill On、Burnback On 和 Autoinhibit On 的值都改为 TRUE，如图 2-2-14、图 2-2-15 所示。

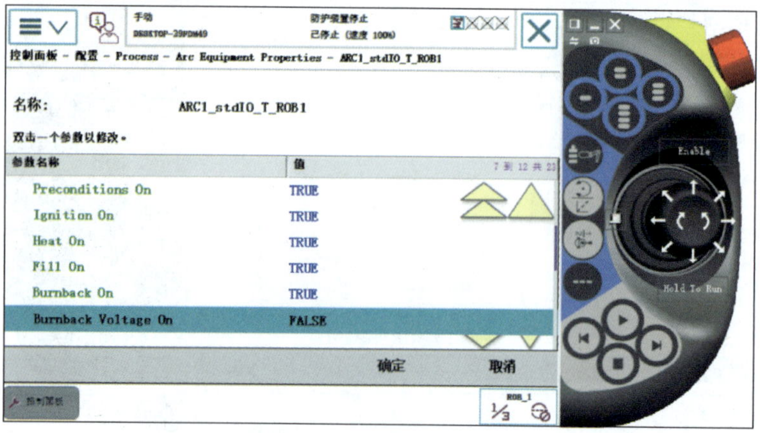

图 2-2-14　改值为 TRUE

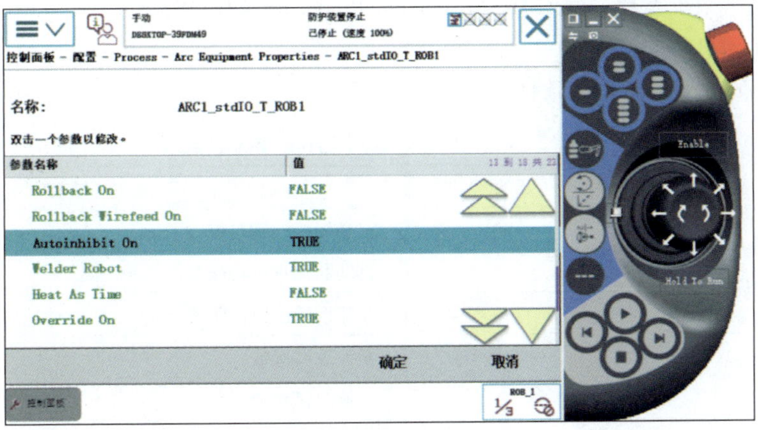

图 2-2-15　改值为 TRUE

⑤将 Arc Preset 的值设为 0.05，如图 2-2-16 所示。

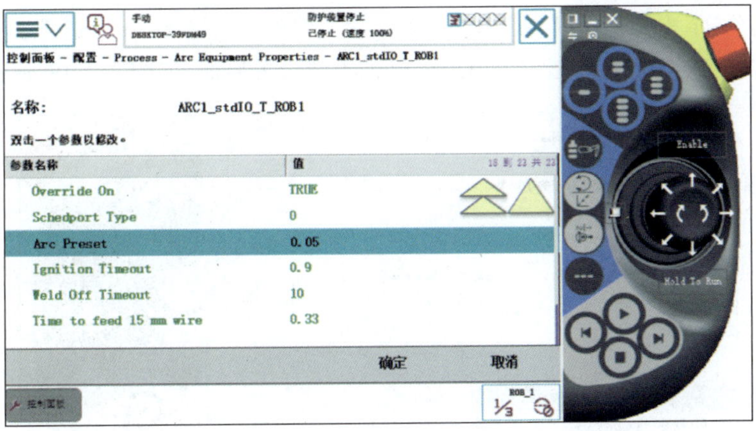

图 2-2-16　改 Arc Preset 值

⑥将 Ignition Timeout 的值设为 0.9，如图 2-2-17 所示。

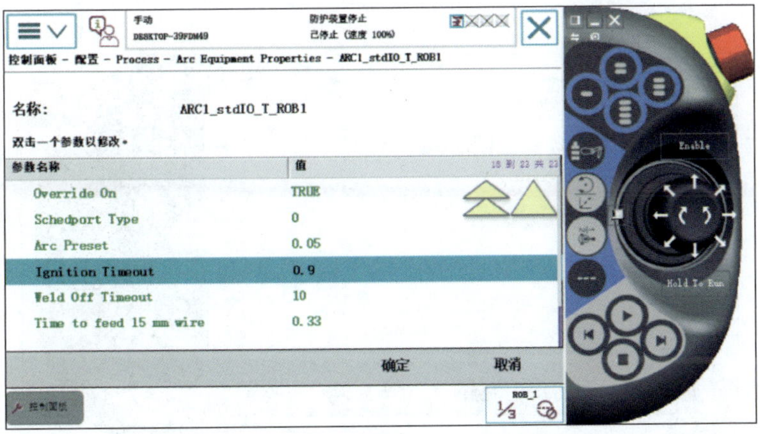

图 2-2-17　改 Ignition Timeout 值

⑦单击“确定”系统重启，完成 Arc Equipment Properties 的设置。

(2) Arc System Properties

Arc System Properties 参数有 7 项，具体见表 2-2-5。

表 2-2-5　Arc System Properties 参数

参数名称	功　　能
Units	定义焊接速度单位
Restart On	自动断弧重试功能
Restart Distance	断弧重试的退回距离
Number Of Retries	断弧重试次数
Scrape On	刮擦起弧功能
Scrape Width	刮擦行走的宽度
Scrape Scycle Time	刮擦行走一个周期的时间

具体操作步骤：

①进入主菜单，单击“控制面板”→“配置”→“主题”，选择 Process 选项。双击 Arc System Properties，如图 2-2-18 所示。然后双击 ARC1 进入参数设置界面，如图 2-2-19 所示。

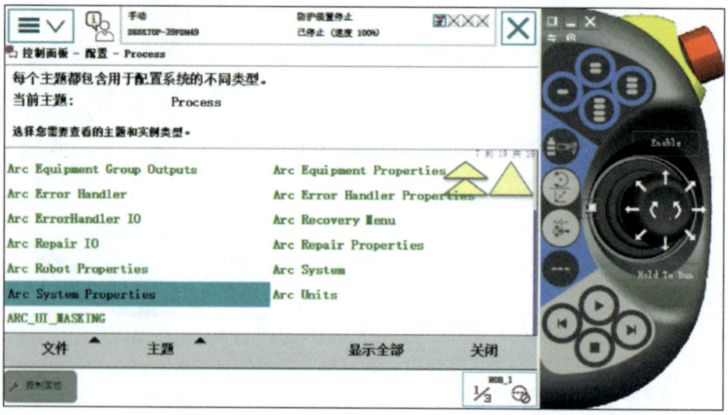

图 2-2-18　双击 Arc System Properties

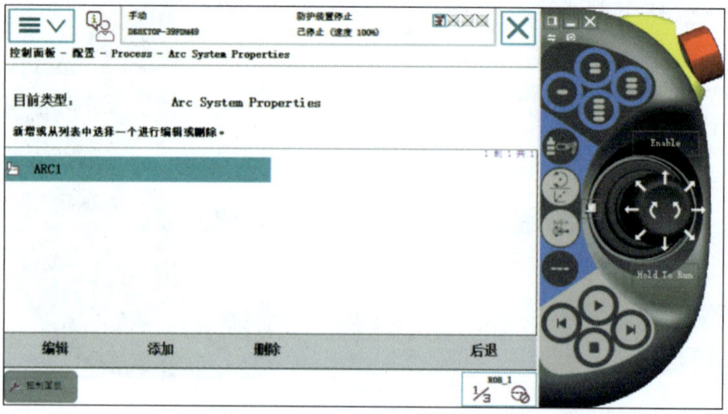

图 2-2-19　双击 ARC1

②双击 Units，将其值设为 SI_UNITS，如图 2-2-20 所示。

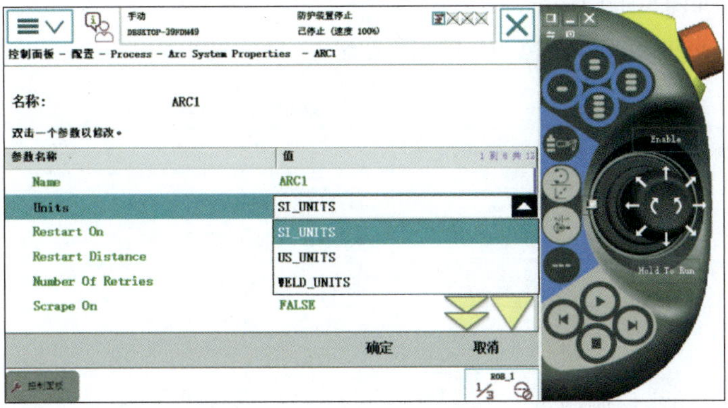

图 2-2-20 设值为 SI_UNITS

③同样的方法，将 Restart On 的值设为 TRUE，将 Restart Distance 值设为“5”，将 Number Of Retries 值设为“3”，将 Scrape On 值设为 TRUE，如图 2-2-21 所示。

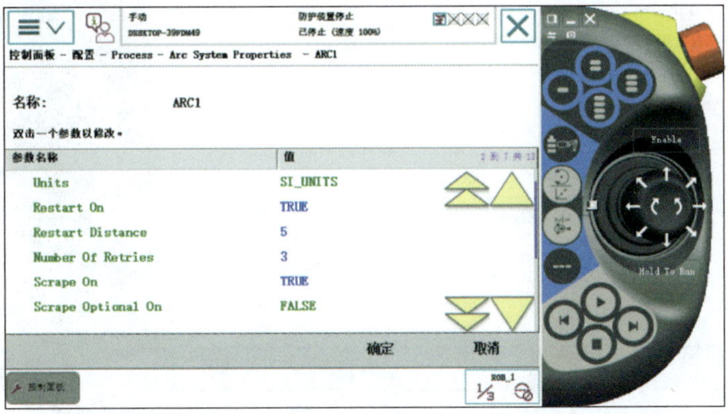

图 2-2-21 更改值

④同样的方法，将 Scrape Width 值设为“5”，将 Scrape Cycle Time 值设为“0.5”，如图 2-2-22 所示。

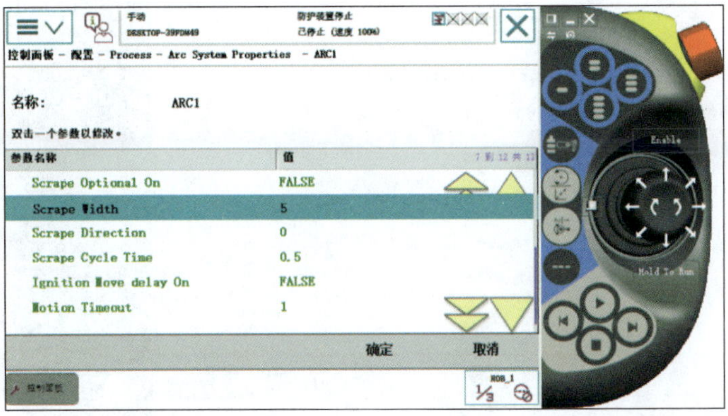

图 2-2-22 更改值

⑤单击“确定”系统重启，完成 Arc System Properties 参数的设置。

(3) Arc Equipment Digital Inputs

Arc Equipment Digital Inputs 参数有 3 项需要配置，具体见表 2-2-6。

表 2-2-6 Arc Equipment Digital Inputs 参数

参数名称	功　能
ArcEst	电弧监测信号
WaterOk	冷却水压监测信号
GasOk	保护气监测信号

具体操作步骤：

①进入主菜单，单击“控制面板”→“配置”→“主题”，选择 Process 选项，进入主题和实例类型界面，双击 Arc Equipment Digital Inputs，如图 2-2-23 所示。然后，双击 stdIO_TROB1，如图 2-2-24 所示。

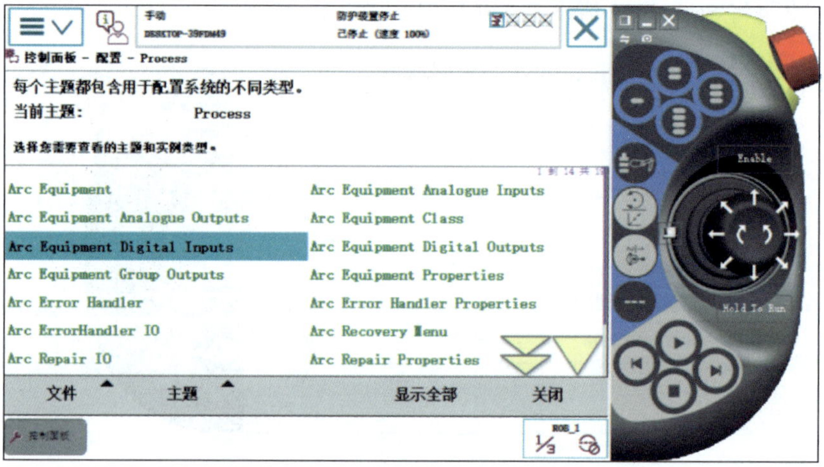

图 2-2-23 双击 Arc Equipment Digital Inputs

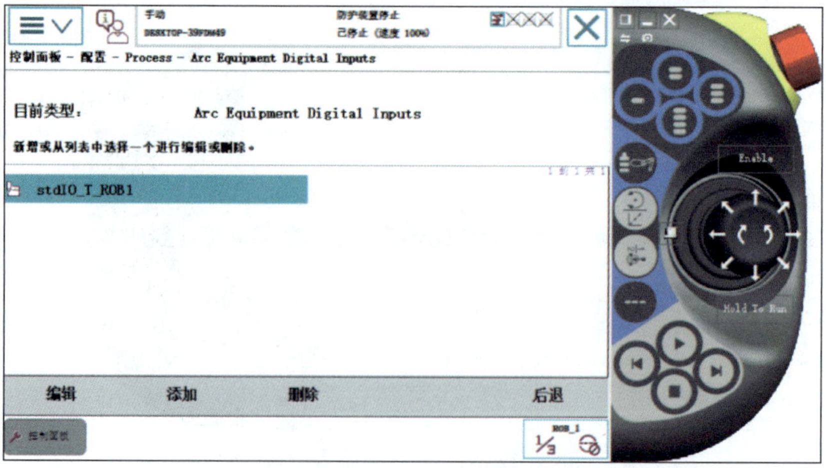

图 2-2-24 双击 stdIO_TROB1

②在 stdIO_TROB1 界面双击 ArcEst，选择已生成的 I/O 信号 DI10_5，如图 2-2-25 所示。

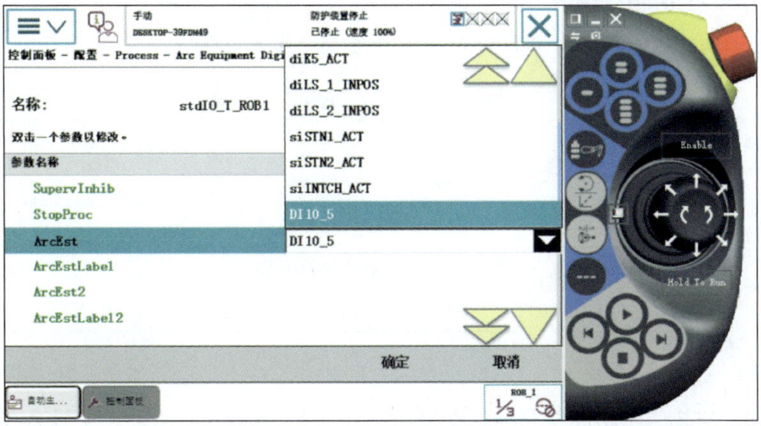

图 2-2-25　选择 I/O 信号

③WaterOk 使用系统默认设置，在此不做更改，如图 2-2-26 所示。

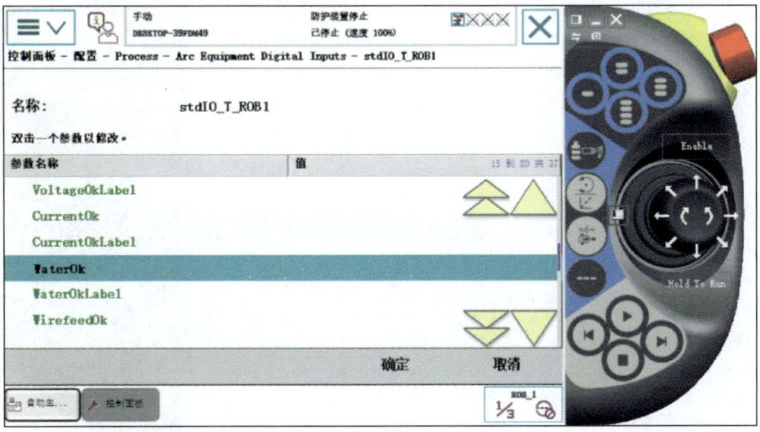

图 2-2-26　WaterOk 设置

④GasOk 使用系统默认设置，在此不做更改，如图 2-2-27 所示。

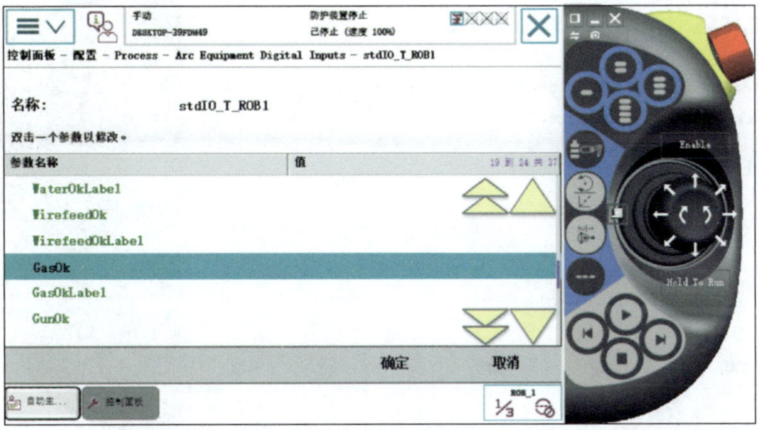

图 2-2-27　GasOk 设置

⑤单击“确定”系统重启，完成 Arc Equipment Digital Inputs 参数的设置。

(4) Arc Equipment Digital Outputs

Arc Equipment Digital Outputs 参数有 4 项需要配置，具体见表 2-2-7。

表 2-2-7 Arc Equipment Digital Outputs 参数

参数名称	功能
GasOn	手动送气信号
WeldOn	焊枪开关信号
FeedOn	手动送丝信号
FeedOnBwd	手动抽丝信号

具体操作步骤：

①进入主菜单，单击“控制面板”→“配置”→“主题”，选择 Process 选项进入主题和实例类型界面，双击 Arc Equipment Digital Outputs，如图 2-2-28 所示。然后双击 stdIO_T_ROB1，如图 2-2-29 所示。

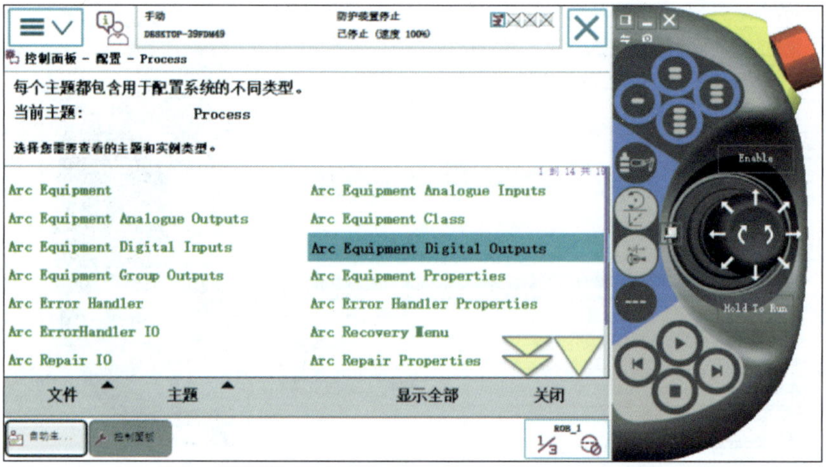

图 2-2-28 双击 Arc Equipment Digital Outputs

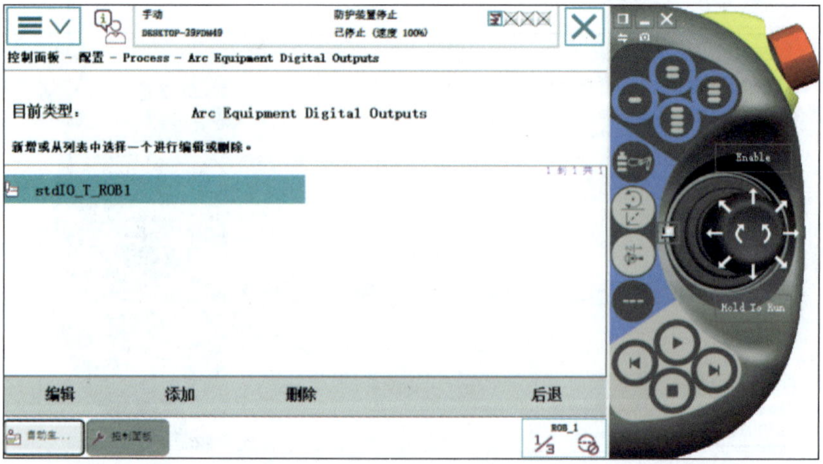

图 2-2-29 双击 stdIO_T_ROB1

②双击 GasOn,选择已生成的 I/O 信号 DO10_2,如图 2-2-30 所示。

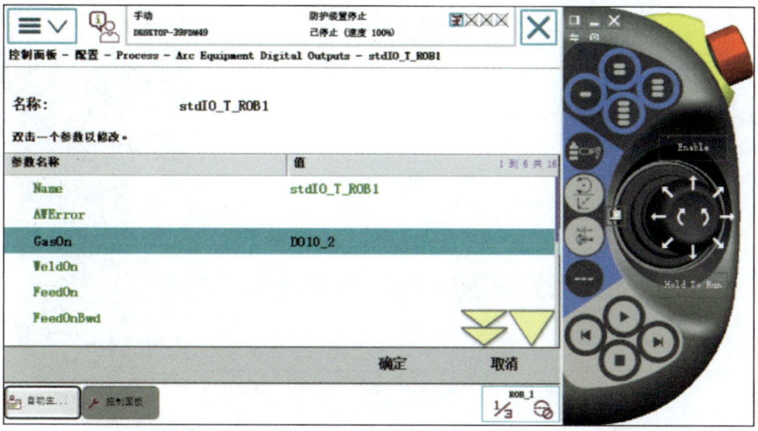

图 2-2-30　选择 I/O 信号 DO10_2

③双击 WeldOn,选择已生成的 I/O 信号 DO10_1,如图 2-2-31 所示。

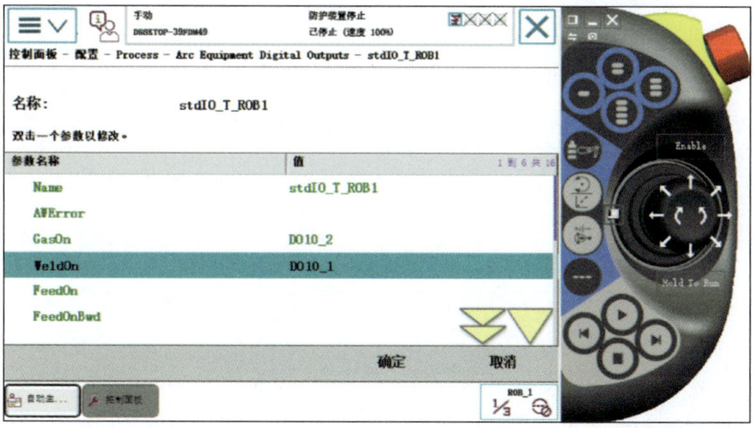

图 2-2-31　选择 I/O 信号 DO10_1

④双击 FeedOn,选择已生成的 I/O 信号 DO10_3,如图 2-2-32 所示。

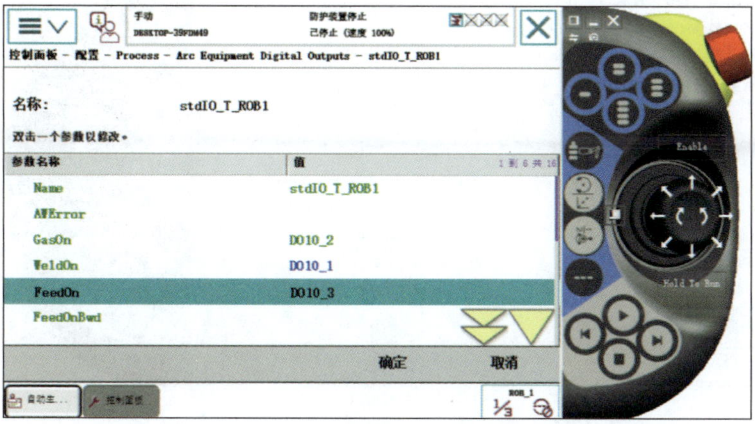

图 2-2-32　选择 I/O 信号 DO10_3

⑤双击 FeedOnBwd,选择信号 DO10_4,如图 2-2-33 所示。

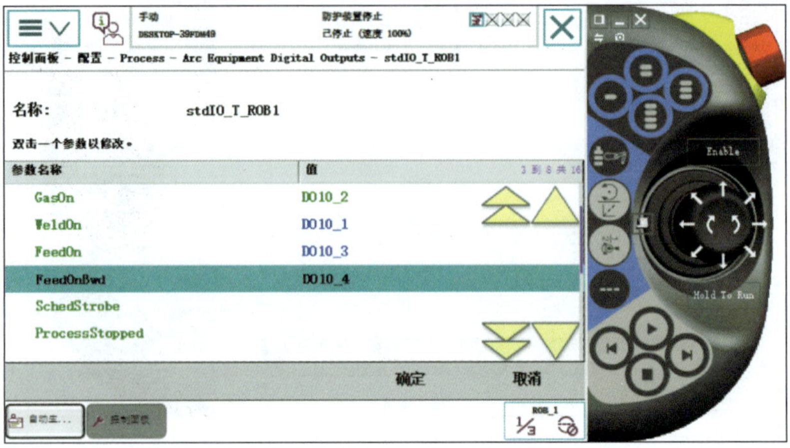

图 2-2-33　选择 I/O 信号 DO10_4

⑥单击“确定”系统重启,完成 Arc Equipment Digital Outputs 参数的设置。

(5) Arc Equipment Analogue Outputs

Arc Equipment Analogue Outputs 参数有 2 项需要配置,具体见表 2-2-8。

表 2-2-8　Arc Equipment Analogue Outputs 参数

参数名称	功　　能
VoltReference	电压设定信号
FeedReference	电流设定信号

具体操作步骤:

①进入主菜单,单击“控制面板”→“配置”→“主题”,选择 Process 选项进入主题和实例类型界面,双击 Arc Equipment Analogue Outputs,如图 2-2-34 所示。然后双击 stdIO_T_ROB1,如图 2-2-35 所示。

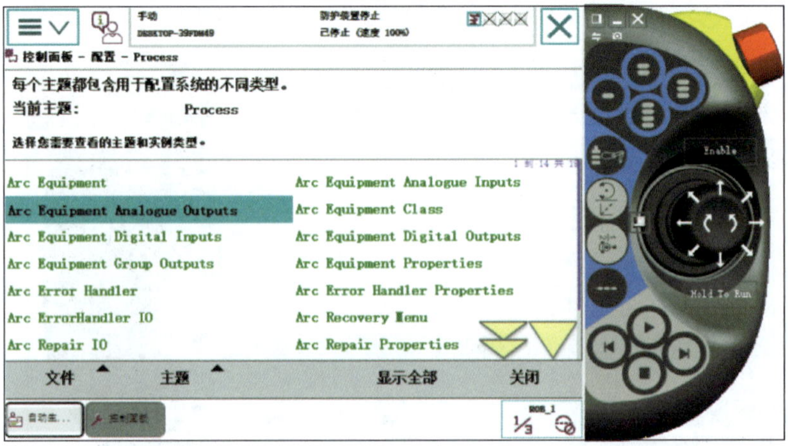

图 2-2-34　双击 Arc Equipment Analogue Outputs

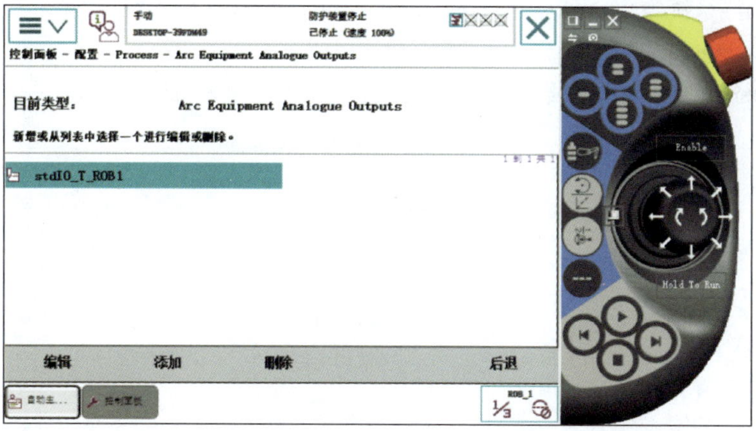

图 2-2-35　双击 stdIO_T_ROB1

②双击 VoltReference，选择已生成的 I/O 信号 AO10_2，如图 2-2-36 所示。

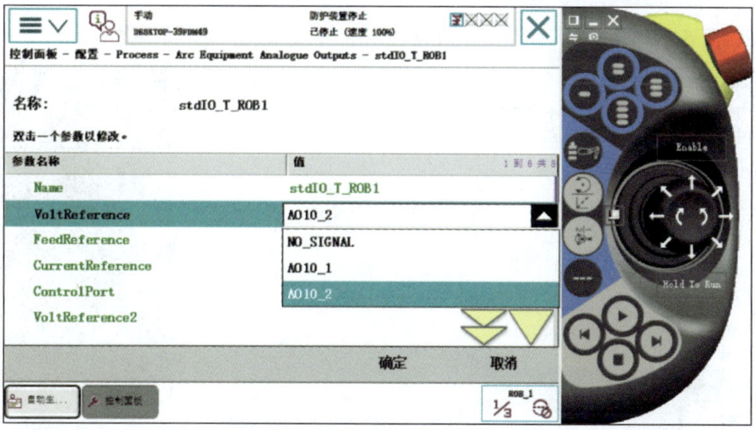

图 2-2-36　选择 VoltReference 信号

③双击 FeedReference，选择已生成的 I/O 信号 AO10_1，如图 2-2-37 所示。

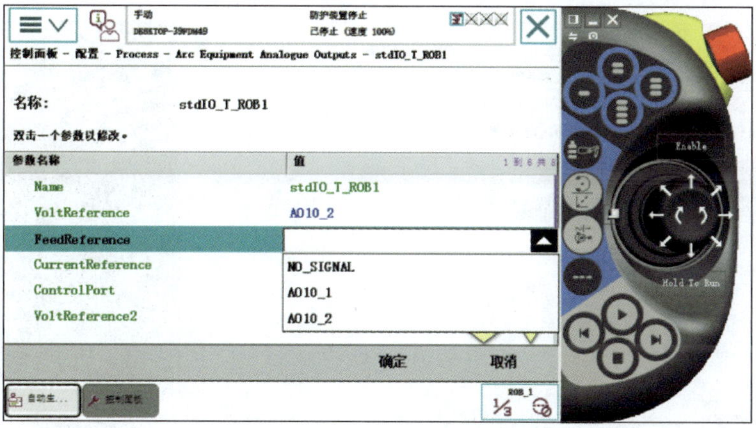

图 2-2-37　选择 FeedReference 信号

④单击“确定”系统重启，完成 Arc Equipment Analogue Outputs 的设置。

(6) Arc User Interface Masking

Arc User Interface Masking 参数有 4 项需要配置，具体见表 2-2-9。

表 2-2-9　Arc User Interface Masking 参数

参数名称	功　能
Heat As Time	加热时间
Uses Voltage	使用电压
Uses Current	使用电流
Uses Wirefeed	使用送丝

具体操作步骤：

①进入主菜单，单击“控制面板”→“配置”→“主题”，选择 Process 选项进入主题和实例类型界面，双击 ARC_UI_MASKING，如图 2-2-38 所示。然后双击 default 进入参数设置界面，如图 2-2-39 所示。

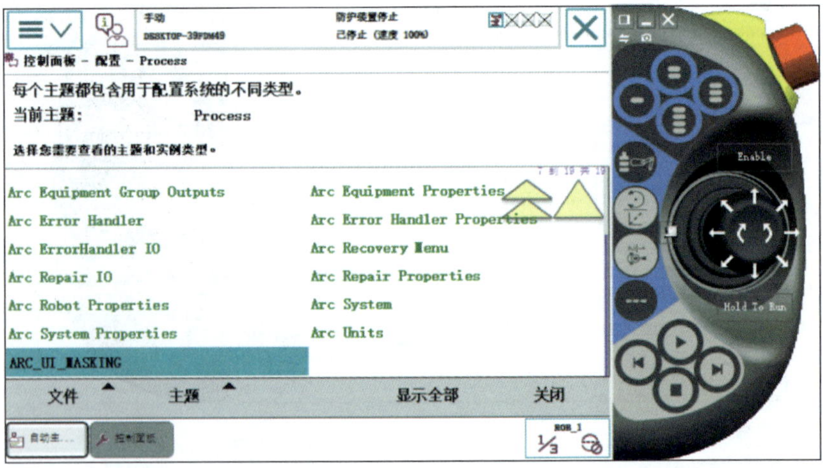

图 2-2-38　双击 ARC_UI_MASKING

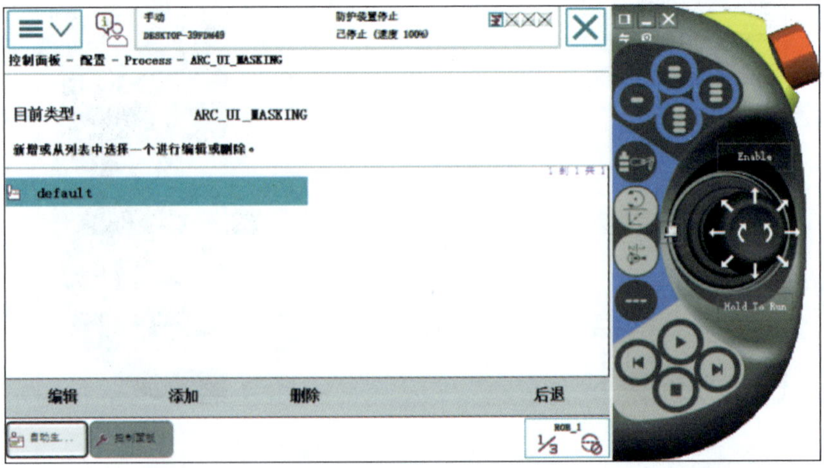

图 2-2-39　双击 default

②双击 Heat As Time 将其值设为 TRUE，如图 2-2-40 所示。

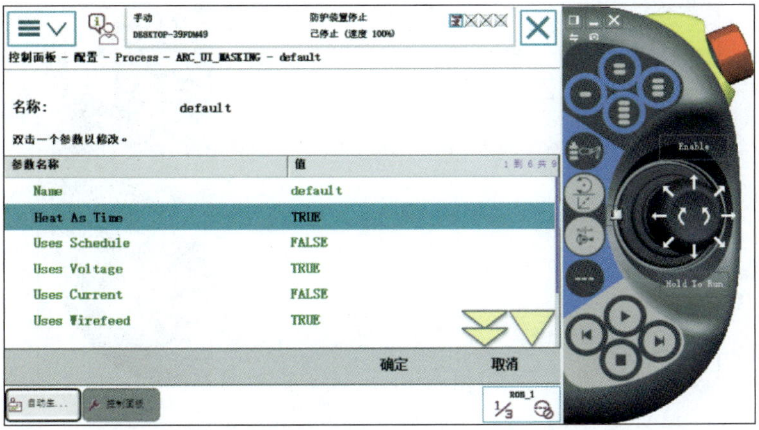

图 2-2-40　设置 Heat As Time 参数

③双击 Uses Voltage 将其值设为 TRUE，如图 2-2-41 所示。

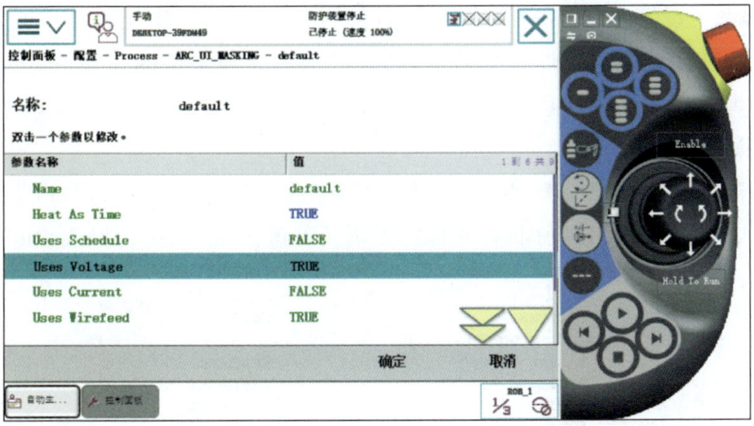

图 2-2-41　设置 Uses Voltage 参数

④双击 Uses Current 将其值设为 TRUE，如图 2-2-42 所示。

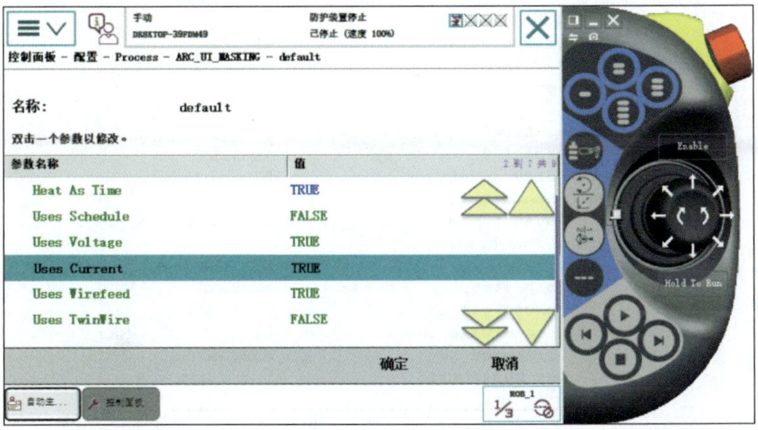

图 2-2-42　设置 Uses Current 参数

⑤双击 Uses Wirefeed 将其值设为 TRUE，如图 2-2-43 所示。

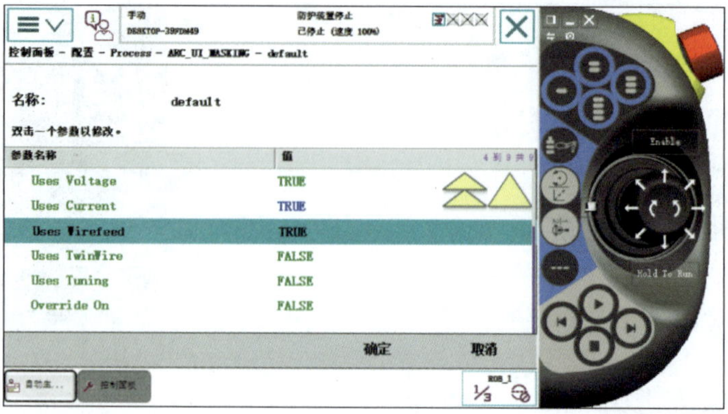

图 2-2-43　设置 Uses Wirefeed 参数

⑥单击“确定”系统重启，完成 Arc User Interface Masking 参数的设置。

3. FANUC 焊接机器人工艺参数设置

FANUC 弧焊系统设置包含：检测功能、原始焊道再继续功能、擦挂起弧功能、再起弧功能、焊接速度指令功能和其他功能。弧焊系统的设置，是机器人弧焊系统的整体设置，弧焊系统设置将会反映到所有的焊接设备和焊接程序中。

（1）设置步骤

①按下示教器按键区的 MENU 菜单键，显示菜单画面。选择“6 Setup”，按下 F1［Type］，选择 Weld System，进入焊接系统设置画面，将光标移至需要修改的选项，进行修改，如图 2-2-44 所示。

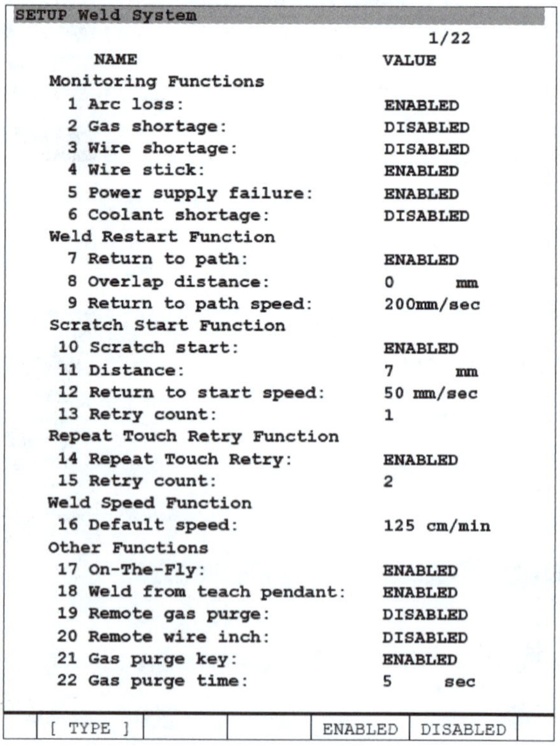

SETUP Weld System

1/22

NAME	VALUE
Monitoring Functions	
1 Arc loss:	ENABLED
2 Gas shortage:	DISABLED
3 Wire shortage:	DISABLED
4 Wire stick:	ENABLED
5 Power supply failure:	ENABLED
6 Coolant shortage:	DISABLED
Weld Restart Function	
7 Return to path:	ENABLED
8 Overlap distance:	0 mm
9 Return to path speed:	200mm/sec
Scratch Start Function	
10 Scratch start:	ENABLED
11 Distance:	7 mm
12 Return to start speed:	50 mm/sec
13 Retry count:	1
Repeat Touch Retry Function	
14 Repeat Touch Retry:	ENABLED
15 Retry count:	2
Weld Speed Function	
16 Default speed:	125 cm/min
Other Functions	
17 On-The-Fly:	ENABLED
18 Weld from teach pendant:	ENABLED
19 Remote gas purge:	DISABLED
20 Remote wire inch:	DISABLED
21 Gas purge key:	ENABLED
22 Gas purge time:	5 sec

[TYPE]　ENABLED　DISABLED

图 2-2-44　焊接系统设置画面

(2)功能介绍

①检测功能所包含项目见表2-2-10。

表2-2-10　弧焊系统检测功能

项　　目	说　　明
电弧断弧检测(Arc Loss)	设置电弧断弧检测的禁用启用。启用时,焊接过程中电弧检测信号切断,发生报警
保护气耗尽检测(Gas Shortage)	设置保护气耗尽检测的禁用启用
焊丝耗尽检测(Wire Shortage)	设置焊丝耗尽检测的禁用启用
粘丝检测(Wire Stick)	设置粘丝检测功能的禁用启用
焊机异常检测(Power Supply Shortage)	设置焊机异常检测功能的禁用启用
冷却水异常检测(Coolant Shortage)	设置冷却水异常检测功能的禁用启用

②原始焊道再继续功能,是指机器人在焊接过程中因报警停止,程序再启动时返回到中断位置继续焊接的功能,见表2-2-11。

表2-2-11　弧焊系统原始焊道再继续功能

项　　目	说　　明
再开动作(Return to Path)	设置原始焊道再继续功能的禁用启用
再开距离(Overlap Distance)	指焊接再启动后,从中断位置相对于焊接方向倒退此距离,重新开始焊接。只有在焊接中的暂停和直线动作下的焊接有用
再开速度(Return to Path Speed)	指程序再启动后,机器人移动到中断位置的速度

③擦刮起弧功能是指焊接开始时,没有产生电弧,机器人沿着焊缝方向移动一定的距离,在与焊接开始位置不同的位置重试焊接开始功能,见表2-2-12。产生电弧后,机器人立即返回到焊接开始位置开始焊接。

表2-2-12　擦刮起弧功能

项　　目	说　　明
擦刮起弧(Scratch Start)	设置擦刮起弧的禁用启用
擦刮距离(Distance)	擦刮动作时,前进的最大距离
返回至起弧点的速度(Return to Start Speed)	擦刮产生电弧后,机器人返回到焊接开始位置的速度
重试次数(Retry Count)	指定擦刮起弧次数

④再起弧功能是指,在焊接开始位置没有产生电弧的情况下,再次在焊接开始位置尝试焊接开始功能。本动作还是没有产生电弧,擦刮再起弧功能将会启用,见表2-2-13。

表2-2-13　擦刮再起弧功能

项　　目	说　　明
再起弧(Repeat Touch Retry)	设置再起弧功能的启用禁用
再起弧次数(Retry Conut)	设置再起弧次数

⑤焊接速度指令包含项目，见表 2-2-14。

表 2-2-14　焊接速度指令包含项目

项　目	说　明
默认速度(Default Speed)	在以下条件下执行焊接速度指令的动作速度： 单步执行模式； 执行带有焊接速度指令的动作语句； 执行后退指令的情形

⑥除了以上功能之外，弧焊系统设置还包含以下功能，见表 2-2-15。

表 2-2-15　弧焊系统其他功能

项　目	说　明
焊接微调整(ON The Fly)	指定焊接微调整的启用禁用
使用 TP 进行焊接(Weld from Teach Pendant)	从示教器指定焊接的启用禁用
远程气体清洗(Remote Gas Purge)	设置远程气体清洗的启用禁用
远程点动送丝(Remote Wire Inch)	设置远程点动送丝功能的启用禁用
气体清洗键(Gas Purge Key)	设置气体清洗键功能的启用禁用
气体清洗时间(Gas Purge Time)	气体清洗键功能启用时，通过此处设置气体清洗时间

学习笔记

任务实施

一、准备工作

①领取安全防护装备：护目镜、防尘口罩、安全帽、防护鞋。

②正确穿戴安全防护装备。

二、焊接机器人工艺参数设置

根据任务一完成的信号配置表，完成 IRB1410 型号机器人的工艺参数设置。

①确认机器人信号配置表。

②完成工艺参数配置。

③完成工艺参数配置表 2-2-16。

表 2-2-16　焊接机器人工艺参数配置表

项目名称： 焊接设备：	机器人型号：	制表日期： 制表人：
参数类型	**参数名称**	**设置情况**

三、任务结束

①归还安全防护装备：护目镜、防尘口罩、安全帽和防护鞋。

②提交焊接机器人工艺参数配置表。

任务评价

任务评价见表 2-2-17。

表 2-2-17　设置焊接机器人工艺参数任务评价表

序号	主要内容	考核要求	评分标准	配分	得分
1	焊接机器人焊接工艺参数	正确说出本项目需要配置的工艺参数	正确复述 6 类工艺参数，不能说出其中一项扣 3 分	18	
2	焊接机器人工艺参数配置	Arc Equipment Properties 参数的配置	正确配置参数，不能够正确配置参数，每个扣 5 分	10	
		Arc Equipment Analogue Outputs 参数的配置	正确配置参数，不能够正确配置参数，每个扣 5 分	10	
		Arc Equipment Digital Inputs 参数的配置	正确配置参数，不能够正确配置参数，每个扣 5 分	10	
		Arc Equipment Digital Outputs 参数的配置	正确配置参数，不能够正确配置参数，每个扣 5 分	10	
		Arc System Properties 参数的配置	正确配置参数，不能够正确配置参数，每个扣 5 分	10	
		ARC_UI_MASKING 参数的配置	正确配置参数，不能够正确配置参数，每个扣 5 分	10	
		工艺配置表	正确填写工艺参数配置表，错误一处扣 1 分	12	
3	安全操作注意事项	掌握设备操作、设备调试、用电安全知识	操作时候违反安全操作规程，带电操作扣10 分	10	
合计				100	

任务三　实现焊接机器人编程

情景导入

通信的脉络已然打通，焊接机器人如待发的箭，等待着飞向焊接的靶心。但在此之前，需要为其绘制一张精确的“飞行地图”——焊接程序。这不仅仅是代码的排列组合，更是对机器人动作的位置、运动、姿态、实际焊接需求的综合考量。

学习目标

一、知识目标

①理解焊接机器人的焊接起弧指令、收弧、直线焊接移动、圆弧焊接移动指令的含义。

②理解焊接参数 Weavedata 等的含义。

③了解不同厂商焊接指令。

二、能力目标

①能设置参数完成机器人焊接程序编写。

②会运用指令编写直线、圆弧轨迹焊接程序。

③会辨析不同厂商机器人焊接指令的异同。

三、素养目标

①养成严谨、规范的工作习惯。

②培养学生逻辑思维。

任务描述

在完成焊接机器人的各项设置工作后，将正式迈入焊接程序编写的关键环节。作为助理工程师，将携手团队成员，共同肩负起为焊接机器人编写测试程序的重任。这一测试程序必须包含直线和圆弧两种焊接轨迹（见图 2-3-1），将对整个设置内容进行全面检验，以确保机器人在之后各种焊接场景下都能表现出色。

图 2-3-1　测试轨迹

任务分析

编写焊接程序需要根据任务及现场情况进行分析，精心规划机器人的运动轨迹，确定机器人需要到达的关键点，并对这些点的位置、姿态和运动参数进行精确设置。同时，结合之前设置的焊接工艺参数，操作人员需要将这些参数融入焊接程序中，具体的工作流程如图 2-3-2 所示。

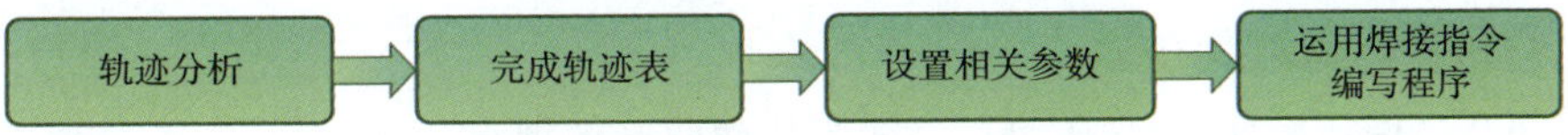

图 2-3-2　焊接机器人编程工作流程

视频

新时达机器人基本焊接指令

核心知识

一、机器人基本焊接指令

1. 新时达机器人基本焊接指令

（1）ARCON——起弧语句

用于设置起弧参数、渐变后的电流电压值、起弧渐变的时间和再起弧参数，并且下发起弧命令。该语句包含四个参数，具体描述如图 2-3-3 所示。

语句使用方式如下：

```
ARCON (arcondata0, arcdata0, uint0, arcretrydata0);
```

①arcondata：起弧变量，预送气时间、起弧电流、起弧电压和起弧时间。

②arcdata：焊接变量，渐变后的焊接电流、焊接电压、焊接速度。

③uint：渐变时间，起弧电流电压渐变到焊接电流电压的时间，单位 ms。

④arcretrydata：再起弧变量，起弧失败检测时间、重试的次数、焊丝回抽时间、回抽等待时间、再

起弧电流增量、再起弧电压增量。

图 2-3-3　ARCON 起弧语句

其中,uint 和 arcretrydata 是可选参数。

注意:

①起弧时间包括起弧电流维持时间和起弧渐变时间。

②ARCON 语句前面有一条运动语句,且与运动语句之间无打断预读的指令,则实焊模式下连续运行,就可以实现预送气功能。否则,只会在 ARCON 语句开始运行时才送气。

③仿真焊时起弧电流和起弧电压也能下发给焊机。

ARCON 语句的执行流程如下:

①下发起弧电流、起弧电压。

②等待 200 个插值周期,确保数据已经被焊机接收并处理。

③下发起弧命令,并等待起弧稳定信号,若在设置的起弧失败检测时间内没有接收到起弧稳定信号,则按照再起弧参数里设置的次数进行重试,即先等待一段时间(回抽等待时间),再回抽丝一段时间(焊丝回抽时间),再将起弧电流和电压加上再起弧电流增量和再起弧电压增量进行起弧。若重试了设置的重试次数后仍旧没有收到起弧稳定信号,则报错起弧超时。若没有设置再起弧参数,则下发起弧命令后,2 s 内没有收到起弧稳定信号就会直接报错起弧超时。

④接收到起弧信号后,维持起弧电流电压长达起弧时间后,在渐变时间内,将电流电压渐变到焊接电流电压。

(2)ARCOFF——收弧语句

用于设置收弧参数和下发收弧命令,以及设置收弧渐变的时间。该语句包含 3 个参数,具体描述如图 2-3-4 所示。

语句使用方式如下:

```
ARCOFF (arcoffdata, uint0, int0);
```

①arcoffdata:收弧变量,回烧时间、滞后送气时间、收弧电流、收弧电压和收弧时间。

②uint:渐变时间,焊接参数渐变到收弧参数的时间,单位 ms。

③int:黏丝检测延迟时间,若不设置该参数,或将黏丝检测延迟时间设置为 0,则熄弧后不进

行黏丝检测。

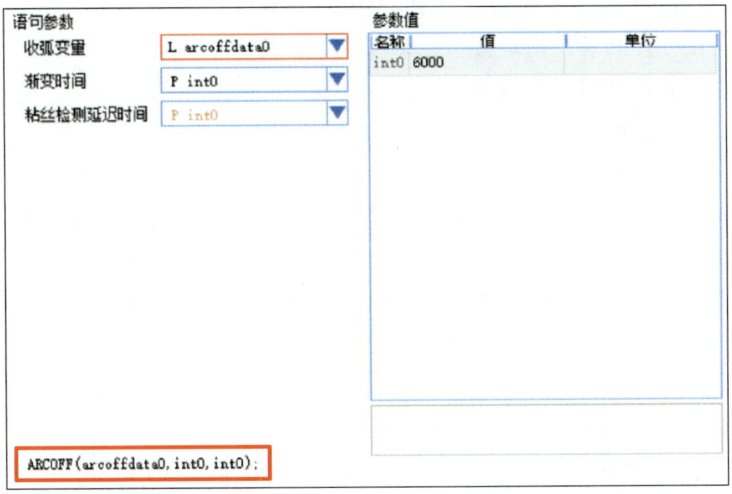

图 2-3-4　ARCOFF 收弧语句

注意：

①熄弧时间是熄弧参数维持时间与熄弧渐变时间的总和。

②仿真模式下熄弧时，熄弧电流和熄弧电压也能下发给焊机。

(3) ARCSET——焊接设置语句

用于设置焊接变量、焊接渐变参考点、渐变的距离。该语句包含 3 个参数，具体描述如图 2-3-5 所示。

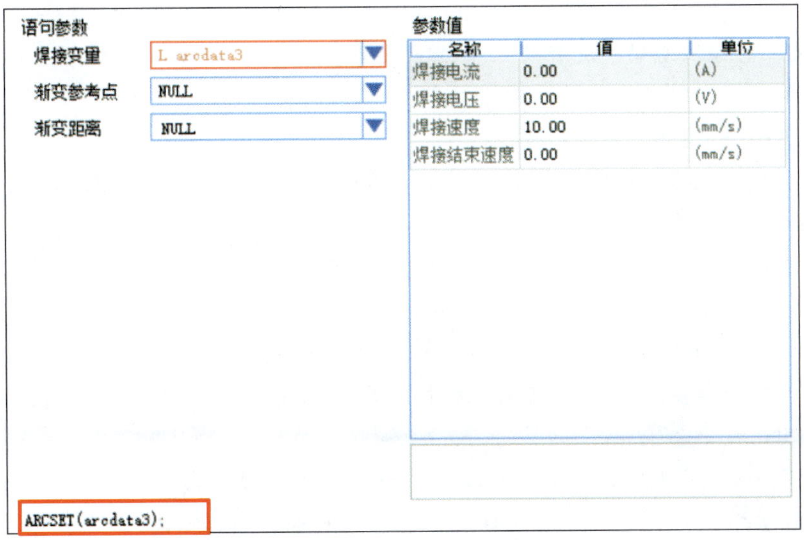

图 2-3-5　ARCSET 焊接设置语句

语句使用方式如下：

```
ARCSET (arcdata, start/end, length);
```

①arcdata：焊接变量，焊接电流、焊接电压、焊接速度。

②start/end：起始点/结束点，后面的 length 的开始方向。若为 NULL，则没有渐变过程，直接输

出当前设置的焊接参数。

③length：渐变距离，如果上一个参数选择 start，则表示焊接参数从下一条运动语句的起始点开始渐变，在设置的距离内，从当前焊接数据渐变到焊接变量的值；若上一个参数选择 end，则表示焊接参数下一条运动语句结束点前设置的距离开始渐变，在路径到达结束点的距离内，从当前焊接数据渐变到焊接变量的值。

(4) WLin——焊接直线语句

专门用于控制机器人在焊接过程中走一条直线，该语句只适用于焊接功能，只能在 ARCON 与 ARCOFF 之间使用。该语句参数有 position(位置参数)、dynamic(动态特性参数)、overlap(圆滑参数)、oritype(姿态参数)、weavedata(摆弧参数)、trackdata(跟踪参数)、tool(工具参数)、refsys(坐标系参数)。

语句使用方式如下：

```
WLin(pos,dynamic,overlap,oritype,weavedata,trackdata,tool,refsys);
```

注意：如果机器人注册码中没有摆弧、电弧跟踪功能，则 WLin 的 weavedata 和 trackdata 两个参数不能使用。

(5) WCirc——焊接圆弧语句

专门用于控制机器人在焊接过程中走一段圆弧，圆弧由当前位置点、圆弧辅助点、目标点 3 个点确定，该语句只适用于焊接功能，只能在 ARCON 和 ARCOFF 之间使用。该语句参数有 circpos(圆弧辅助点)、position(目标点)、dynamic(动态特性参数)、overlap(圆滑参数)、oritype(姿态参数)、weavedata(摆弧参数)、trackdata(跟踪参数)、tool(工具参数)、refsys(坐标系参数)。

语句使用方式如下：

```
WCirc (circpos, pos, dynamic, overlap, oritype, weavedata, trackdata, tool,
refsys);
```

注意：如果机器人注册码中没有摆弧、跟踪功能参数，WCirc 的 weavedata 和 trackdata 两个参数不能使用。

动 画

ABB机器人基本焊接指令

2. ABB 机器人基本焊接指令

在 ABB 焊接当中，任何焊接程序都必须以 ArcLStart 或者 ArcCStart 开始，通常运用 ArcLStart 作为起始语句较多，任何焊接过程都必须以 ArcLEnd 或者 ArcCEnd 结束，焊接中间点用 ArcL/ArcC 语句，焊接过程中不同语句可以使用不同的焊接参数(seamdata 和 welddata)。

(1) ArcLStart/AcrCStart——直线/圆弧焊接起弧移动指令

用于直线焊缝的焊接开始，工具中心点线性移动到指定目标位置，整个焊接过程通过参数监控和控制。例如：

```
MoveJ Offs(p20,0,0,100),v1000,z50,Tregaskiss22deg;
ArcLStart p20,v1000,seam1,weld1,fine,Tregaskiss22deg;
```

说明：机器人使用移动指令 MoveJ 至 PSB20 上方点位，再从上方点位精确移动至 p20 点，在移动过程中不起弧，等机器人精确到达 p20 之后机器人才起弧，即机器人精确的起弧点是 p20，而不是在其他地方就起弧。

(2) ArcLEnd\ArcCEnd——直线圆弧焊接结束(收弧)**移动指令**

用于直线焊缝的焊接停止，机器人工具中心点 TCP 移动到指定目标点位置，整个过程通过参数监控和控制。例如：

```
ArcLEnd p50,v1000,seam1,weld1,fine,Tregaskiss22deg;
MoveL Offs(p50,0,0,100),v1000,z50,Tregaskiss22deg;
```

说明：机器人使用直线焊接指令 ArcLEnd 移动至 p50，在精确到达 p50 点位位置以后，机器人才收弧，而在整个移动过程中机器人正常焊接。收弧后机器人移动到偏移 p50 正上方 100 mm 处。

(3) ArcL——直线焊接移动指令

ArcL 用于直线焊缝的焊接，工具中心点线性移动到指定目标位置，焊接过程通过参数控制。如果焊缝比焊丝直径较大，则可以使用摆弧参数 weavedata，属于可选变元。

```
ArcL p100,v100,seam1,weld1 \Weave: =weave1,z10,gun1;
```

其中，seam1、weld1、weave1 分别对应了 3 个弧焊参数：seamdata、welddata 和 weavedata。

①seamdata：焊接参数的一种，定义了在机器人焊接时起弧和收弧的相关参数设置，具体的参数内容如图 2-3-6 所示，含义见表 2-3-1。

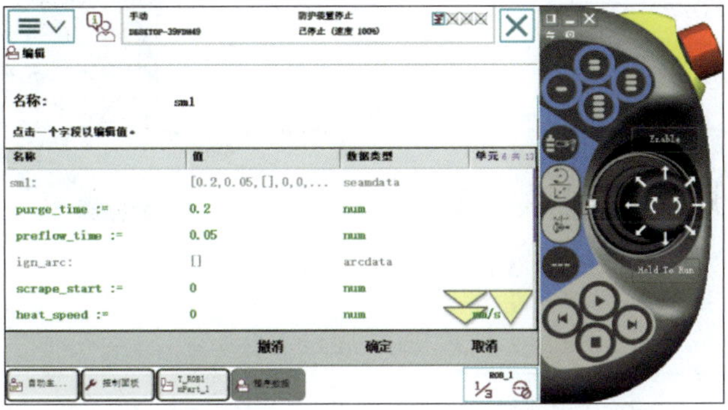

图 2-3-6　seamdata 参数内容

表 2-3-1　seamdata 参数含义

焊接参数指令	指令定义的参数
purge_time	气管预充气时间
preflow_time	保护气体预吹气时间
postflow_time	收弧后保护气体吹气时间

②welddata：弧焊参数的一种，定义焊接参数，具体的参数内容如图 2-3-7 所示，含义见表 2-3-2。

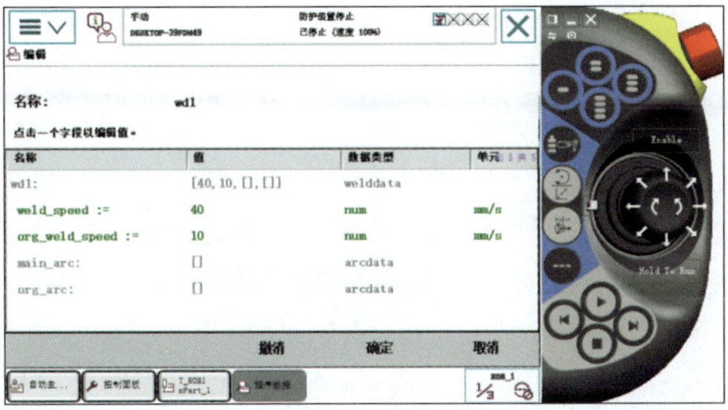

图 2-3-7　welddata 参数内容

表 2-3-2　welddata 参数含义

弧焊参数指令	指令定义的参数
weld_speed	焊接速度
org_weld_speed	焊接电压

③weavedata：弧焊参数的一种，定义摆动参数，具体的参数内容如图 2-3-8 所示，含义见表 2-3-3。

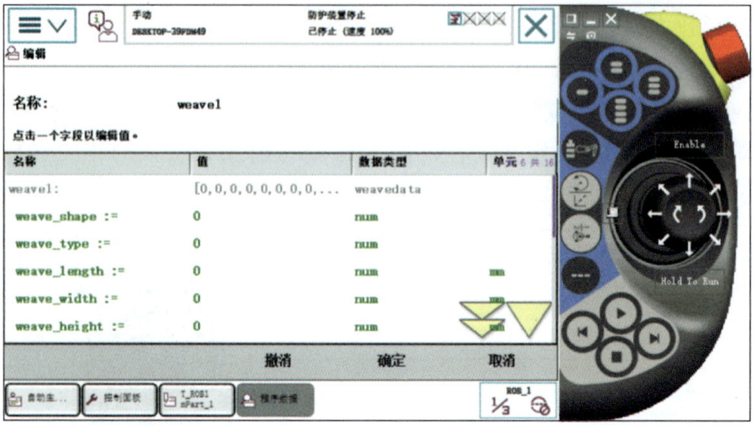

图 2-3-8　weavedata 参数内容

表 2-3-3　weavedata 参数含义

焊接参数指令	指令定义的参数	
weave_shape	0	无摆动
	1	平面锯齿形摆动
	2	空间 V 字形摆动
	3	空间三角形摆动
	4	空间圆形摆动
weave_type	0	几何摆动（所有轴参与）
	1	仅手腕参与摆动
	2	1～3 轴的快速摆动
	3	4～6 轴的快速摆动
weave_length	摆动一个周期的长度	
weave_width	摆动一个周期的宽度	
weave_height	摆动一个周期的高度	

（4）ArcC——圆弧焊接移动指令

ArcC 用于圆弧焊缝的焊接，工具中心点线性移动到指定目标位置，焊接过程通过参数控制。其语句结构和直线焊接移动指令类似，同样如果焊接的焊缝比焊丝直径较大，可以考虑使用摆弧参数 weavedata。

```
ArcC p100,v100,seam1,weld1 \Weave:=weave1,z10,gun1;
```

3. FANUC 机器人基本焊接指令

FANUC 焊接程序主要由焊点轨迹和过渡点轨迹组成，需要注意的是，为了保证较高的节拍和优美的展示效果，焊点轨迹（即 SPOT 指令）中的 CNT 一般使用默认的 CNT50，而过渡轨迹如果没有特殊情况，尽量使用 CNT100 来过渡。典型焊接程序如图 2-3-9 所示。

动 画

FANUC机器人基本焊接指令

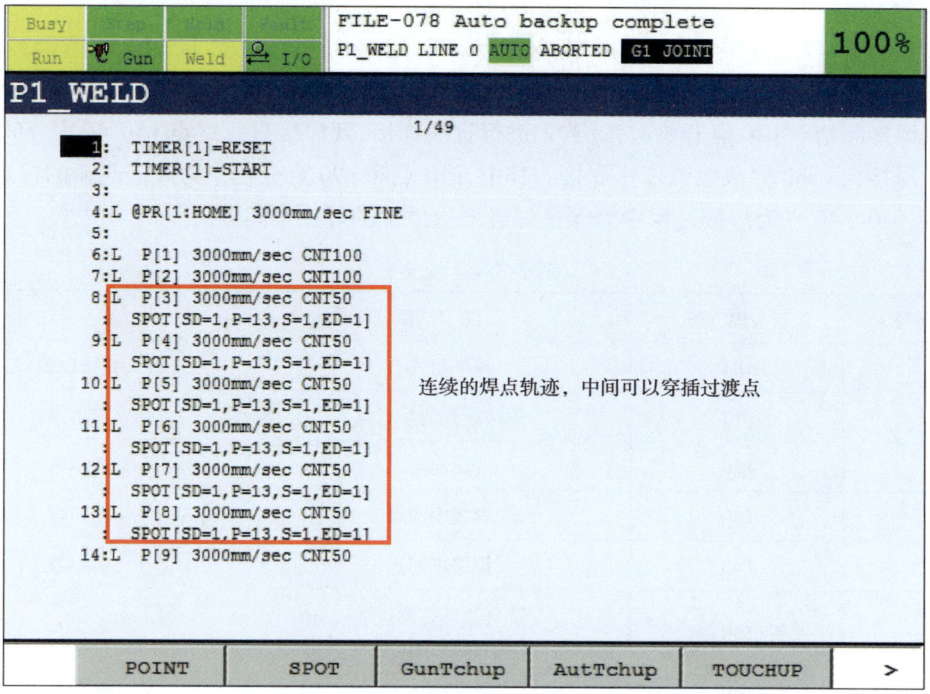

图 2-3-9　FANUC 机器人焊接程序

（1）点焊指令

在程序中指定伺服枪操作的指令一般称为点焊指令，指定点焊指令的一连串处理（如加压、焊接和开枪）称为点焊工序。点焊指令除了执行一连串的动作和焊接处理外，还执行焊嘴磨损补偿、焊枪挠曲补偿等过程。其格式如下：

SPOT[SD=m,P=n,t=i,S=j,ED=m]

①SD（开始位置电极头距离）：焊接开始前两个电极分别离工件的距离。

②P（加压条件）：焊接时的压力。

③t（厚度）：工件的厚度。

④S（焊接条件）：发送给焊机的焊接规范号。

⑤ED（结束位置电极头距离）：焊接结束后两个电极分别离工件的距离。

⑥m、n 分别存放在 DATA、F1 Type 中的 Distance 和 Pressure 中，i 为直接输入的数值（如板厚为 1 mm，则输入 1），j 对应焊机的规范号。

（2）加压指令

加压动作指令仅进行加压动作，不进行焊接，在加压完毕后也不会进行焊枪打开的动作，与焊接指令一样，执行焊嘴磨损补偿、焊枪挠曲补偿等过程，该指令的主要作用是用于换帽、修磨时的压枪动作。其格式如下：

PRESS_MOTN[SD=m,P=n,t=i]

由于加压指令没有打开动作，所以在使用时，需要在后面额外添加点位指令来打开焊枪。

二、轨迹示教程序编写

1. 轨迹分析

在新建例行程序前，需要先对程序轨迹进行分析，编写轨迹表，见表 2-3-4。如图 2-3-10 所示，焊接机器人需要从待机位置 HOME(0,0,0,0,90,0)起运动到 p10 点之后再运行到焊接轨迹终点 p90，并从焊接起始点 p20 点开始起弧，首先进行直线焊接，到焊接直线终点 p50 点，从 p60 点开始进行圆弧焊接，到 p80 完成收弧停止焊接。其中，p10 点和 p90 点分别作为焊接起弧的接近点和焊枪离去点，p30、p40 点为焊接过程中为保证焊缝质量添加的焊接中间点。

表 2-3-4　轨迹表

序　号	点 序 号	注　释	备　注
1	HOME	待机位置点	直接设置
2	p10	焊接起弧的接近点	需示教
3	P20	开始起弧点	需示教
4	P30	焊接中间点	需示教
5	P40	焊接中间点	需示教
6	P50	直线轨迹终点 圆弧轨迹起点	需示教
7	P60	圆弧轨迹点	需示教
8	P70	圆弧轨迹点	需示教
9	P80	收弧停止点	需示教
10	P90	焊枪离去点	需示教

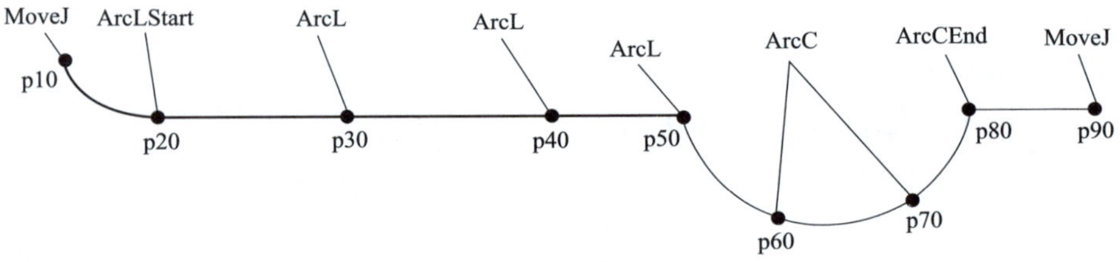

图 2-3-10　轨迹分析

视 频
新时达机器人直线轨迹示教

2. 直线轨迹示教程序

直线轨迹如图 2-3-11 所示。

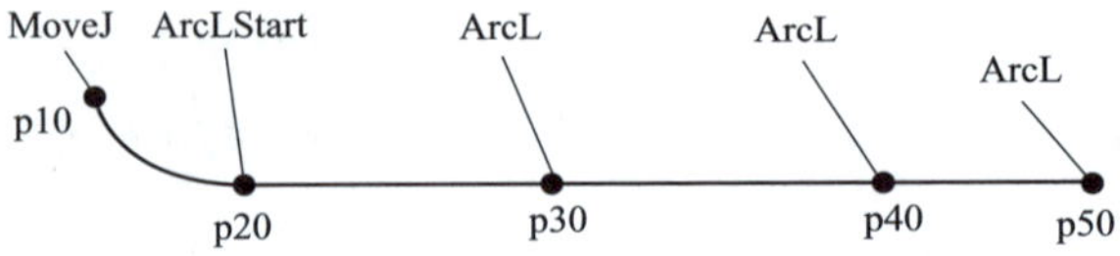

图 2-3-11　单独直线轨迹示教

视 频
ABB机器人直线轨迹示教

①需要新建焊接例行程序，示教器界面如图 2-3-12 所示。

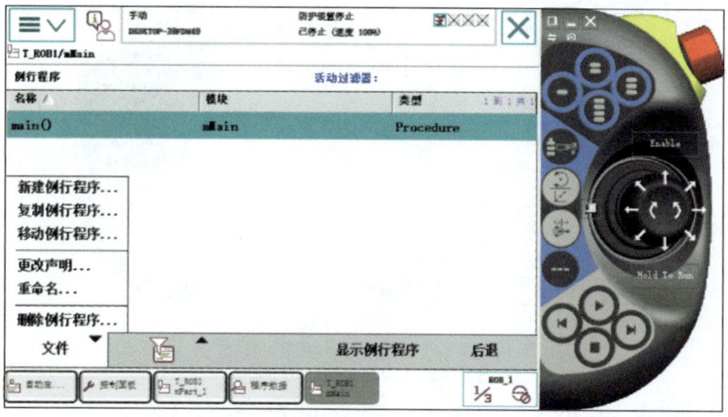

图 2-3-12　新建例行程序

②完成新建焊接例行程序，程序名称为 hj001，示教器界面如图 2-3-13 所示。

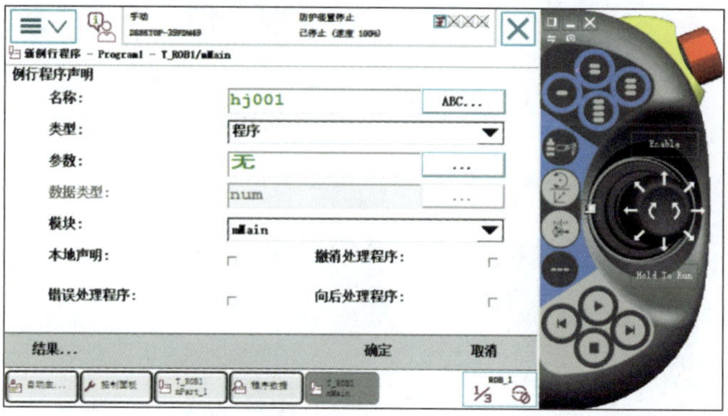

图 2-3-13　命名例行程序

③单击 hj001 选择“显示例行程序”，如图 2-3-14 所示。进入程序编辑页面进行程序编辑，其中蓝色光标位置为占位符没有实际意义，如图 2-3-15 所示。

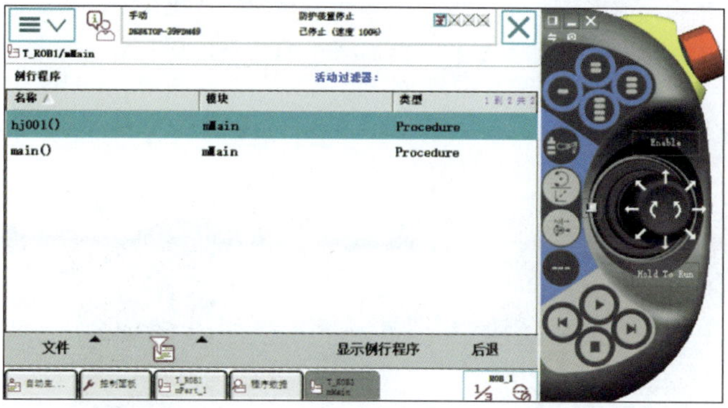

图 2-3-14　单击 hj001

④操作示教器，将焊接机器人手动移动到焊接示教点，根据实际焊接轨迹依次添加对应的程序指令，以关节运动到 p10 点，开始启动焊接，焊接移动至 p30 点，p40 点后停止焊接，再以关节运动至 p50 点，程序如图 2-3-16 所示。

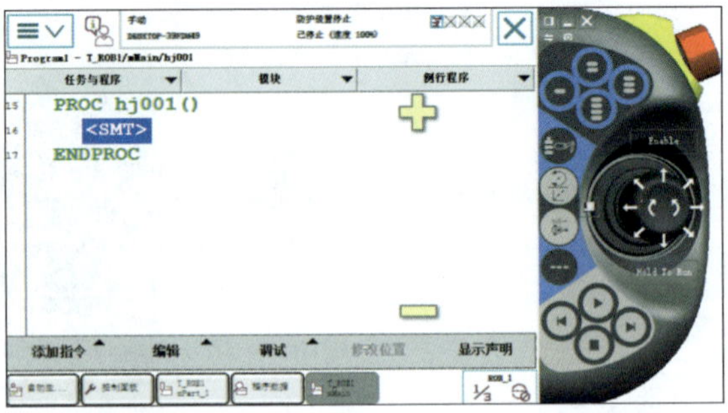

图 2-3-15　程序编辑页面

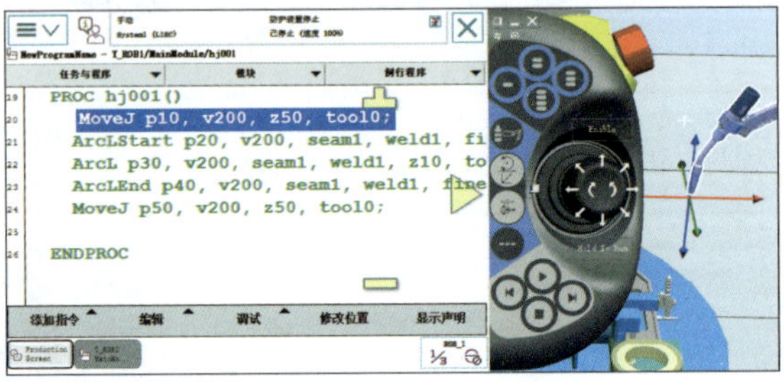

图 2-3-16　焊接轨迹程序编辑

⑤在实际运动之前需要将机器人移动至绝对位置零点，所以在 p10 点之前添加指令 MoveAbsJ，使得机器人回到各个关节零点，程序如图 2-3-17 所示。

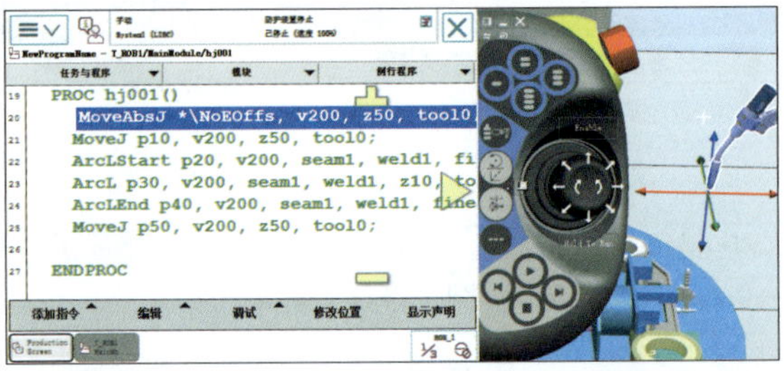

图 2-3-17　添加指令 MoveAbsJ

⑥MoveAbsJ 指令中的“ * ”是占位符，双击“ * ”，可以进行程序数据的定义，示教器界面如图 2-3-18 所示。

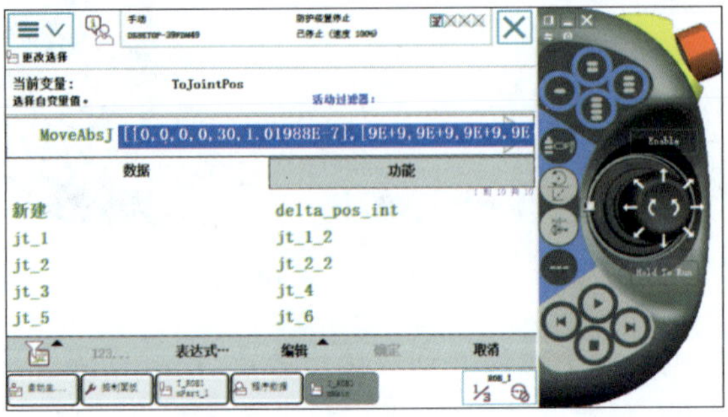

图 2-3-18　程序数据定义

⑦可以直接单击“新建”，也可以单击“表达式…”，进入数据操作界面，如图 2-3-19 所示。

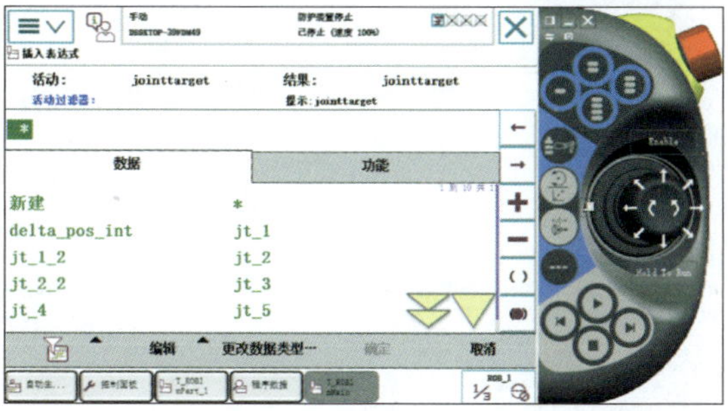

图 2-3-19　数据操作界面

⑧单击“编辑”，在选项中选择“仅限选定内容”，进入数据编辑界面，如图 2-3-20 所示。

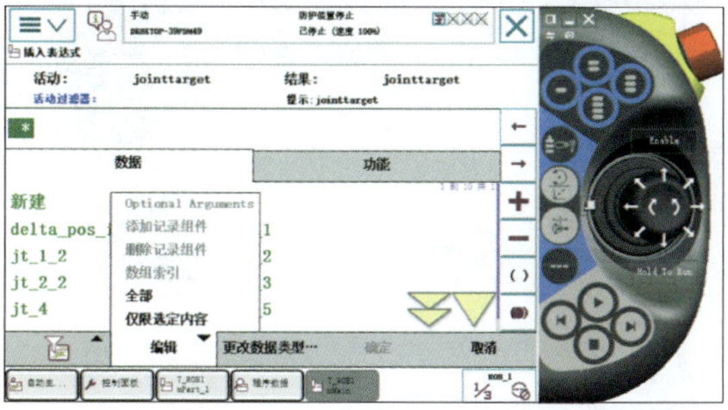

图 2-3-20　数据编辑界面

⑨该 MoveAbsj 指令是将机器人移动至各个关节轴的 0 度的位置，因此将第一个中括号内的数值全部改为[0,0,0,0,0,0]，代表了六轴的角度为 0，然后单击“确定”返回，如图 2-3-21 所示。

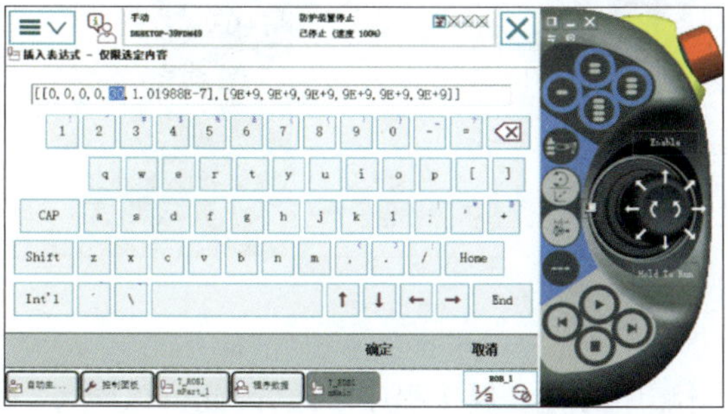

图 2-3-21　编辑数据

⑩指令添加修改完成后，直线轨迹示教程序编辑完成，如图 2-3-22 所示。

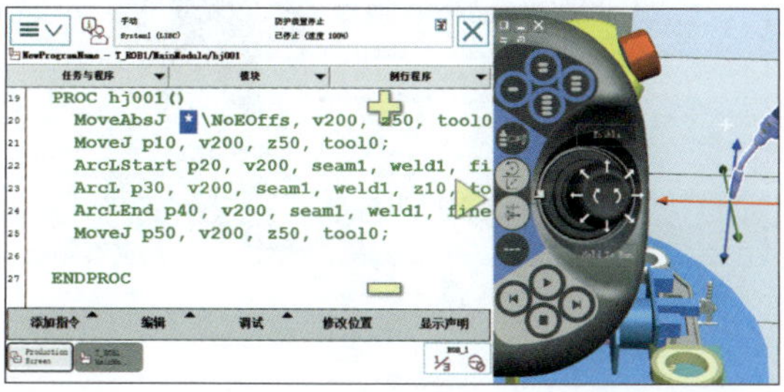

图 2-3-22　程序编辑完成

视 频

新时达机器人圆弧轨迹示教

3. 圆弧轨迹示教程序

圆弧轨迹如图 2-3-23 所示。

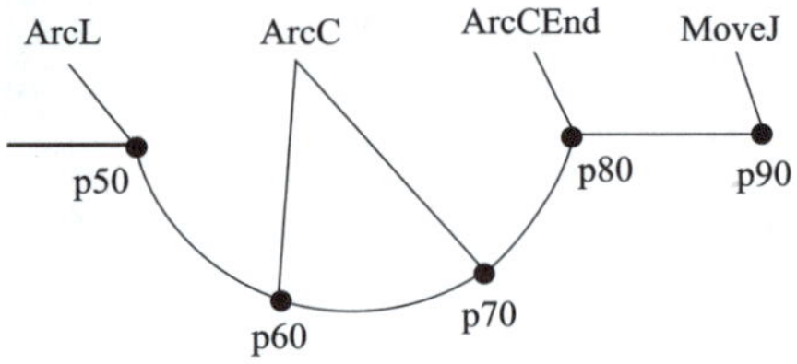

图 2-3-23　单独圆弧轨迹示教

视 频

ABB机器人圆弧轨迹示教

①新建圆弧焊接例行程序 hj002( ),示教器操作界面如图 2-3-24 所示。

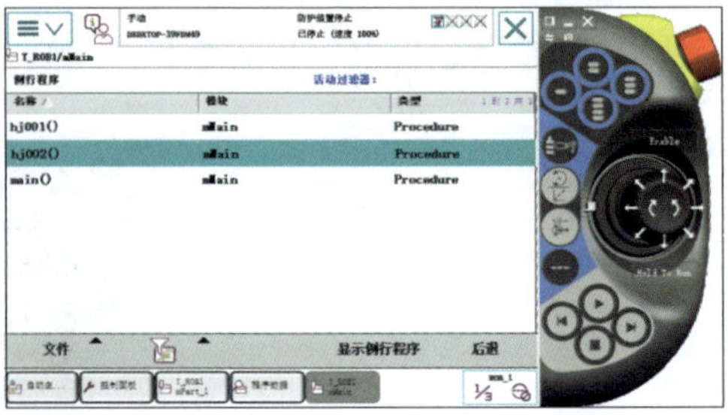

图 2-3-24　新建例行程序

②选中新建的圆弧焊接程序 hj002 后,单击“显示例行程序”,进入圆弧焊接程序编辑界面,在此界面依次添加关节运动指令 MoveJ、焊接起弧指令 ArcLStart、焊接指令 ArcC、焊接停止指令 ArcCEnd、直线运动指令 MoveL,如图 2-3-25 所示。

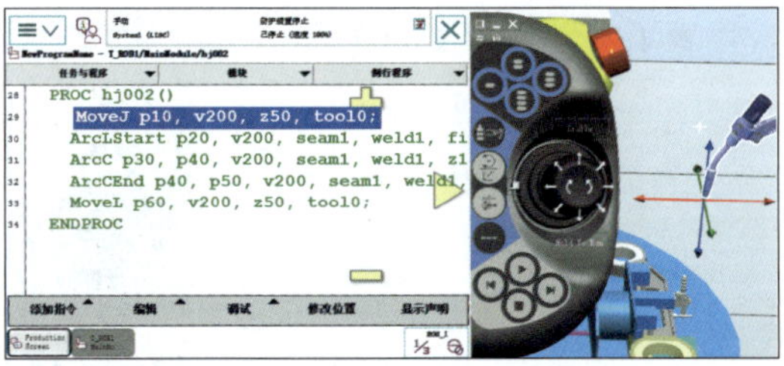

图 2-3-25　添加指令(一)

③圆弧焊接程序的逻辑顺序与直线焊接程序一致,因此可以参考“直线轨迹示教”程序编辑步骤,添加指令 MoveAbsJ,并修改数值,如图 2-3-26 所示。

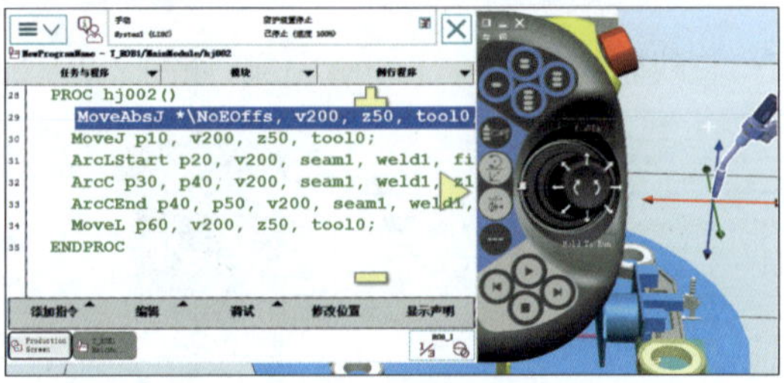

图 2-3-26　添加指令(二)

④圆弧轨迹示教程序编辑完成。

任务实施

一、准备工作

①领取安全防护装备:护目镜、防尘口罩、安全帽、防护鞋。
②正确穿戴安全防护装备。

二、焊接机器人编程

完成 IRB1410 型号机器人焊接测试程序。
①完成机器人轨迹分析,填写轨迹表 2-3-5。
②编写焊接测试程序,完成表 2-3-6。
③在表 2-3-7 中记录总结程序编写过程中遇到的问题及解决方法。

表 2-3-5　轨迹表

项目名称:
焊接设备:　　　　机器人型号:　　　　制表日期:
制表人:

序　号	点　序　号	注　释	备　注
1			
2			
3			
4			
5			

表 2-3-6　焊接测试程序

行　号	程　序	含　义
1	MODULETEST	创建测试模块 TEST
2	PROC main( )	创建主程序 main
3		调用直线轨迹
4		调用圆弧轨迹

续表

行　号	程　序	含　义
5	ENDPROC	程序结束
6	PROChj001()	创建子程序 hj001
7	MoveAbsJ home\NoEoffs, v200, z50, tool0;	home 点
8	MoveJ p10, , ,	焊接起弧的接近点
9	ArcLStart p20	使用线性起弧指令 ArcLStart 起弧，焊接过程使用 wd1 和 sm1 控制
10		直线轨迹焊接中间点
11		直线轨迹焊接中间点
12	ENDPROC	
13	PROChj002()	创建子程序 hj002
14	ArcL p50	过渡点
15		圆弧轨迹点
16	ArcCEnd	焊接结束
17	MoveJ p90	焊枪离去点
18	ENDPROC	

表 2-3-7　问题记录表

项目名称：　　　　　　　　　　　　　　　　制表日期：
焊接设备：　　　　　　机器人型号：　　　　制表人：

序　号	问　题	原　因	解决方法
1			
2			
3			
4			

三、任务结束

①归还安全防护装备：护目镜、防尘口罩、安全帽和防护鞋。
②提交轨迹表和问题记录表。

任务评价

任务评价见表2-3-8。

表2-3-8 实现焊接机器人编程任务评价表

序号	主要内容	考核要求	评分标准	配分	得分
1	焊接程序编写	正确分析轨迹	能正确分析轨迹，并完成表格，错误一处扣3分	20	
		正确使用焊接指令	能正确使用焊接指令完成焊接程序编写，错误一处扣5分	45	
		正确使用焊接参数	焊接参数seamdata、welddata、weavedata的设置正确，错误一处扣3分	15	
2	安全操作注意事项	掌握设备操作、设备调试、用电安全知识	操作时违反安全操作规程，发生碰撞扣20分	20	
合计				100	

任务四 实现焊接机器人运行

情景导入

一台焊接机器人刚刚被编入了一套全新的焊接程序，一旦焊接程序启动，焊接过程将不可逆转。为了确保每一次焊接都能达到完美的效果，在正式执行焊接程序之前，必须对机器人进行严格调试。只有当所有参数都符合要求时，焊接操作才会正式启动。

学习目标

一、知识目标

①理解机器人焊接程序的调试过程。

②了解不同厂商程序的调试过程。

二、能力目标

①会操作焊接功能菜单界面。

②能够完成机器人焊接程序的调试。

三、素养目标

①养成严谨、规范的工作习惯。

②培养学生逻辑思维。

任务描述

在任务三已完成了焊接机器人测试程序的编写，但是程序是否正确，是否可以形成一条完美的焊缝呢？这就需要进行运行调试。请按照规范完成测试程序的运行调试，以确保机器人在之后各种焊接场景下都能表现出色。

任务分析

焊接程序编写完成后，需要通过不断调试和优化，形成一个能够连续、稳定执行焊接任务的机器人程序，具体的工作流程如图 2-4-1 所示。

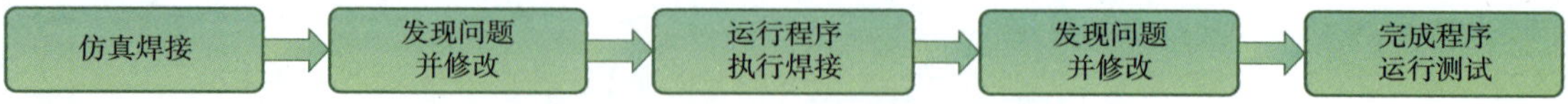

图 2-4-1　焊接机器人程序运行工作流程

核心知识

一、调试运行流程

在焊接实施过程中，编写焊接程序只是初始步骤。随后，必须执行一系列严格的检验与调试流程，以确保焊接质量的可靠性。具体而言，当焊接程序编写完毕后，首要任务是检验焊接轨迹的正确性，其直接决定了焊接接头的形成质量和工件的整体强度。这一步骤不需要真实执行焊接，只需要机器人能够完成焊接轨迹和焊接动作。此时，弧焊工艺设置中的其他功能（如摆动参数）可以不进行设置实现焊接轨迹空走，在确认焊接轨迹无误并符合既定的焊接标准之后，接下来的工作是根据实际的焊接需求，对焊接摆动等关键参数进行精确设置。这些参数的设置将直接影响到焊缝的成形、熔深以及焊接接头的力学性能。

完成参数设置后，操作人员需要打开焊机，并启动焊接程序。此时，焊接机器人将按照预设的轨迹和参数，执行真实的焊接动作。在整个焊接过程中，必须保持对焊接质量的持续监控，以确保最终焊接成果符合设计要求和工艺标准。

视频

新时达焊接机器人程序调试

二、焊接机器人程序调试过程

1. 新时达焊接机器人程序调试过程

在新时达示教器操作界面中，可通过右侧菜单栏进入焊接设置菜单，如图 2-4-2 所示，在该菜单中可根据需要设置相关内容。需要运行焊接程序时，单击“焊接”按键即可。

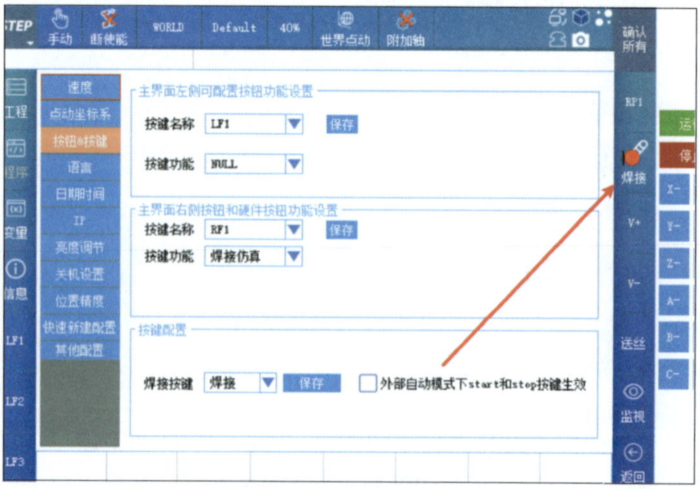

图 2-4-2　焊接菜单

当需要空走焊接轨迹时，单击焊接菜单中左侧“按钮 & 按键”选项，在主界面右侧按钮和硬件按钮功能设置栏中，按键功能选择“焊接仿真”即可，如图 2-4-3 所示。

图 2-4-3　焊接仿真

2. ABB 焊接机器人程序调试过程

在 ABB 机器人中，焊接程序运行可在 RobotWare Arc 界面进行选择，单击 ABB 主菜单，选择第一个“生产屏幕”，单击左下角 Arc 标签，即可进入焊接参数设置的功能菜单界面，如图 2-4-4 所示。

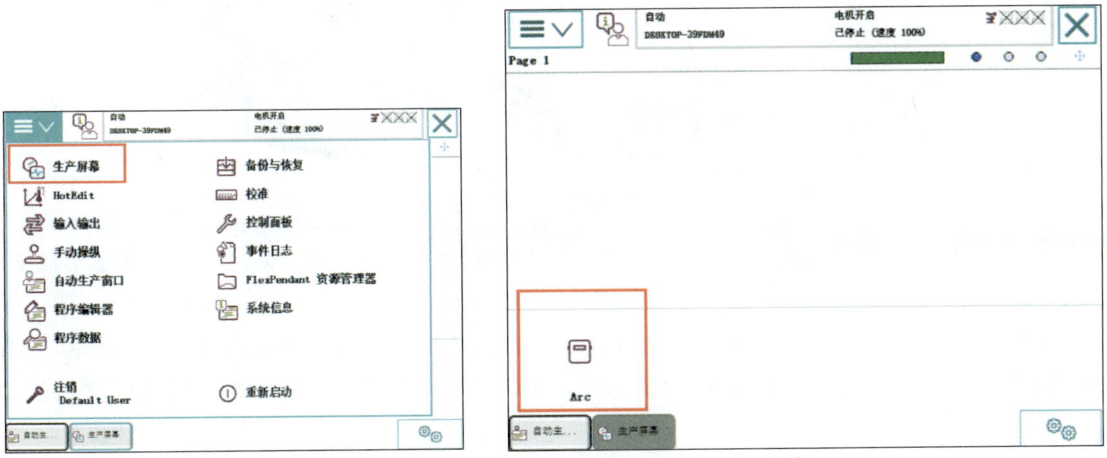

（a）　　　　（b）

图 2-4-4　焊接参数设置的功能界面

(1)“锁定”操作

锁定功能可以实现进行焊接程序调试时,焊接机器人会走焊接轨迹并不进行实际焊接。“锁定”标签操作步骤如下:

①单击“锁定”按钮,进入焊接数据设置界面,如图 2-4-5 所示。

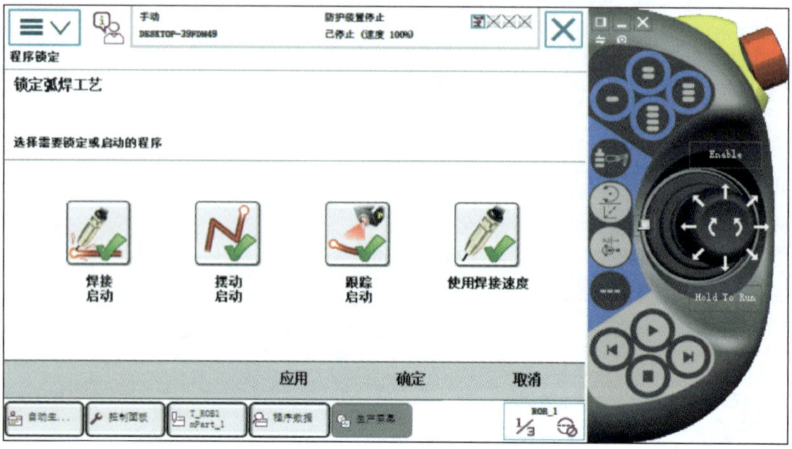

图 2-4-5　程序锁定菜单

②调试焊接程序不需要启动焊接,单击“焊接启动”按钮,该按钮会变成“焊接锁定”,此时焊接会被禁止,“摆动启动”等设置也可以设置为锁定,如图 2-4-6 所示。

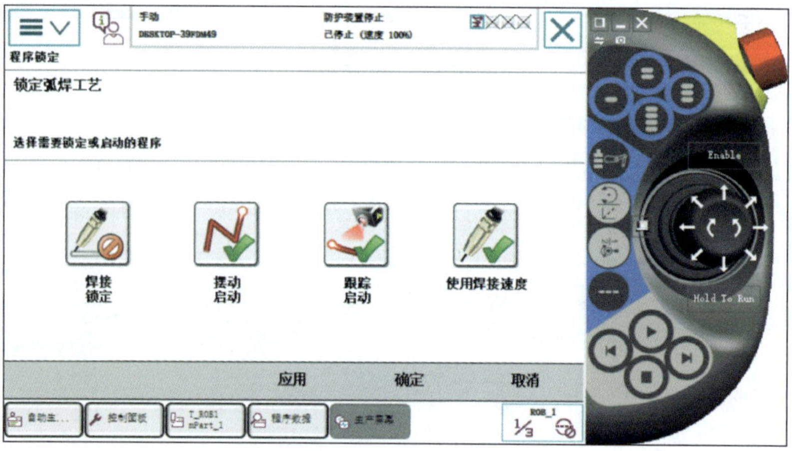

图 2-4-6　焊接锁定

③设置完成后点先单击“应用”,再单击“确定”,之后会返回到 RobotWare Arc 功能菜单界面,如图 2-4-7 所示。

④当焊接轨迹调试完成后,确定符合焊接要求时,再次单击 RobotWare Arc,进入焊接参数的设置界面,将“焊接启动”按钮改为允许焊接,再依据实际焊接需求对焊接摆动等参数进行设置。

(2)“调节”操作

弧焊主功能菜单中的“调节”按钮,可以完成手动或自动焊接过程中焊接参数及摆动参数的调节,完成设置后可运行程序进行实际焊接。具体操作如下:

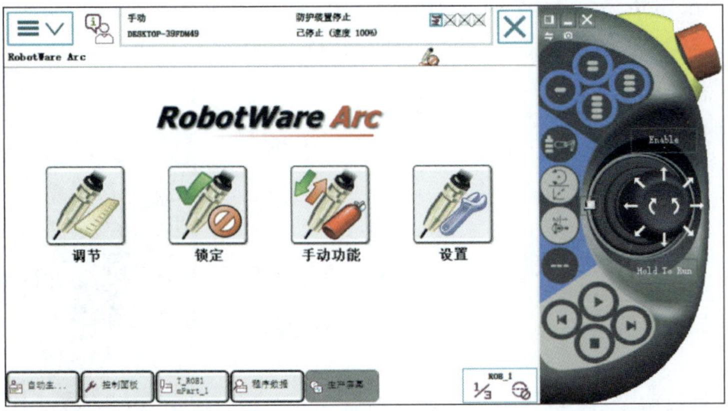

图 2-4-7　弧焊功能菜单

①单击“调节”按钮，根据生产实际调节手动或自动焊接过程中实际焊接参数及摆动参数，如图 2-4-8 所示。

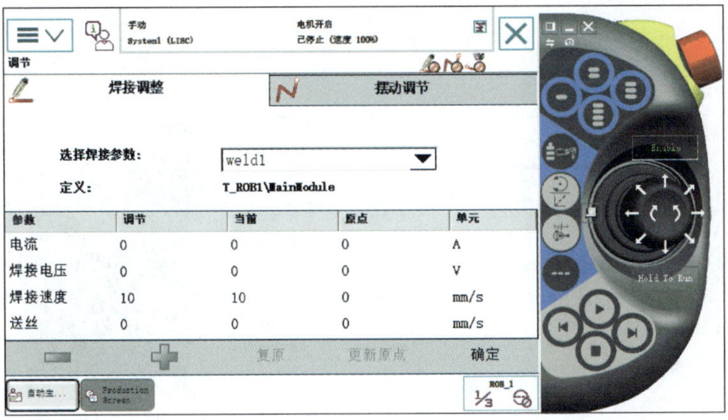

图 2-4-8　焊接调整参数

②设置 weld1 参数。分别选中焊接电压、电流速度，单击加号或者减号可改变当前数值。分别设置为：焊接电压 36 V、电流 300 A、焊接速度 10 mm/s，单击“确定”，如图 2-4-9 所示。

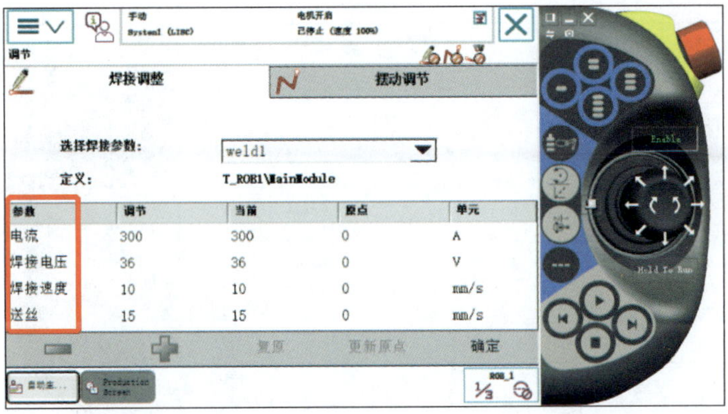

图 2-4-9　设置 weld1 参数

③单击“锁定”按钮进入编辑界面，单击第一个、第二个及第三个图标，分别显示“焊接启动”“摆动启动”“跟踪启动”然后单击“确定”，如图 2-4-10 所示。

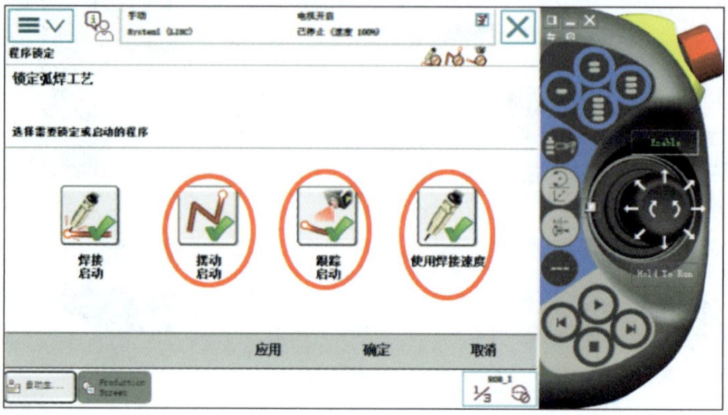

图 2-4-10　弧焊工艺编辑界面

④设置完成后，进入程序编辑器，单击“调试”，单击“PP 移至例行程序”，如图 2-4-11 所示。双击例行程序 hj001，如图 2-4-12 所示。手持示教器，按下使能键给机器人上电，然后按下运行快捷键，启动程序进行焊接。此时为实际焊接，需要注意安全防护，如图 2-4-13 所示。

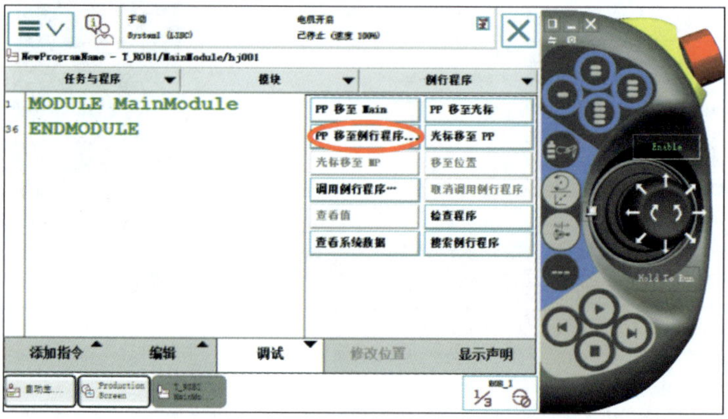

图 2-4-11　单击“PP 移至例行程序”

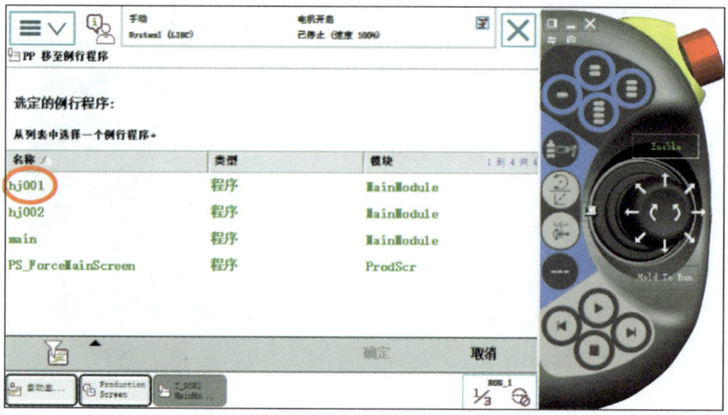

图 2-4-12　双击例行程序 hj001

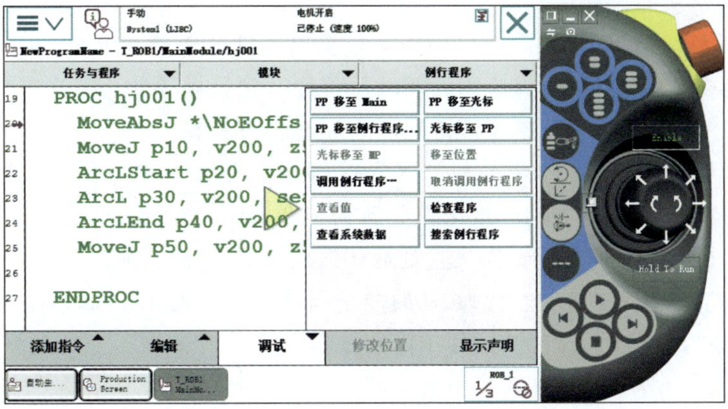

图 2-4-13　启动程序进行焊接

(3)“手动功能”操作

单击“手动功能”按钮,可进行手动送丝、手动送气操作,如图 2-4-14 所示。

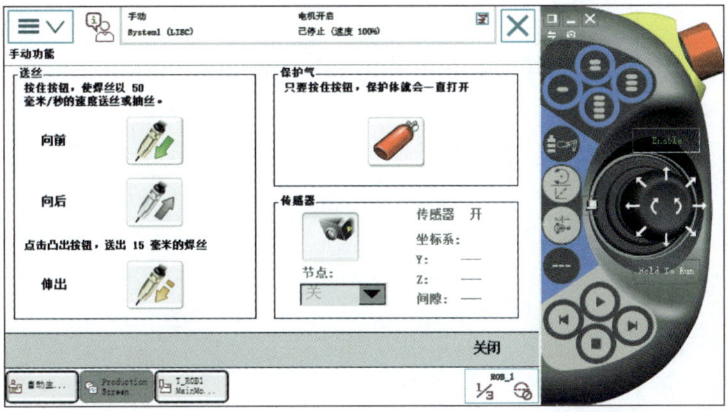

图 2-4-14　“手动功能”界面

(4)“设置”操作

单击“设置”按钮,可进行送丝长度、焊接参数调节的精度,如图 2-4-15 所示。

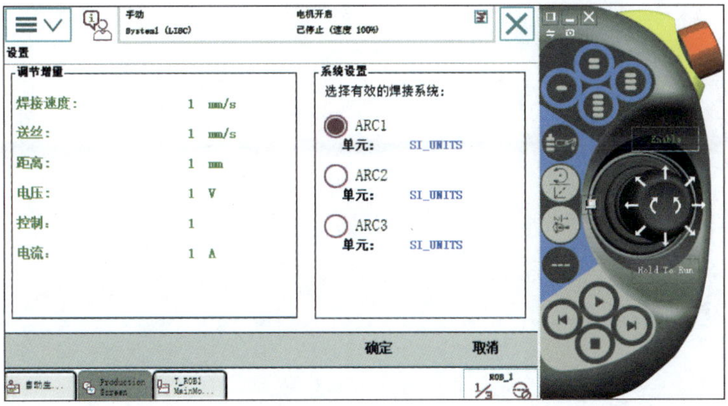

图 2-4-15　“设置”界面

3. FANUC 焊接机器人程序调试过程

在工业自动化领域，焊接技术广泛应用于各种金属工件的连接。然而，由于工件和工装的复杂性以及机器人姿态的多样性，焊接应用的调试过程往往颇具挑战性。在这方面，FANUC 机器人提供了一种系统化的调试方法，以确保焊接轨迹的准确性和效率。

在完成点焊程序的示教后，FANUC 机器人支持通过单步执行的方式来验证焊点示教位置的准确性。这种执行方式将机器人的焊接动作分解为两个清晰的步骤：第一步，机器人将焊枪移动到预设的“示教位置”，这有助于调试人员直观地评估点位的准确性；第二步，焊枪执行张开后闭合的动作，模拟实际焊接过程中的动态行为，从而便于调试人员确认轨迹的正确性。

为了确保轨迹的顺畅运行，调试过程中需要注意两个关键方面。一是过渡点焊枪的开口大小必须与前后焊点的 SD/ED 参数保持一致。这意味着过渡点的焊枪开口不应与相邻焊点的开口存在显著差异，以避免焊接节拍的浪费或潜在的干涉问题。二是调试人员应灵活运用焊点指令中的 SD/ED 参数，以巧妙地规避较小的干涉区域，从而减少程序中的过渡点数量，提高轨迹效率。

学习笔记

任务实施

一、准备工作

①领取安全防护装备:护目镜、防尘口罩、安全帽、防护鞋。
②正确穿戴安全防护装备。

二、焊接机器人程序运行

完成焊接程序运行调试。

如表2-4-1所示,按照步骤,调试任务三中编写的程序,修改问题,直至程序能够顺利正确运行。

表2-4-1 焊接测试程序调试任务记录单

焊接设备:		机器人型号:		制表人:	日期:
序号	工作内容	关键流程	任务结果	出现的问题、原因	解决办法
1	焊接程序测试	①选择测试程序	□完成 □未完成		
		②仿真焊接	□完成 □未完成		
		③发现问题并修改	□完成 □未完成		
		④运行程序,执行焊接	□完成 □未完成		
2	焊接程序优化	①发现问题并修改	□完成 □未完成		
		②完成焊接测试	□完成 □未完成		

三、任务结束

①归还安全防护装备:护目镜、防尘口罩、安全帽和防护鞋。
②提交问题记录表。

任务评价

任务评价见表2-4-2。

表2-4-2 实现焊接机器人的运行任务评价表

序号	主要内容	考核要求	评分标准	配分	得分
1	焊接程序测试	正确操作"锁定"按钮,实现仿真焊接	示教器操作错误每处扣5分	15	
		正确操作"调节"按钮,修改问题参数	示教器操作错误每处扣5分	15	
		正确操作"手动功能"按钮,实现程序运行	示教器操作错误每处扣5分	15	
		正确操作"设置"按钮,修改问题参数	示教器操作错误每处扣5分	15	
2	程序优化	正确运行程序,完成测试	能解决程序运行过程中出现的问题,每记录一个问题及解决方法,加5分	20	
3	安全操作注意事项	掌握设备操作、设备调试、用电安全知识	理解与掌握安全操作注意事项,操作时候违反安全操作规程,发生碰撞扣20分	20	
合计				100	

巩固练习

一、选择题

1. 参数Arc Equipment Properties是ABB机器人用来设置焊接(　　)。

A. 电压设置信号　　B. 焊接设备属性

C. 焊接设备信号　　D. 焊接系统属性

2. 当需要设置断弧重试的退回距离时,应进入(　　)属性。

A. ARC_UI_MASKING　　B. Arc System Properties

C. Arc Equipment Properties　　D. Arc Equipment Digital Inputs

3. (　　)条件下不能执行焊接速度指令的动作速度。

A. 单步执行模式　　B. 执行带有焊接速度指令的动作语句

C. 执行后退指令的情形　　D. 连续执行模式

4. ARCOFFDATA变量是新时达机器人用来设置(　　)。

A. 起弧　　B. 收弧　　C. 焊接　　D. 再起弧

5. 现在需要设置焊接电流,应进入(　　)参数中进行设置。

A. 新时达:ARCDATA　　B. FANUC:ARC_UI_MASKING

C. ABB:Arc Equipment Properties　　D. 新时达:ARCRETRYDATA

6. (多选)以下(　　)型号属于ABB标准I/O板。

A. DSQC652　　B. ProcessI/O　　C. DSQC355A　　D. WeldingParameter

二、填空题

1. PLC现场总线通信是另一种常见的焊接机器人通信方式。现场总线是一种用于工业自动化领域的通信网络，能够________________。

2. 工业机器人通信方式可以分为________、________、________。

3. 新时达机器人常用的与焊机的通信方式有________________。

4. 常见的焊接输入信号包括________________。

5. 常见的焊接输出信号包括________________。

6. ABB机器人焊接指令中的参数welddata定义了________、________两个工艺参数。

7. 在焊接实施过程中，编写好焊接程序后，________执行一系列严格的检验与调试流程，以确保焊接质量的可靠性。

三、简答题

1. 简述新时达、ABB机器人和FANUC机器人信号配置的异同。

2. 简述新时达、ABB机器人和FANUC机器人工艺参数的异同。

3. 简述新时达、ABB机器人和FANUC机器人焊接指令的异同。

学习笔记

项目三 焊接工艺和应用

项目导入

在现代工业生产中，焊接机器人工作站扮演着至关重要的角色。它们能够高效、准确地完成各种焊接任务，从而大幅提升生产效率和产品质量。本项目将聚焦于焊接机器人工作站中最为常见的三种焊接任务类型：平敷焊、直角焊和管板焊。

平敷焊作为最基础的焊接方式，广泛应用于各种金属板材的连接；直角焊则常用于构建框架结构和角接接头，要求焊接接头强度高、外观美观；管板焊则是管道与板材连接的首选方式，对焊接的密封性和强度有着极高的要求。

通过本项目的学习与实践，将带领大家一步步掌握这 3 种焊接任务的编程实现方法。

知识导图

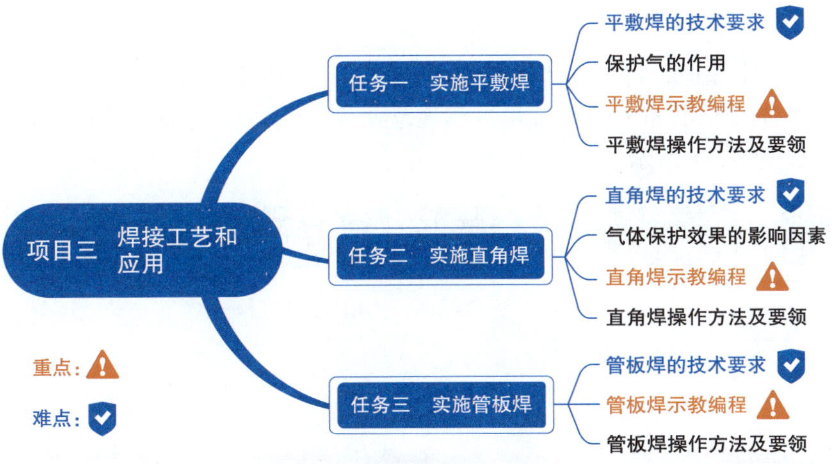

任务一 实施平敷焊

情景导入

置身于繁忙的金加工车间中，可以看到一块块平整的钢板正等待被精确而高效地焊接成一个整体，这项平敷焊的工作任务是焊接机器人工作站最擅长的。身为焊接机器人助理工程师，你将学习平敷焊相关的技术、工艺、编程，与焊接机器人一起共同打造出一个又一个坚固而完美的平面整体。

学习目标

一、知识目标

①了解平敷焊的技术要求和工艺要求。

②理解平敷焊示教编程的内容。

二、能力目标

①能说出平敷焊的技术要求和工艺要求。

②会对平敷焊进行示教编程。

三、素养目标

①养成严谨、规范的工作习惯。

②培养学生全局思维。

任务描述

作为新入职的焊接工程师，怀揣着对技术的渴望和对完美的追求，决心要锤炼自己的焊接编程技艺。而平敷焊，作为焊接领域中最经典且常见的工作任务，将是锤炼技艺的绝佳舞台。请使用 ABB-IRB1400 机器人将 2 块 Q235 型钢板进行水平位单面平整焊接，采用 CO_2 气体保护焊进行焊接，一层一道，完成一个练习程序，保持焊缝是一条平整的直线，焊缝表面平整、无缺陷。

任务分析

根据项目二所学知识，结合平敷焊任务的具体要求配置机器人参数，编写程序，并完成程序的调试运行。最后按照 5S 标准对操作现场进行规范整理，以维护工作站的安全与秩序。实施平敷焊的任务流程如图 3-1-1 所示。

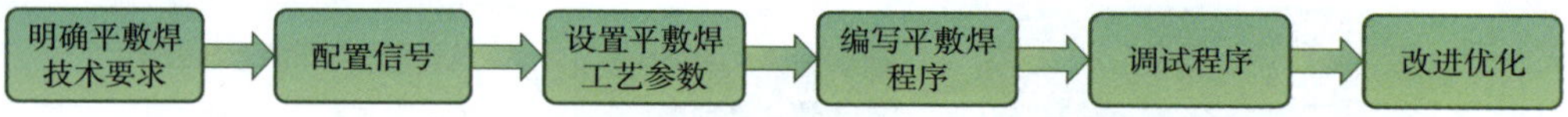

图 3-1-1　实施平敷焊的任务流程

核心知识

一、平敷焊的技术要求

平敷焊作为焊接领域中的一项基础且至关重要的技术，对从业者的理论知识和实际操作能力均提出了严格要求。

1. 焊缝成形标准

焊缝必须呈现为一条平直且连续不断的线形，其表面应无任何形式的缺陷，包括但不限于凹陷、凸起、咬边、夹渣、气孔或裂纹等。同时，焊缝的宽度和高度必须严格遵循相关的焊接标准和工程图纸的详细规定，确保精确达标。

2. 工艺参数设置

在进行平敷焊时，需要根据所使用的焊接材料、工件的材质及其厚度等具体因素，精确设置焊接电流、电弧电压及焊接速度等关键工艺参数，见表 3-1-1。任何参数的偏差都可能对焊缝的成形和质量产生显著影响。例如，当焊接电压偏高时，焊丝端部会形成较大的熔球，这个熔球会悬浮在熔池的上方，不与母材直接接触。同时，电弧长度会变长，导致飞溅颗粒变大，这种情况容易引发气孔的形成。此外，过高的电压还会使焊道变宽，而熔深和余高则会相应减小。

相反，如果焊接电压偏低，焊丝会更容易插向母材，伴随着明显的爆断声，飞溅现象也会增多。这种情况下，焊道会变窄，而熔深和余高则会增大。

表 3-1-1 CO_2保护焊接条件

板厚/mm	焊丝直径 ϕ/mm	根部间隙 G/mm	电流/A	电压/V	速度/(cm/min)	CO_2流量/(L/min)	层数
1.2	0.9, 1.0	0	70 ~ 80	17 ~ 18	45 ~ 55	10	1
1.6	0.9, 1.0	0	80 ~ 100	18 ~ 19	45 ~ 55	10 ~ 15	1
2.0	0.9,1.0	0 ~ 0.5	100 ~ 110	19 ~ 20	50 ~ 55	10 ~ 15	1
2.3	0.9 ~ 1.2	0.5 ~ 1.0	110 ~ 130	19 ~ 20	50 ~ 55	10 ~ 15	1
3.2	0.9 ~ 1.2	1.0 ~ 1.2	130 ~ 150	19 ~ 21	40 ~ 50	10 ~ 15	1

3. 操作技能要领

操作者在进行平敷焊时，必须掌握正确的焊接姿势和熟练的操作手法，确保焊条(或焊丝)与工件之间始终保持恰当的角度和距离。对于多层多道的焊接任务，应合理安排各层的焊接顺序，以最小化焊接变形和应力集中。此外，还需要精通引弧、稳弧、收弧等关键技术，并能在不同位置(如平焊、立焊等)灵活调整操作要点，确保焊接质量。

4. 安全与环保规范

在平敷焊的实践过程中，操作者必须严格遵守安全操作规程，佩戴全套必要的劳动保护用品，确保人身安全。同时，应积极采取措施减少焊接过程中产生的有害气体、烟尘和噪声等环境污染，确保工作环境符合国家和行业的环保标准。

5. 质量检验与评估体系

完成平敷焊后，必须对焊缝进行全面的质量检验，包括外观检查、无损检测等多个环节。焊缝的质量评估应涵盖焊缝成形、焊接缺陷、力学性能等多个方面，确保最终成果符合相关质量标准和工程要求。同时，还应根据实践过程中的表现和成果进行自我评估和总结，不断提升自身的焊接技能水平。

注意：以上要求可能会因不同的焊接工艺、材料类型和应用场景而有所变化。在实际操作中，应始终遵循相关的标准和规范，并根据具体情况进行灵活调整和优化处理。

以焊接对象为 2 块 Q235 型钢板(12 mm × 150 mm × 150 mm)，使用 ABB-IRB1400 机器人、福尼斯 TransPulsSynergic5000 焊机组成弧焊机器人系统，采用 CO_2 气体保护焊进行焊接为例。其具体技术要求见表 3-1-2，工艺要求见表 3-1-3。

表 3-1-2 平敷焊技术要求

技 术 要 求	平 敷 焊
焊接电源设备	福尼斯 TransPulsSynergic5000

续表

技术要求	平敷焊
焊接机器人	ABB1400
焊缝高度/mm	3
焊缝宽度/mm	10
反变形/(°)	无
焊接材料 ϕ1.2 mm 实芯焊丝	H08Mn2GiA
焊枪与工件运动方向	工件固定,焊枪运动
焊缝无缺陷	裂纹、夹渣、气孔
左焊法或右焊法	左焊法
焊接层次	一层一道

表 3-1-3　平敷焊工艺要求

焊接工艺	平敷焊
电流/A	85
电压/V	20
焊接速度 mm/sec	5
焊枪角度/(°)	横向 90°,后倾 80°
摆焊一周期长度/mm	3
摆焊一周期宽度/mm	3
正弦波摆焊	Weave Sine
气体流量及分配	10 L/min、Ar85% + $CO_2$15%
伸丝长度/mm	10

视频

保护气的作用

二、保护气的作用

在常规的焊接作业中,焊丝通过送丝轮不断地从焊枪的导电嘴中送出,并由导电嘴供电,从而在电极与母材之间引发电弧。在此过程中,喷嘴释放出保护气,以确保待焊接区域无氧环境。随后,焊丝与母材间形成直流电弧,其产生的热能熔化焊丝和母材。焊丝头部的熔融金属流向母材,冷却后形成坚固的焊缝。

保护气体大致分为两类:惰性气体与活性气体。惰性气体,如氦气和氩气,化学性质稳定,不会与熔融焊缝反应。而活性气体,常见的有二氧化碳、氧气或氢气,它们在高温下可能与熔融金属发生化学反应,产生不期望的化合物或导致焊缝中的气孔形成,从而降低焊缝的质量和强度。然而,当活性气体以适量的比例使用时,它们可以带来一些好处。例如,二氧化碳等活性气体可以稳定电弧,并帮助熔池形成更平滑、更均匀的焊缝。此外,活性气体还可以提高焊接速度和效率,以及改善焊缝的外观和机械性能。

总的来说,保护气体在焊接过程中发挥着多重关键作用。它不仅保护金属熔滴免受氧化,还能阻挡杂质和湿气的侵入,这些因素都可能对焊缝的耐腐蚀性和耐久性产生不良影响。同时,保护气体还有助于冷却焊枪,确保焊接作业的稳定进行。但也需要注意为确保焊接质量,精确控制保护气体的比例至关重要。这需要综合考虑焊接材料、工艺要求以及现场操作条件。在实际操作中,焊接工程师或技术人员会依据经验和实验数据,调整出最佳的活性气体比例,以达到理想的焊接效果。

当采用 CO_2 作为保护气体进行焊接时(见图 3-1-2),焊枪的倾角选择对焊接质量和效果具有重要影响。焊枪倾角主要分为前进法和后退法两种形式。

前进法的特点是电弧推动溶池前进,并不直接作用在工件上。这种方法产生的焊道平整且宽阔,尽管焊缝不易直接观察,但其气体保护效果优良。此外,前进法的溶深较小,飞溅也相对较少。

相比之下,后退法的电弧则避免与溶池直接接触,而是直接作用在工件上。这种方法导致的溶深较大,飞溅同样较少,且焊道易于观察。然而,后退法产生的焊道狭窄且高耸,其气体保护效果相对较差。

鉴于前进法在焊接过程中能够提供有效的气体保护,减少气孔和其他焊接缺陷的产生,并防止空气中的氧气和水蒸气对熔池造成污染,从而显著提高焊缝的质量,因此,在 CO_2 焊接中,一般优先选择前进法进行焊接。

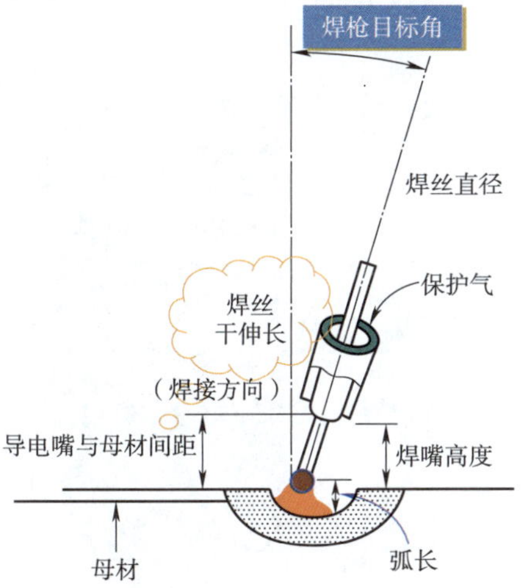

(a)焊枪倾角

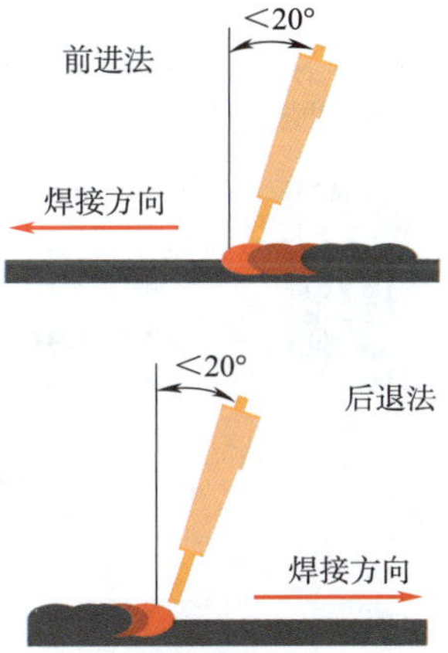

(b)焊接方向

图 3-1-2　CO_2 焊接

视频

平敷焊

三、平敷焊示教编程

1. 轨迹分析

平敷焊的焊缝是一条平整的直线。其轨迹如图 3-1-3 所示,焊接机器人需要从安全位置 p10 点起,运动到焊接起弧的接近点 p20,之后从焊接起始点 p30 点开始起弧,进行直线焊接,到焊接直线终点 p40 完成收弧停止焊接,最后运动到 p50 焊枪离去点。

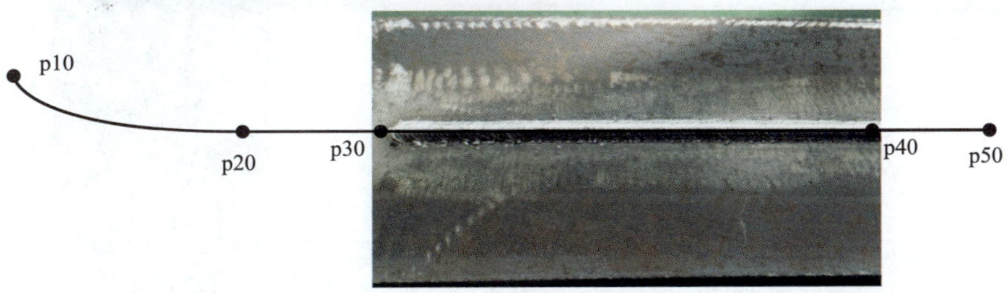

图 3-1-3　平敷焊轨迹分析

轨迹表见表 3-1-4。

表 3-1-4　轨迹表

序　　号	点　序　号	注　　释	备　　注
1	p10	安全位置	需示教
2	P20	焊接起弧的接近点	需示教
3	P30	开始起弧点	需示教
4	P40	停止收弧点	需示教
5	P50	焊枪离去点	需示教

2. 示教编程

①在示教器上，创建新任务，创建新例行程序并命名为 pingfu，创建工具坐标 AWGUN 并配置其相关参数，如图 3-1-4 所示。

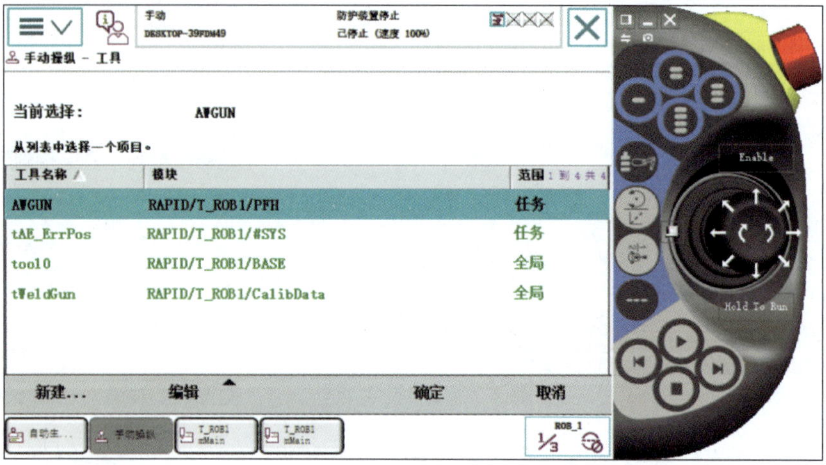

图 3-1-4　创建工具坐标

②在确保安全的前提下，手动操纵移动焊枪接近焊缝起始点位置，在例行程序 pingfu 中编辑 MoveJ 指令，标记该点，如图 3-1-5 所示。

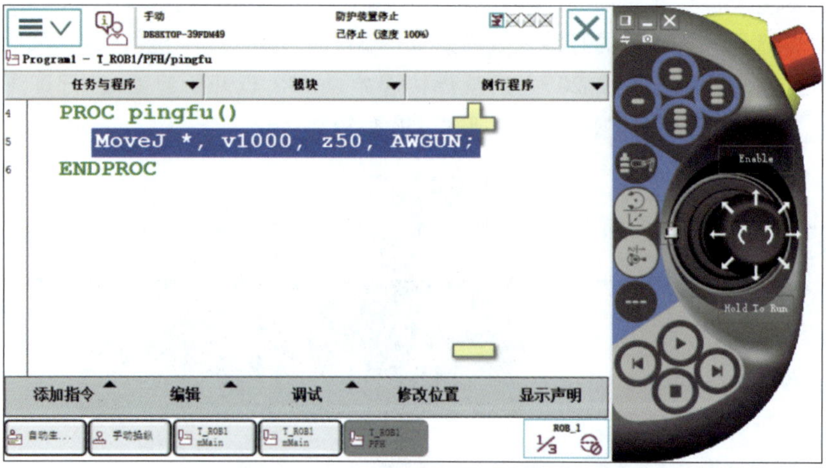

图 3-1-5　编辑 MoveJ 指令

③编辑 MoveL 指令,移动焊枪至焊接起始位置,标记该点,如图 3-1-6 所示。

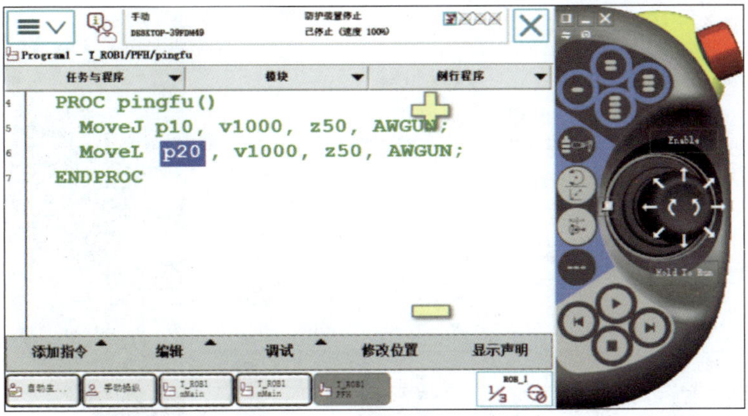

图 3-1-6　编辑 MoveL 指令

④选择 ArcLStart 指令,完成起弧指令编辑,如图 3-1-7 所示。

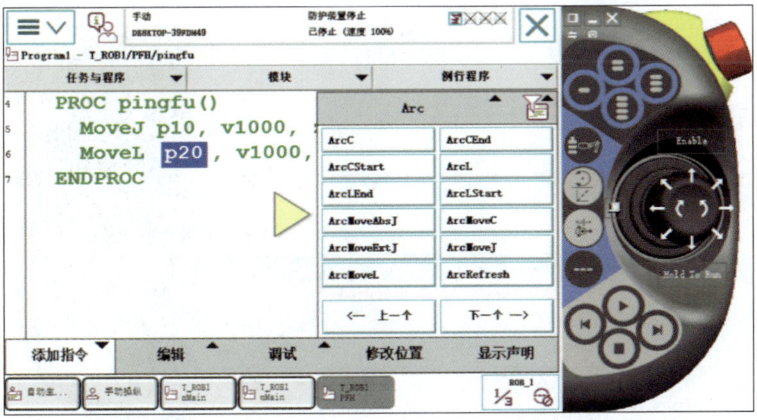

图 3-1-7　选择 ArcLStart 指令

⑤如果有预设的 seamdata 和 welddata 参数,则直接选取即可;如果没有,需要根据技术要求和工艺要求进行新建,如图 3-1-8 所示。

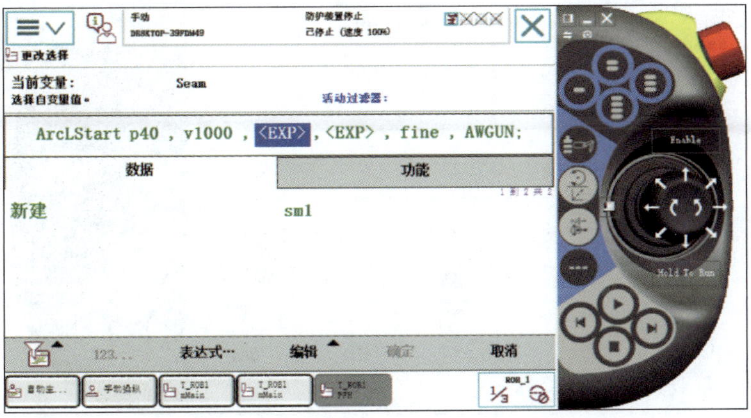

图 3-1-8　ArcLStart 指令参数设置

⑥选中第一个 EXP,单击“新建”,命名 seamdata 参数名为 seam1,如图 3-1-9 所示。

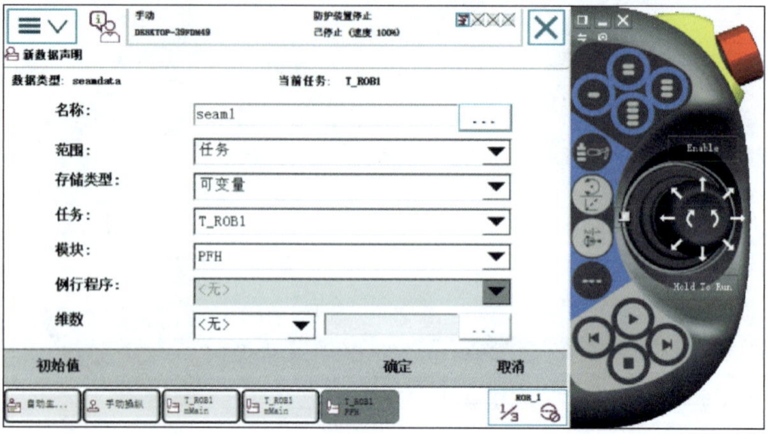

图 3-1-9 新建 ArcLStart 指令参数

⑦单击左下角的“初始值”,分别设置初始值参数,如图 3-1-10 所示。

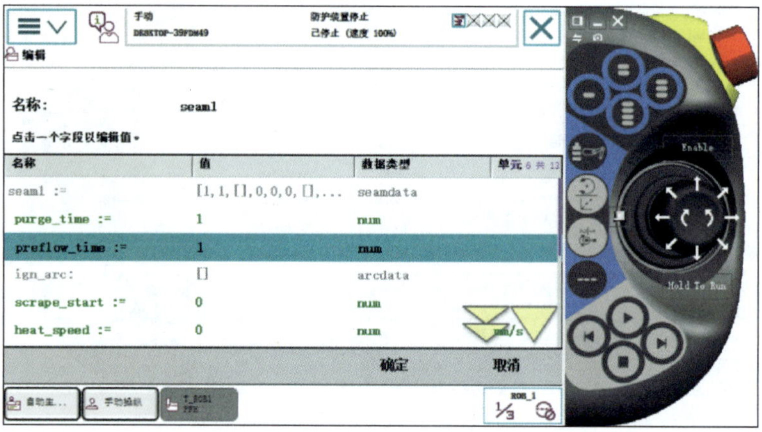

图 3-1-10 新建 ArcLStart 指令参数

⑧选中第二个 EXP,单击“新建”,命名 welddata 参数名为 weld1,如图 3-1-11 所示。

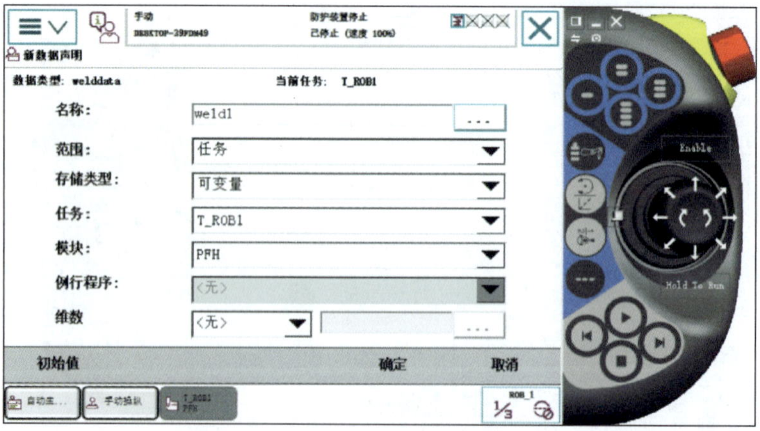

图 3-1-11 新建 ArcLStart 指令参数

⑨单击左下角的“初始值”，分别设置初始值参数，如图 3-1-12 所示。

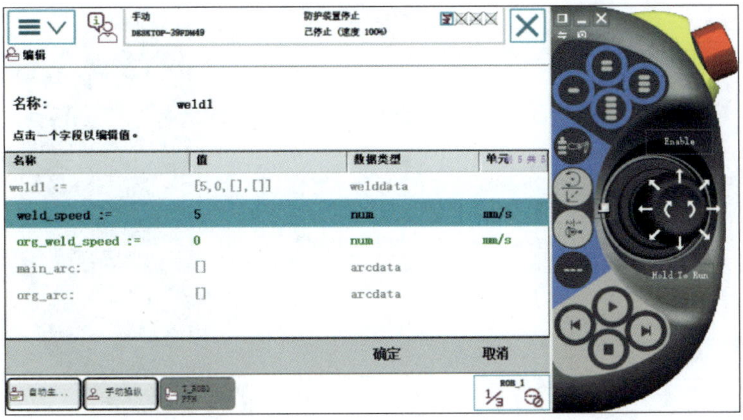

图 3-1-12　新建 ArcLStart 指令参数

⑩编辑完成后的 ArcLStart 指令如图 3-1-13 所示。

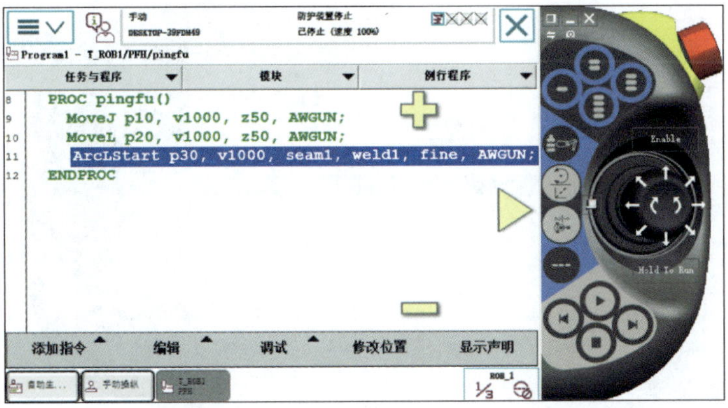

图 3-1-13　ArcLStart 指令设置完成

⑪选择 ArcLEnd 指令，完成直线焊接结束指令编辑，同样选用参数 seam1 和 weld1。在 ArcLEnd 指令中，需要设置摆动参数。首先要使用摆动功能，双击示教器中该指令，在更改选择窗口中，单击左下角的“可选变量”，如图 3-1-14 所示。

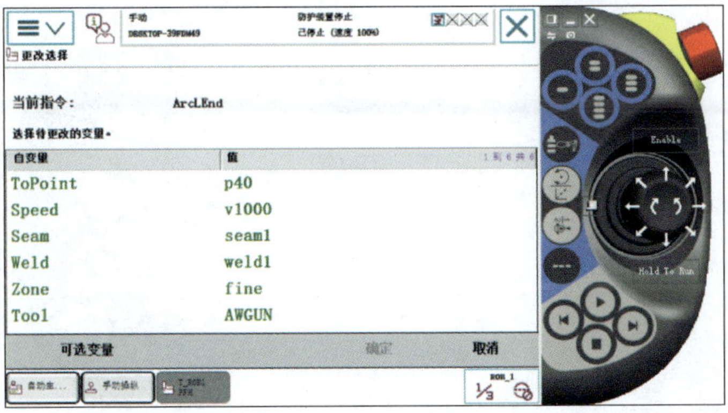

图 3-1-14　单击“可选变量”

⑫在“更改选择-可选参变量”窗口中选中 Weave，单击左下角的“使用”，如图 3-1-15 所示。

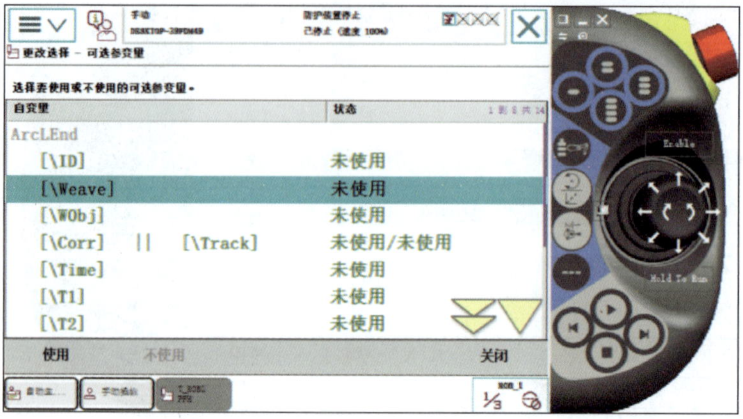

图 3-1-15　选择 Weave

⑬可看到在该条指令语句中，多出了“Weave：= EXP”参数，如图 3-1-16 所示。

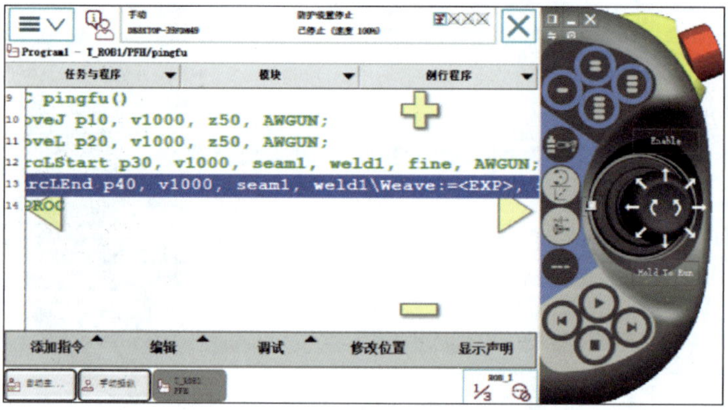

图 3-1-16　“Weave：= EXP”参数设置

⑭双击该 EXP，新建编辑摆动参数（见图 3-1-17），将其命名为 weave1，然后单击左下角的“初始值”，如图 3-1-18 所示。对其进行参数赋值设置，如图 3-1-19 所示。赋值后单击“确定”返回程序界面，如图 3-1-20 所示。

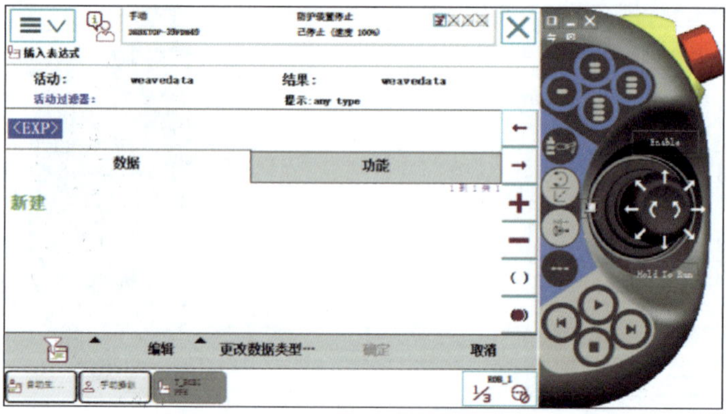

图 3-1-17　新建 Weave 参数

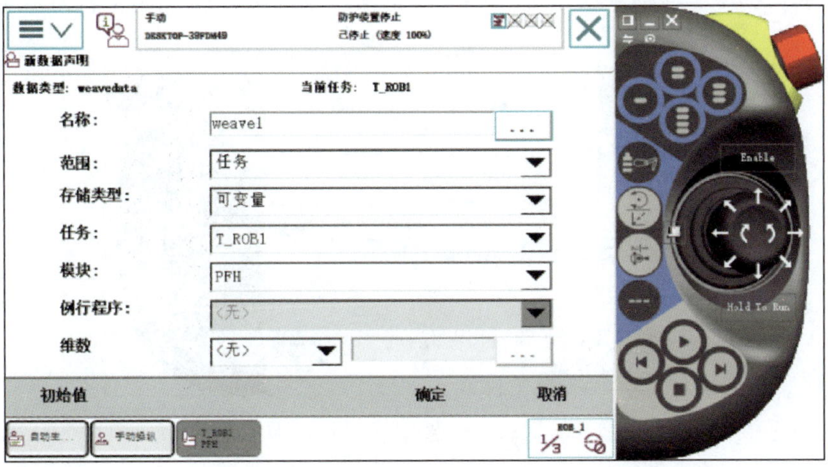

图 3-1-18　命名 weave1

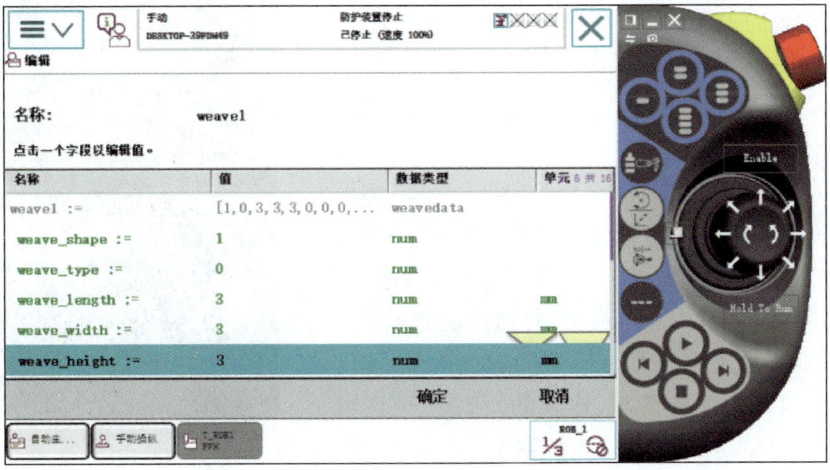

图 3-1-19　Weave 参数赋值

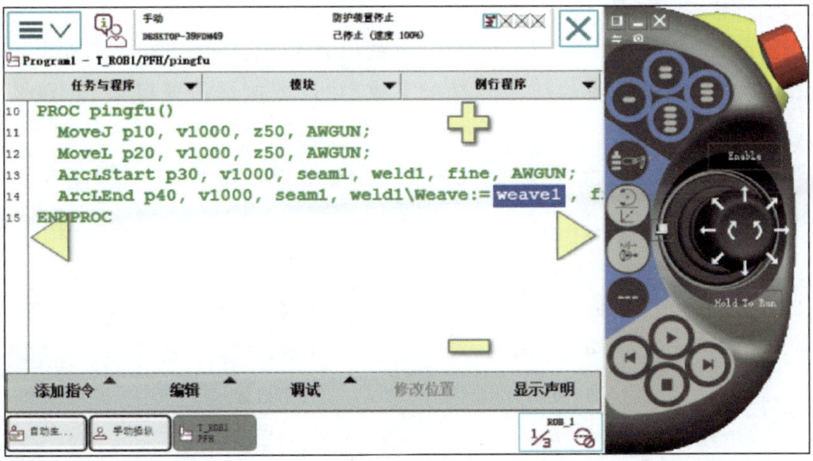

图 3-1-20　Weave 参数设置

⑮最后需要使焊枪离开焊接结束点，使用 MoveL 指令，完成焊接，如图 3-1-21 所示。

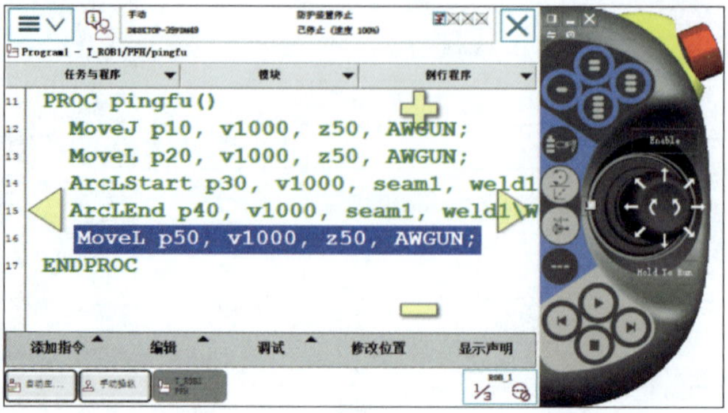

图 3-1-21　编辑 MoveL 指令

四、平敷焊操作方法及要领

①在水平位置的工件上进行机器人焊接操作时，选用合理的电流电压、伸丝长度、摆焊频率、波长修正等工艺参数。

②使用示教器调整焊接姿态，与工件保持合理位置，如图 3-1-22 所示。

图 3-1-22　平敷焊焊接开始时的姿态设置

③将工件放置到固定位置后，由机器人焊枪一侧做左焊法操作，焊枪保持横向角度 90°，后倾角度 80°左右。

④将示教速度调至 30%，机器人单步试运行程序，使焊枪的焊丝端点距离工件 2 ~ 3 mm 作为焊接的起始点。

⑤正确地匹配电流电压是极重要的焊接操作规范，通常在调试中，可以听到比较清脆、连续的“滴滴”声音属于正常焊接状态。通过防护面罩仔细观察熔滴过渡时，电弧燃烧稳定、飞溅少而且焊缝熔池边缘形成较薄的形状，像是一把锋利的刀刃，有利于增加焊缝金属的熔融特性，从而提升焊缝金属的力学性能。

⑥电流电压的匹配通过“听”和“看”的调试方法已达到最佳的焊接操作效果，其调试整个焊接过程必须认真细致，再细微调整焊接工艺参数完成，并且焊接运行速度调到 100% 焊接有效，才能开始机器人焊接正式操作。

⑦焊缝成形：焊缝波纹均匀、金属表面无氧化、无气孔、宽窄度尺寸一致等精细的外观成形。其外观质量要求见表 3-1-5。

表 3-1-5　焊缝外观质量要求

检查项目	标准值	检查项目	标准值
焊缝余高	0 ~ 2 mm	焊缝高低差	0 ~ 1 mm
焊缝宽度	4 ~ 6 mm	错边量	0 ~ 1 mm
焊缝宽窄差	0 ~ 1 mm	角变形	0° ~ 3°
咬边	深度≤0.5 mm，长度≤15 mm	焊缝外观成形	焊缝成形良好

任务实施

一、准备工作

①领取安全防护装备：护目镜、防尘口罩、安全帽、防护鞋。

②正确穿戴安全防护装备。

二、实施平敷焊

使用ABB-IRB1400机器人将2块Q235型钢板进行水平位单面平整焊接，采用CO_2气体保护焊进行焊接，一层一道，完成平敷焊练习程序。

①根据设备配置所需信号，完成信号配置表，见表3-1-6。

表3-1-6　平敷焊任务信号配置表

任务名称：

焊接设备：　　　　机器人型号：　　　　制表日期：

制表人：

信　　号	备　　注	分 配 地 址

②设置焊接工艺参数，完成工艺参数配置表，见表3-1-7。

表3-1-7　平敷焊任务工艺参数配置表

任务名称：

焊接设备：　　　　机器人型号：　　　　制表日期：

制表人：

参 数 类 型	参 数 名 称	设 置 情 况

③根据任务要求，参照轨迹表 3-1-8 编写并调试运行程序，完成平敷焊任务记录单。

表 3-1-8　平敷焊任务记录单

焊接设备：	机器人型号：	制表人：	日期：	
工作内容	关键流程	任务结果	出现的问题、原因	解决办法
平敷焊	①选择合适的工具、工件坐标	□完成 □未完成		
	②根据要求设置工业参数	□完成 □未完成		
	③创建焊接程序	□完成 □未完成		
	④选择 ArcLStart 指令	□完成 □未完成		
	⑤设置 ArcLStart 指令参数 seam1、weld1、weave1	□完成 □未完成		
	⑥选择 ArcLEnd 指令	□完成 □未完成		
	⑦设置 ArcLEnd 指令参数 seam1、weld1、weave1	□完成 □未完成		
	⑧仿真焊接	□完成 □未完成		
	⑨真实焊接	□完成 □未完成		
	⑩根据质量要求检查焊缝	□完成 □未完成		
	⑪优化设置	□完成 □未完成		
	⑫再次焊接	□完成 □未完成		

三、任务结束

①归还安全防护装备：护目镜、防尘口罩、安全帽和防护鞋。

②提交相关表格。

任务评价

任务评价见表 3-1-9。

表 3-1-9　平敷焊任务评价表

序号	主要内容	考核要求	评分标准	配分	得分
1	明确平敷焊的技术要求	正确说出平敷焊的技术要求	能描述出技术要求的含义，不能说出其中一项扣 3 分	15	
2	平敷焊的工艺要求	正确将工艺要求转化为工艺参数配置	能根据工艺要求，正确配置工艺参数，完成配置表 3-1-7，每错误一处扣 3 分	15	
3	平敷焊示教编程	程序逻辑正确，参数设置合理	操作机器人动作不规范，扣 5 分；参数设置错误，每处扣 5 分；焊接轨迹不精确，每处扣 5 分	40	
		正确运行程序，完成测试	能解决程序运行过程中出现的问题，每记录一个问题及解决方法，加 5 分	20	
4	安全操作注意事项	掌握设备操作、设备调试、用电安全知识	理解与掌握安全操作注意事项，操作时违反安全操作规程，带电操作扣 10 分	10	
合计				100	

拓展阅读

周皓：永远追求极致的“深海匠人”

周皓 19 岁从普通技校毕业后，用 20 年的时间，将自己从一名煤炭开采装备制造厂的基层钳工，锻造成全国技能大师、全国劳动模范，并获得“中国青年五四奖章”，成为中国深海科考创造多项纪录、国产深海设备突破万米挑战保驾护航的高技能人才。这些成就的背后，更多是靠着他朴素的信念，一种如今称作“匠人精神”的态度。

周皓是一位深海科研装备领域的杰出工匠。他深知深海科研装备对材料、加工精度的要求极高，必须保证“零差错”。因此，他不断加强自己的技艺练习，向老技工学技巧、看书找方法，把每一项看似简单的技巧都练习了上万遍。这种刻苦的练习使得他熟练掌握了多种机床的操作、维修和零部件加工制造技术，并快速成长为厂里的生产技术骨干。

不仅如此，周皓在面对突发情况时也展现出了卓越的应对能力。在冬季太平洋的台风季，科考船遭遇大风浪，已经准备完毕的海底地震仪全部受损。周皓忍住晕船的不适，通过细致的研究，利用船上的现有材料成功修复了所有地震仪，为保障科考的顺利进行发挥了重要作用。

周皓的事迹充分展现了大国工匠不断加强练习、追求卓越的精神。他的故事告诉我们，只有通过不断地练习和磨练，才能掌握精湛的技艺，为国家的科技进步和产业发展做出更大的贡献。

任务二　实施直角焊

情景导入

在繁忙的现代化工厂中，除了常规的平敷焊将钢板连接成一个整体外，一个更为常见且具挑战性的任务摆在了焊接机器人面前——批量将两块平整的钢板精准地焊接成一个90°角的整体，如图3-2-1所示。这种工艺称为直角焊工艺，广泛应用于各种加工制造领域，这里将深入探索直角焊的技术奥秘，熟练掌握相关的工艺流程和编程技能。

图3-2-1　直角焊

学习目标

一、知识目标

①了解直角焊的技术要求和工艺要求。
②理解直角焊示教编程的内容。

二、能力目标

①能描述直角焊的技术要求和工艺要求。
②会对直角焊进行示教编程。
③能辨析直角焊和平敷焊的异同。

三、素养目标

①养成严谨、规范的工作习惯。
②培养学生全局思维。

任务描述

除了平敷焊外，直角焊也是常见的工艺要求，为了锤炼自己的技艺，请在任务一的基础上，继续使用ABB-IRB1400机器人，将2块Q235型钢板进行垂直位单面焊接，采用CO_2气体保护焊进行焊接，一层一道，完成一个练习程序。

任务分析

基于任务一辨析两种焊接的区别，修改相关机器人参数设置，编写直角焊任务程序，并完成程序的调试运行，如图3-2-2所示。最后按照5S标准对操作现场进行规范整理，以维护工作站的安全与秩序。

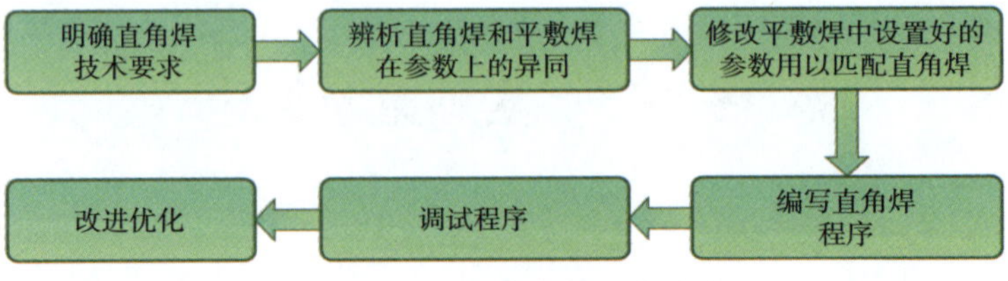

图3-2-2　实施直角焊任务流程

核心知识

一、直角焊的技术要求

直角焊作为一种重要的焊接技术，广泛应用于各种工业制造领域。为确保焊接质量和工艺效率，必须严格遵守以下要求：

1. 焊接前的准备工作

在进行直角焊之前，必须对待焊工件进行充分的准备工作。首先，应确保工件表面清洁，无油污、锈蚀等杂质，以保证焊接接头的质量。其次，需要检查焊接设备、工具和材料的完好性，选择适当的焊接电极、焊丝及辅助材料，以确保焊接过程的顺利进行。

2. 焊接工艺参数的设置

根据工件的材质、厚度及具体的焊接要求，需要合理设置焊接电流、电压、焊接速度等工艺参数。这些参数的设置将直接影响焊缝的成形、熔深以及焊接接头的力学性能，因此必须予以高度重视。角接焊接条件见表 3-2-1。

表 3-2-1　角接焊接条件

板厚/mm	焊丝直径 ϕ/mm	焊接电流/A	焊接电压/V	焊速/(mm/s)	干伸长/mm	气体流量/(L/min)
1.6	1	90～130	21～25	7～8	13～16	10～15
2	1	100～150	22～26	6～7	13～16	13～15
3.2	1.2	160～200	23～26	7～8	13～17	13～15
4.5	1.2	200～240	24～28	7～9	15～20	15～17
6	1.2	270～300	28～31	10～12	18～22	18～22
8	1.6	280～320	28～31	7～10	18～22	18～22
10	1.6	330～380	30～36	7～9	20～24	18～22

3. 焊接位置与角度的控制

在进行直角焊时，必须确保待焊工件的位置、角度及相互关系准确无误。焊接过程中，应保持稳定的焊枪或焊条姿态，严格控制焊接速度与移动轨迹，以实现精确的直角焊接。

4. 焊缝质量的检验与评估

完成焊接后，应对焊缝质量进行全面的检验与评估。焊缝应连续、均匀，无裂纹、气孔、夹渣等缺陷，且外观美观，符合相关标准和要求。对于重要的焊接接头，还需要进行无损检测或破坏性试验，以进一步验证其质量可靠性。

5. 安全措施的落实

在焊接过程中，必须严格遵守安全操作规程，穿戴个人防护装备，如焊接面具、防护手套、防护鞋等。同时，应确保焊接区域周围无易燃物和易爆物，保持通风良好，并设置明显的警示标志，以确保作业安全。

6. 环境保护的考虑

在焊接过程中产生的烟尘、噪声和弧光等可能对环境造成污染。因此，应采取相应的环保措施，如使用烟尘收集器、降低噪声设备以及提供适当的弧光防护等，以减少对环境的影响，实现绿色焊接生产。

这里采用 2 块钢板 Q235(12 mm×100 mm×300 mm),除锈,去毛刺,使用 ABB-IRB1400 机器人、福尼斯 TransPulsSynergic5000 焊机组成弧焊机器人系统,采用 CO_2气体保护焊进行焊接。具体技术要求见表 3-2-2,工艺要求见表 3-2-3。

表 3-2-2 直角焊技术要求

技术要求	直角焊
焊接电源设备	福尼斯 TransPulsSynergic5000
焊接机器人	ABB1400
焊缝高度/mm	6
焊缝宽度/mm	8
反变形/(°)	α =1～2
焊接材料 ϕ1.2 mm 实芯焊丝	H08Mn2GiA
焊枪与工件运动方向	工件固定,焊枪运动
焊缝无缺陷	裂纹、夹渣、气孔
左焊法或右焊法	左焊法
焊接层次	一层一道

表 3-2-3 工艺要求

焊接工艺	直角焊
电流	85 A
电压	20 V
焊接速度/(mm/s)	3
焊枪角度/(°)	横向 40,后倾 85
摆焊一周期长度/mm	3
摆焊一周期宽度/mm	2.5
正弦波摆焊	Weave Sine
气体流量及分配	12 L/min、Ar85%+$CO_2$15%
伸丝长度/mm	12

二、气体保护效果的影响因素

气体保护焊接是一种重要的焊接方法,其保护效果的好坏直接影响到焊接质量和焊缝的性能。影响气体保护效果的几个关键因素有气体流量、喷嘴至工件距离、焊接速度、侧向风。

1. 气体流量

气体流量是影响气体保护效果的关键因素之一。当气体流量过小时,气流的挺度较差,排除周围空气的能力相对较弱,可能导致焊缝受到空气的污染。相反,如果气体流量过大,气流近壁层流会变得非常薄,甚至可能形成紊流,这同样会影响保护效果。

因此在实际操作过程中,应该根据具体的焊接工艺和焊条类型,选择适当的气体流量,以确保气流的挺度和排除周围空气的能力,并定期检查气体流量计的准确性,确保其正常工作,以提供准确的气体流量数据。

2. 喷嘴至工件距离

喷嘴至工件表面的距离对气体保护效果也有显著影响。减小喷嘴至工件表面的距离可以提高保护效果，但同时需要相应减小保护气的流量。此外，还需要考虑焊接的操作性、电弧的可观察性，以及喷嘴温度的提高可能导致的飞溅阻塞喷嘴等问题。

因此，在保证焊接操作性和电弧可观察性的前提下，可尽量减小喷嘴至工件表面的距离，以提高保护效果，并需要定期检查喷嘴的通畅性，及时清理飞溅物，避免喷嘴堵塞。

3. 焊接速度

相对而言，焊接速度对气流保护效果的影响并不明显。然而，在实际操作中，仍需要根据具体的焊接材料和厚度选择合适的焊接速度，以保证焊接质量和效率。

4. 侧向风

气体保护焊接的一个主要弱点是抗风能力差。侧向风较大时，必须采取有效的防风措施，以避免风对焊接过程的影响。

因此，在进行气体保护焊接时，应尽量选择无风或风力较小时进行。如果遇到侧向风较大的情况，可采取设置挡风板、搭建临时防风棚等措施来减小风的影响。

视频
直角焊

三、直角焊示教编程

1. 轨迹分析

直角焊的焊缝也是一条平整的直线。其与平敷焊操作最大的区别在于焊枪角度的变化，建议横向角度40°左右，纵向角度80°左右。因此，其轨迹与任务一相似（见图3-2-3），但机器人姿态差别较大。轨迹表见表3-2-4。

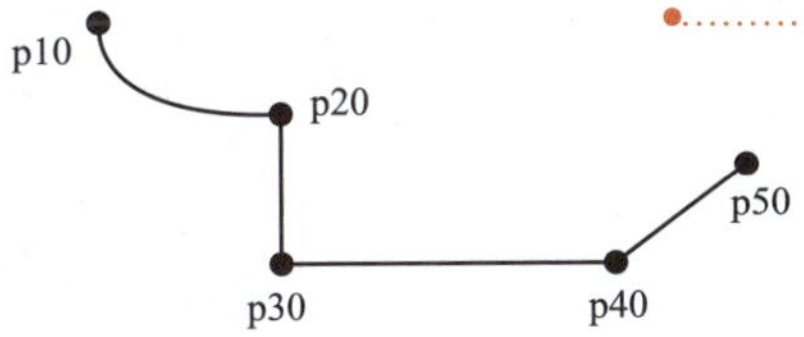

图3-2-3　轨迹分析

表3-2-4　轨迹表

序　号	点　序　号	注　释	备　注
1	p10	安全位置	需示教
2	P20	焊接起弧的接近点	建议横向角度40°左右，纵向角度80°左右
3	P30	开始起弧点	建议横向角度40°左右，纵向角度80°左右
4	P40	停止收弧点	建议横向角度40°左右，纵向角度80°左右
5	P50	焊枪离去点	需示教

2. 示教编程

①在示教器上，创建新例行程序并命名为zhijiao，如图3-2-4所示。

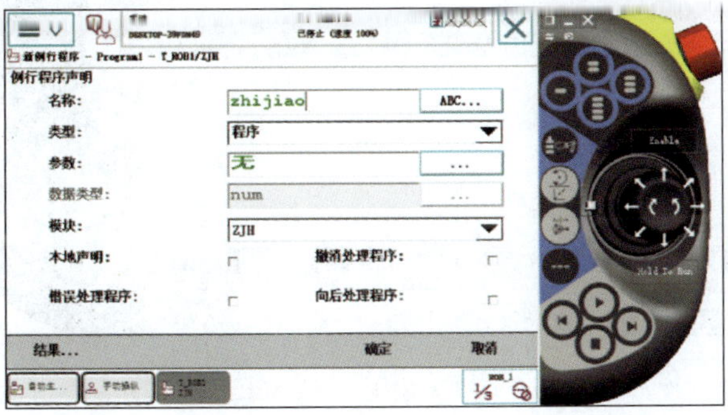

图3-2-4　创建新例行程序

②在确保安全的前提下，手动操纵移动焊枪接近焊缝起始点位置，在例行程序 zhijiao 中编辑 MoveJ 指令，选择使用工具坐标 AWGUN，如图 3-2-5 所示。

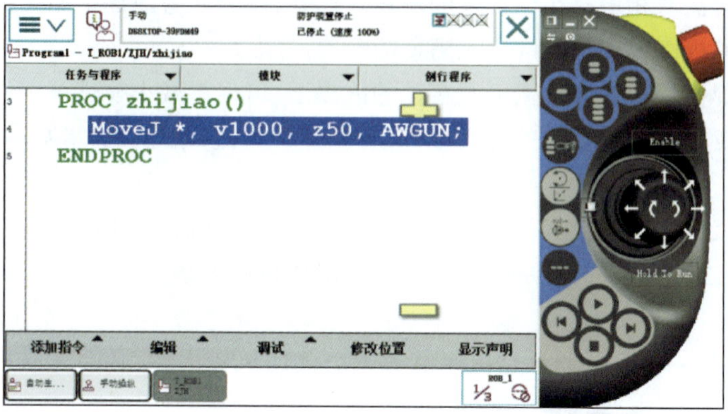

图 3-2-5　编辑 MoveJ 指令

③编辑 MoveL 指令，移动焊枪至焊接起始位置，标记该点，如图 3-2-6 所示。

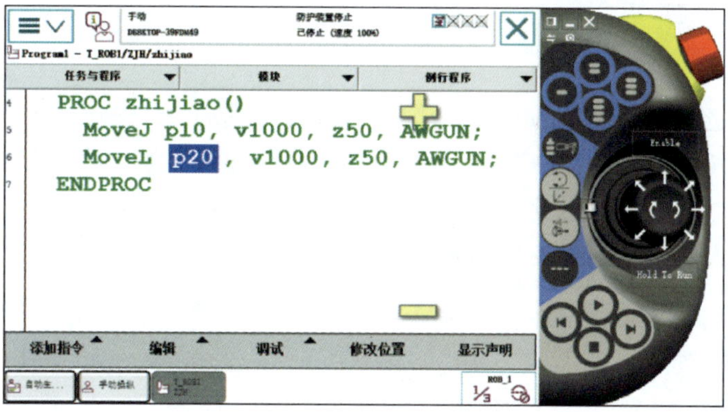

图 3-2-6　编辑 MoveL 指令

④选择 ArcLStart 指令，进行起弧指令编辑，该指令中选用参数 seam1 和 weld1，如图 3-2-7 所示。

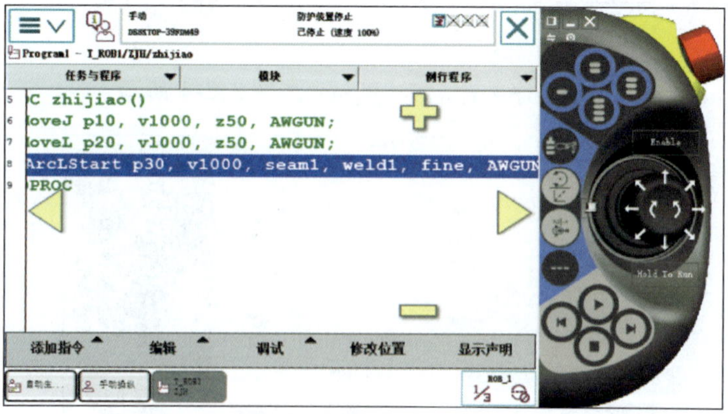

图 3-2-7　编辑 ArcLStart 指令

⑤选择 ArcLEnd 指令，完成直线焊接结束指令编辑，同样选用参数 seam1 和 weld1，如图 3-2-8 所示，摆动参数使用 weave2，如图 3-2-9 所示。

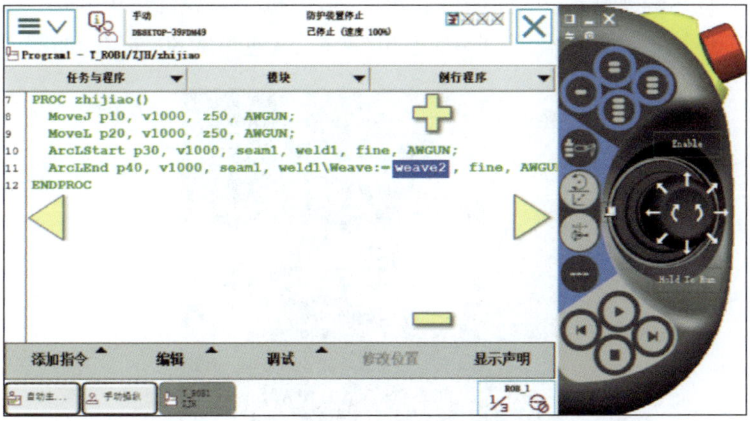

图 3-2-8　编辑 ArcLEnd 指令

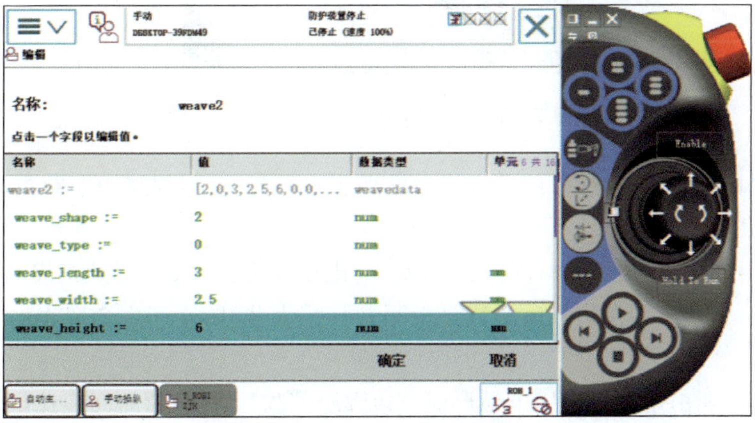

图 3-2-9　编辑 weave2 参数

⑥使焊枪离开焊接结束点，使用 MoveL 指令完成焊接，如图 3-2-10 所示。

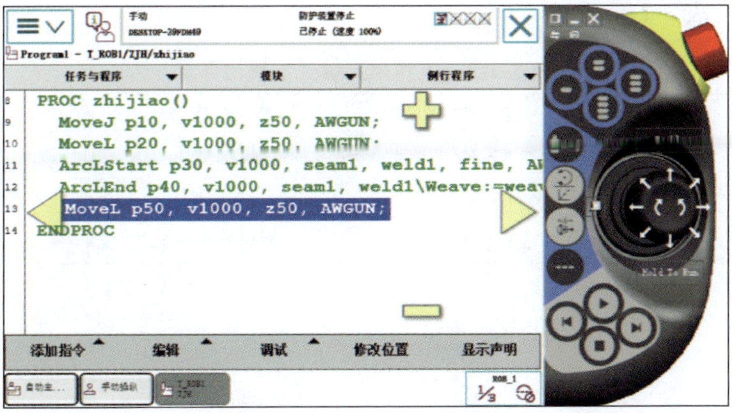

图 3-2-10　完成直焊角程序

四、直角焊操作方法及要领

①机器人进行直角焊操作时，工件保持固定位置，由机器人焊枪一侧运动，与机器人平敷焊操作最大的区别在于焊枪角度的变化，横向角度40°左右，纵向角度80°左右，如图3-2-11所示。

图3-2-11　直角焊焊接开始时的姿态设置

②在编程焊接起始点时，焊丝的端头应对准焊缝中心部位，与焊缝中心距离保持3 mm左右，如图3-2-11所示。

③为防止焊枪导电嘴烧损，焊丝伸长为12 mm比较合适。引弧前必须把焊丝端头的氧化部分剪去，便于引弧稳定。使用保护气体的流量较平敷焊稍大些，防止产生金属表面氧化色彩和气孔缺陷的出现。

④液态熔池金属由于重力作用下易形成单边焊缝，摆焊上侧停留时间应比摆焊下侧停留时间稍长些，保证焊脚两侧尺寸对称，有利于防止垂直板上出现咬边的现象。

⑤电流电压匹配调试方法(可参考平敷焊)。

⑥飞溅容易粘住和堵塞喷嘴，用清枪装置自动清除焊枪喷嘴中的飞溅，保持气流畅通。其外观质量评分标准见表3-2-5。

表3-2-5　直角焊焊缝外观质量要求

检查项目	标准值	检查项目	标准值
焊缝凸凹度	0～1 mm	焊脚尺寸	3～5 mm
焊脚尺寸差	0～1 mm	角变形	两板夹角90°±2°
咬边	深度≤0.5 mm，长度≤15 mm	焊缝外观成形	焊缝成形良好

学习笔记

任务实施

一、准备工作

①领取安全防护装备:护目镜、防尘口罩、安全帽、防护鞋。
②正确穿戴安全防护装备。

二、实施直角焊

在任务一的基础上,继续使用ABB-IRB1400机器人,将2块Q235型钢板进行垂直位单面焊接,采用CO_2气体保护焊进行焊接,一层一道,完成一个练习程序。

①根据分析,修改上任务一配置好的参数,完成修改说明表3-2-6。
②根据任务要求,参照轨迹表3-2-4编写并调试运行程序。
③调试运行程序,实施直角焊,完成直角焊任务记录单表3-2-7。

表3-2-6　直角焊与平敷焊参数区别

任务名称:
焊接设备:　　　　机器人型号:　　　　制表日期:
制表人:

类　别	修改内容	备　注
信号配置		
工艺参数设置		

表3-2-7　直角焊任务记录单

焊接设备:	机器人型号:	制表人:	日期:	
工作内容	关键流程	任务结果	出现的问题、原因	解决办法
直角焊	①选择合适的工具、工件坐标	□完成 □未完成		
	②根据要求设置工业参数	□完成 □未完成		
	③创建焊接程序	□完成 □未完成		
	④选择ArcLStart指令	□完成 □未完成		
	⑤设置ArcLStart指令参数seam1和weld1	□完成 □未完成		
	⑥选择ArcLEnd指令	□完成 □未完成		

续表

工作内容	关键流程	任务结果	出现的问题、原因	解决办法
直角焊	⑦设置 ArcLEnd 指令参数 seam1、weld1、weave2	□完成 □未完成		
	⑧仿真焊接	□完成 □未完成		
	⑨真实焊接	□完成 □未完成		
	⑩根据质量要求检查焊缝	□完成 □未完成		
	⑪优化设置	□完成 □未完成		
	⑫再次焊接	□完成 □未完成		

三、任务结束

①归还安全防护装备：护目镜、防尘口罩安全帽和防护鞋。

②提交相关表格。

任务评价

任务评价见表 3-2-8。

表 3-2-8　直角焊任务评价表

序号	主要内容	考核要求	评分标准	配分	得分
1	明确直角焊的技术要求	正确说出直角焊的技术要求	能描述出技术要求的含义，不能说出其中一项扣 3 分	15	
2	直角焊的工艺要求	能辨析平敷焊和直角焊相关参数的区别	能根据平敷焊和直角焊工艺要求的区别，正确修改直角焊工艺参数，完成表 3-2-6，每错误一处扣 3 分	15	
3	直角焊示教编程	示教机器人点位	关键点位机器人姿态正确，每错误一处扣 5 分	10	
		程序逻辑正确，参数设置合理	操作机器人动作不规范，扣 5 分；参数设置错误，每处扣 5 分；焊接轨迹不精确，每处扣 5 分	40	
		正确运行程序，完成测试	能解决程序运行过程中出现的问题，每记录一个问题及解决方法，加 5 分	10	
4	安全操作注意事项	掌握设备操作、设备调试、用电安全知识	理解与掌握安全操作注意事项，操作时违反安全操作规程，带电操作扣 10 分	10	
合计				100	

任务三　实施管板焊

情景导入

经过平敷焊、直角焊的学习与实践，你的焊接技能已经得到显著提升。现在，迈向新一级的挑战——管板焊，如图3-3-1所示。这是一种将钢管精确焊接到钢板上的工艺，在焊接机器人工作站中同样占据着重要的地位，广泛应用于各种加工制造场景。下面将深入探索这一工艺的精髓，并与焊接机器人共同完成新一阶段的任务。

图3-3-1　管板焊

学习目标

一、知识目标

①了解管板焊的技术要求和工艺要求。
②理解管板焊示教编程的内容。

二、能力目标

①能说出管板焊的技术要求和工艺要求。
②会对管板焊进行示教编程。
③能辨析三种焊接任务的异同。

三、素养目标

①养成严谨、规范的工作习惯。
②培养学生全局思维。

任务描述

为了进一步锤炼自己的焊接编程技艺，下面请使用ABB-IRB1400机器人将1根Q235型钢管与1块Q235型钢板进行单面平整焊接，采用CO_2气体保护焊进行焊接，一层一道，完成一个练习程序，保持焊缝表面平整、无缺陷。

任务分析

基于前序任务辨析3种焊接的区别，修改相关机器人参数设置，利用复制功能修改原有焊接程序，完成程序的调试运行，如图3-3-2所示。最后按照5S标准对操作现场进行规范整理，以维护工作站的安全与秩序。

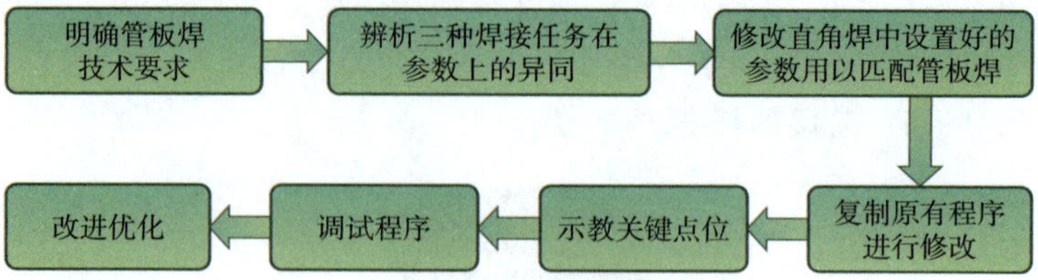

图 3-3-2　实施管板焊任务流程

核心知识

一、管板焊的技术要求

管板焊作为一种在管道与板材之间实现连接的特殊焊接技术，广泛应用于石油、化工、电力等工业领域。为确保焊接质量和安全性能，管板焊需要满足以下要求：

1. 焊接前的充分准备

在进行管板焊之前，必须对管道和板材的待焊端面进行细致的清洁和预处理，去除油污、锈蚀和其他可能影响焊接质量的杂质。同时，需要检查焊接设备、工具和材料的完好性，并根据管道和板材的材质、厚度选择适当的焊接电极、焊丝及辅助材料。

2. 精确的工艺参数设置

管板焊的工艺参数，如焊接电流、电压、焊接速度以及预热和后热处理等，对焊接接头的质量至关重要。这些参数必须根据具体的焊接条件和要求进行精确设置，以确保焊缝的成形、熔深以及接头的力学性能和耐腐蚀性能达到设计标准。

3. 严格的位置与角度控制

管板焊过程中，必须确保管道与板材的待焊端面处于正确的位置和角度。这通常需要通过使用夹具、定位器和其他辅助设备来实现。同时，焊工需要保持稳定的焊枪姿态和焊接速度，确保焊缝的均匀性和连续性。

4. 全面的质量检查与评估

完成管板焊后，需要对焊缝进行全面细致的质量检查，包括外观检查、无损检测以及力学性能和耐腐蚀性能试验等。焊缝应无裂纹、气孔、夹渣等缺陷，且符合相关标准和设计要求。对于不合格的焊缝，应及时进行修复或重新焊接。

5. 严格的安全措施与操作规程

在进行管板焊时，必须严格遵守安全操作规程，采取必要的防护措施，如佩戴焊接面具、防护手套和鞋靴等。同时，应确保焊接区域的安全隔离，防止火灾、爆炸和其他安全事故的发生。焊工还应接受专业的安全培训和教育，提高安全意识和应对突发事件的能力。

6. 环保与节能意识的提升

在进行管板焊的过程中，应注重环境保护与节能减排。通过优化焊接工艺参数、使用环保材料和设备等措施，减少烟尘排放、噪声污染和能源消耗。同时，鼓励采用新型焊接技术和自动化设备，提高生产效率和资源利用率，推动焊接产业的绿色可持续发展。

以采用 1 块钢板 Q235(12 mm × 120 mm × 120 mm)，1 根钢管 Q235(60 mm × 5 mm)，除锈，去毛刺，使用 ABB1400 机器人、福尼斯 TransPulsSynergic5000 焊机组成弧焊机器人系统，采用 CO_2 气体保护焊进行焊接。具体技术要求见表 3-3-1，工艺要求见表 3-3-2。

表 3-3-1　管板焊技术要求

技 术 要 求	管 板 焊
焊接电源设备	福尼斯 TransPulsSynergic5000
焊接机器人	ABB1400
焊缝高度/mm	89
焊缝宽度/mm	8
反变形/(°)	α =1
焊接材料 ϕ1.2 mm 实芯焊丝	H08Mn2GiA
焊枪与工件运动方向	工件固定,焊枪运动
焊缝无缺陷	裂纹、夹渣、气孔
左焊法或右焊法	左焊法
焊接层次	一层一道

表 3-3-2　工艺要求

焊 接 工 艺	管 板 焊
电流/A	85
电压/V	20
焊接速度/(mm/s)	4
焊枪角度/(°)	横向 42,后倾 85
摆焊一周期长度/mm	3
摆焊一周期宽度/mm	2.5
正弦波摆焊	Weave Sine
气体流量及分配	12 L/min、Ar85% + $CO_2$15%
伸丝长度 mm	12

二、管板焊示教编程

视 频

管板焊

1. 轨迹分析

管板焊的焊缝接近于一个圆。为保证焊接的连续性,可将接触面均分为 10 份设置 10 个焊接点。其轨迹如图 3-3-3 所示,焊接机器人需要从安全位置 p10 点起,运动到焊接起弧点 p20,之后沿着管板连接线实施圆弧焊接,回到焊接终点 p20 完成收弧停止焊接,最后运动到 p120 焊枪离去点。轨迹表见表 3-3-3。

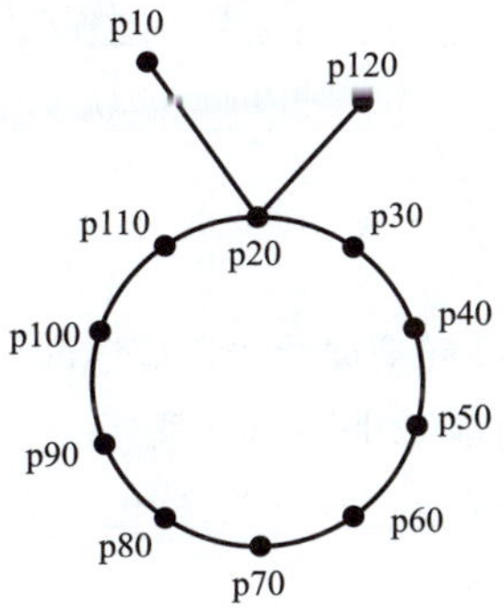

图 3-3-3　轨迹分析

表 3-3-3 轨迹表

序号	点序号	注释	备注
1	p10	安全位置	需示教
2	P20	开始起弧点、停止收弧点	第六个轴(焊枪)围绕管子中心点旋转一圈,其余 5 个轴的姿态基本不变
3	P30	圆弧轨迹点	
4	P40	圆弧轨迹点	
5	P50	圆弧轨迹点	
6	P60	圆弧轨迹点	
7	P70	圆弧轨迹点	
8	P80	圆弧轨迹点	
9	P90	圆弧轨迹点	
10	P100	圆弧轨迹点	
11	P110	圆弧轨迹点	
12	P120	焊枪离去点	需示教

2. 示教编程

①在示教器上,创建新例行程序并命名为 guanban,如图 3-3-4 所示。

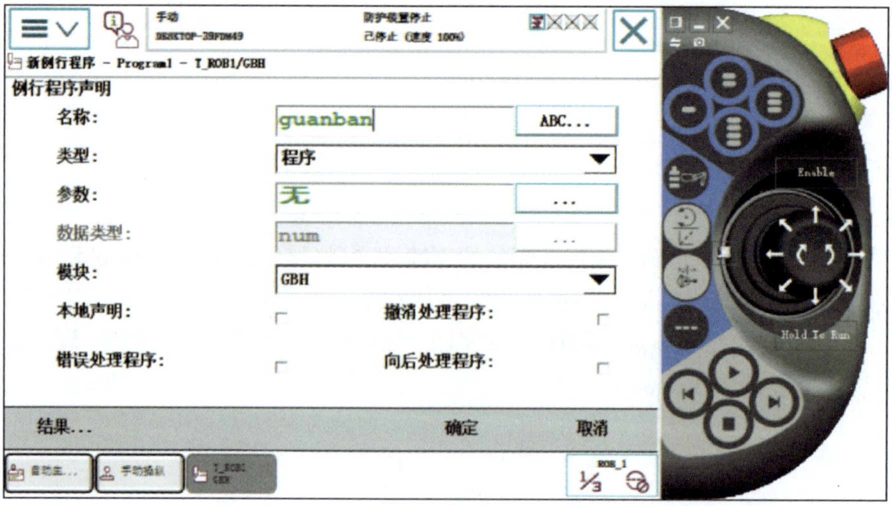

图 3-3-4 创建新例行程序

②在确保安全的前提下,手动操纵移动焊枪接近焊缝起始点位置,在例行程序 guanban 中编辑 MoveJ 指令,选择使用工具坐标 AWGUN,如图 3-3-5 所示。

③编辑 MoveL 指令,移动焊枪至焊接起始位置,标记该点,如图 3-3-6 所示。

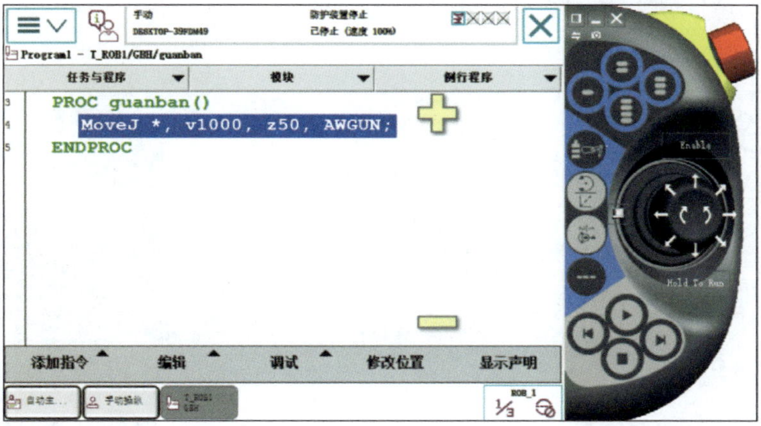

图 3-3-5 编辑 MoveJ 指令

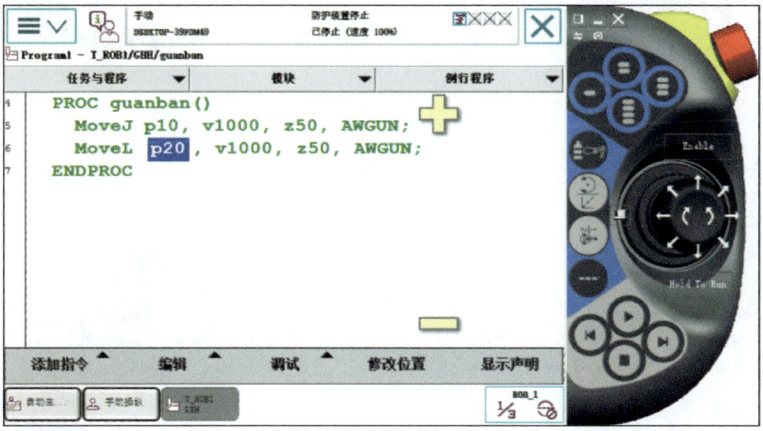

图 3-3-6 编辑 MoveL 指令

④选择 ArcCStart 指令，进行起弧指令编辑，该指令中选用参数 seam1 和 weld1，如图 3-3-7 所示。

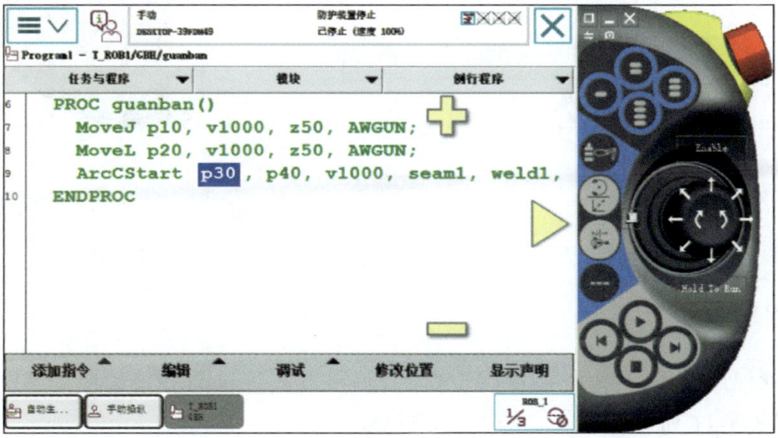

图 3-3-7 编辑 ArcCStart 指令

⑤选择多个 ArcC 指令，进行圆弧焊接指令编辑，该指令中选用参数 seam1 和 weld1，如图 3-3-8 所示。

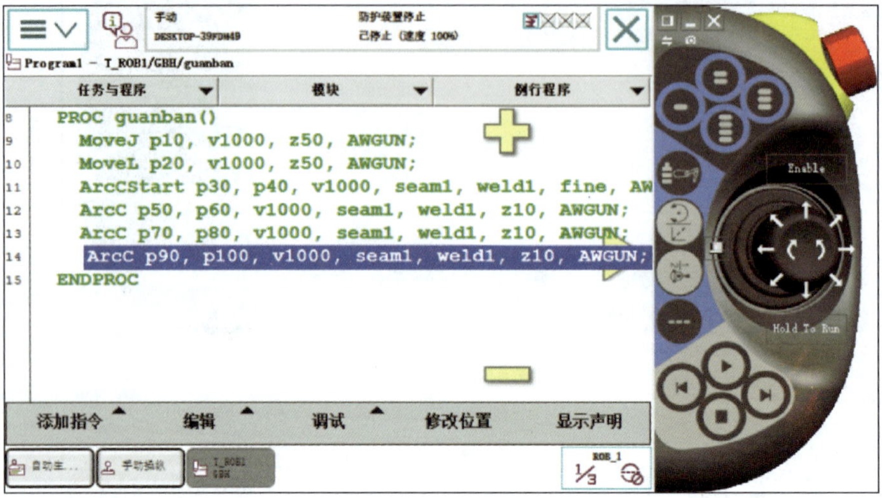

图 3-3-8　编辑 ArcC 指令

⑥选择 ArcCEnd 指令，完成直线焊接结束指令编辑，同样选用参数 seam1 和 weld1，如图 3-3-9 所示。

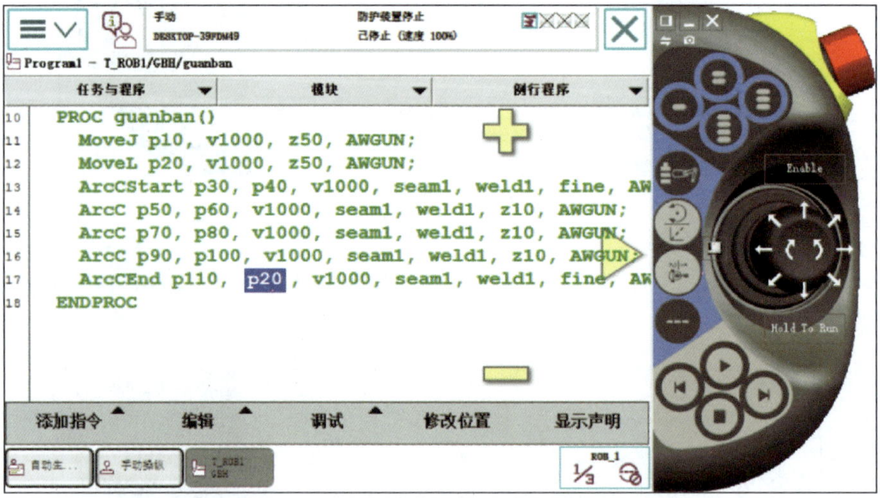

图 3-3-9　编辑 ArcCEnd 指令

⑦使焊枪离开焊接结束点，使用 MoveL 指令，完成焊接，如图 3-3-10 所示。

三、管板焊操作方法及要领

①机器人管板焊操作时，工件保持固定位置，将机器人焊枪与垂直管座焊接进行空间位置合理的布局，如图 3-3-11 所示。

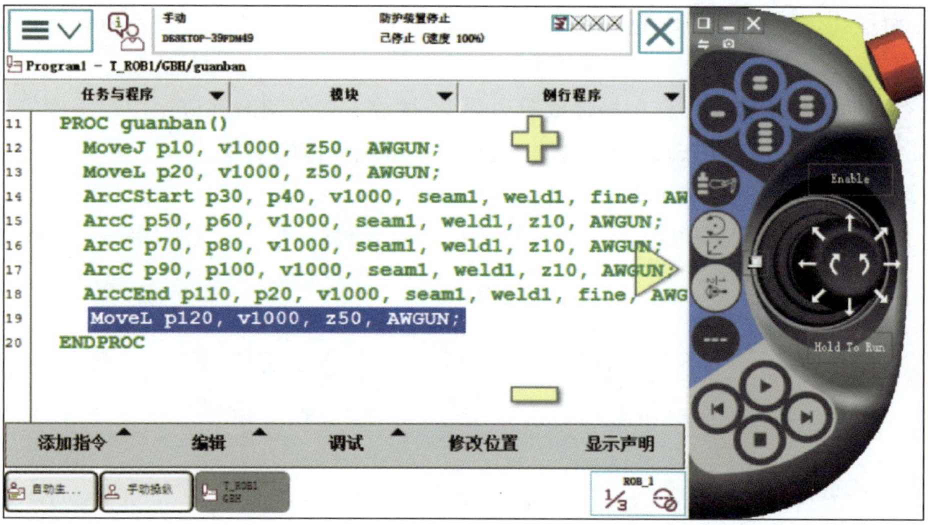

图 3-3-10　编辑 MoveL 指令

图 3-3-11　管板焊焊接开始时的姿态设置

②机械臂姿态与管座的协调性也极为重要。因为工件放置固定位置，由机器人焊接机械手一侧运动情况下，加大了机器手焊接操作难度。此外，由于管子口径小和装配误差，机器人六轴联动幅度越大越容易产生报警奇异点的原因，在编程焊接运行轨迹时为了提升机械臂的可靠性，采取了第六个轴（焊枪）围绕管子中心点旋转一圈的方法。其他 5 个轴的姿态基本没有什么变化，幅度小容易控制。这样既方便焊接轨迹的编程，加强焊接轨迹运转的精度，也提升了焊接电弧的稳定性，焊缝获得美观的表面成形。

③在编程焊接起始点时，焊丝的端头应对准焊缝中心部位，与焊缝中心距离保持 3 mm 左右。

④为防止焊枪导电嘴烧损,焊丝伸长为 12 mm 比较适合。引弧前必须把焊丝端头的氧化部分剪去,便于引弧稳定。使用保护气体的流量较平敷焊稍大些,防止产生金属表面氧化色彩和气孔缺陷的出现。

⑤液态熔池金属由于重力作用易形成单边焊缝,摆焊上侧停留时间应比摆焊下侧停留时间稍长些,保证焊脚两侧尺寸对称,且有利于防止垂直板上出现咬边的现象。

⑥电流电压匹配调试方法可参考平敷焊。

⑦飞溅容易粘住和堵塞喷嘴,用清枪装置自动清除焊枪喷嘴中的飞溅,保持气流畅通。其外观质量评分标准见表 3-3-4。

表 3-3-4　管板焊焊缝外观质量要求

检查项目	标准值	检查项目	标准值
焊缝凸凹度	0 ~ 1 mm	焊脚尺寸	3 ~ 5 mm
焊脚尺寸差	0 ~ 1 mm	角变形	90° ±2°
咬边	深度≤0.5 mm,长度≤15 mm	焊缝外观成形	焊缝成形良好

学习笔记

任务实施

一、准备工作

①领取安全防护装备:护目镜、防尘口罩、安全帽、防护鞋。

②正确穿戴安全防护装备。

二、实施管板焊

使用ABB-IRB1400机器人将1根Q235型钢管与1块Q235型钢板进行单面平整焊接,采用CO_2气体保护焊进行焊接,一层一道,完成一个练习程序。

①根据分析,修改之前配置好的参数,完成修改说明表3-3-5。

②设根据任务要求,参照轨迹表3-3-3修改原有直角焊或平敷焊程序。

③调试运行程序,实施管板焊,完成管板焊任务记录单表3-3-6。

表3-3-5　管板焊与平敷焊、直角焊参数区别

任务名称: 焊接设备:	机器人型号:	制表日期: 制表人:
类　别	修改内容	备　注
信号配置		
工艺参数设置		

表3-3-6　管板焊任务记录单

焊接设备:	机器人型号:	制表人:	日期:	
工作内容	关键流程	任务结果	出现的问题、原因	解决办法
平敷焊	①选择合适的工具、工件坐标	□完成 □未完成		
	②根据要求设置工业参数	□完成 □未完成		
	③创建焊接程序	□完成 □未完成		
	④选择ArcCStart指令	□完成 □未完成		
	⑤设置ArCStart指令参数seam1和weld1	□完成 □未完成		
	⑥选择ArcC指令完成圆弧焊接	□完成 □未完成		

续表

工作内容	关键流程	任务结果	出现的问题、原因	解决办法
平敷焊	⑦选择 ArcLEnd 指令	□完成 □未完成		
	⑧设置 ArcLEnd 指令参数 seam1、weld1	□完成 □未完成		
	⑨仿真焊接	□完成 □未完成		
	⑩真实焊接	□完成 □未完成		
	⑪根据质量要求检查焊缝	□完成 □未完成		
	⑫优化设置	□完成 □未完成		
	⑬再次焊接	□完成 □未完成		

三、任务结束

①归还安全防护装备:护目镜、防尘口罩、安全帽和防护鞋。

②提交相关表格。

任务评价

任务评价见表3-3-7。

表3-3-7　实施管板焊任务评价表

序号	主要内容	考核要求	评分标准	配分	得分
1	明确管板焊的技术要求	正确说出管板焊的技术要求	能描述出技术要求的含义,不能说出其中一项扣3分	15	
2	管板焊的工艺要求	能辨析平敷焊、直角焊、管板焊相关参数的区别	能根据平敷焊、直角焊、管板焊工艺要求区别,正确修改管板焊工艺参数,完成表3-3-5,每错误一处扣3分	15	
3	管板焊示教编程	修改机器人程序	能通过复制原有程序再修改的方式,加快工作速度,错误一处扣2分	10	
		示教机器人点位	所有圆弧轨迹中的点位,机器人姿态正确,每错误一处扣2分	10	
		程序逻辑正确,参数设置合理	操作机器人动作不规范,扣5分;参数设置错误,每处扣5分;焊接轨迹不精确,每处扣5分	30	
		正确运行程序,完成测试	能解决程序运行过程中出现的问题,每记录一个问题及解决方法,加5分	10	
4	安全操作注意事项	掌握设备操作、设备调试、用电安全知识	理解与掌握安全操作注意事项,操作时违反安全操作规程,带电操作扣10分	10	
合计				100	

巩固练习

一、选择题

1. 以下属于惰性气体的是(　　)。

A. 氩气　　B. 二氧化碳　　C. 氧气　　D. 氢气

2. 以下(　　)不是影响气体保护效果的关键因素。

A. 喷嘴至焊枪距离　　B. 气体流量　　C. 焊接速度　　D. 风向

3. 机器人实施焊接操作时,焊枪角度十分重要,直角焊的角度为(　　)比较适宜。

A. 横向角度40°,纵向角度80°　　B. 横向角度90°,后倾角度80°

C. 横向角度80°,纵向角度40°　　D. 横向角度60°,后倾角度80°

4. 实施管板焊时,一定需要用到(　　)指令。

A. ArcC　　B. L　　C. MoveJ　　D. ArcL

5. (多选)管板焊焊缝外观质量指标包括(　　)。

A. 焊脚尺寸　　B. 角变形　　C. 焊缝外观成形　　D. 咬边

二、填空题

1. 平敷焊要求焊缝必须呈现为________,其表面应无任何形式的缺陷,包括但不限于凹陷、凸起、咬边、夹渣、气孔或裂纹等。

2. 保护气体大致分为两类:________、________。

3. ________气体在高温下可能与熔融金属发生化学反应,产生不期望的化合物或导致焊缝中的气孔形成,从而降低焊缝的质量和强度。

4. 平敷焊实施时焊枪的焊丝端点一般距离工件________ mm作为焊接的起始点。

5. 当保护气体流量________时,气流的挺度较差,排除周围空气的能力相对较弱,可能导致焊缝受到空气的污染。

6. 实施直角焊时为防止焊枪导电嘴烧损,焊丝伸长为________比较适合。

7. 电流电压的匹配通过________和________的调试方法可到最佳的焊接操作效果。

三、简答题

1. 简述平敷焊、直角焊、管板焊三者的工艺要求区别。

2. 简述平敷焊的操作方法及要领。

学习笔记

项目四 焊接机器人工作站的仿真应用

项目导入

焊接机器人工作站的应用十分广泛，根据不同的任务需求进行组建，其构成比较复杂，在进行现场组建前，有必要通过仿真手段进行建模，并在仿真中调试运行，从而验证其设计合理性，为后期的搭建提供依据。

在这个情景中，可以清晰地看到使用仿真软件先进行模拟验证的优点：它不仅能帮助我们预见并解决问题，提高焊接质量和效率，还能在实际操作前给予我们足够的信心和准备，确保任务的顺利完成。焊接机器人工作站由多种设备共同组成，在进行工作站建设时，需要先对布局进行仿真，从而验证其设计合理性，为后期的搭建提供依据。

本项目以汽车配件焊接机器人工作站为例，使用 IRB260 机器人双工位工作站实现产品的焊接工作，包括工作站的 IO 配置、参数设置、程序编写和调试等内容。

知识导图

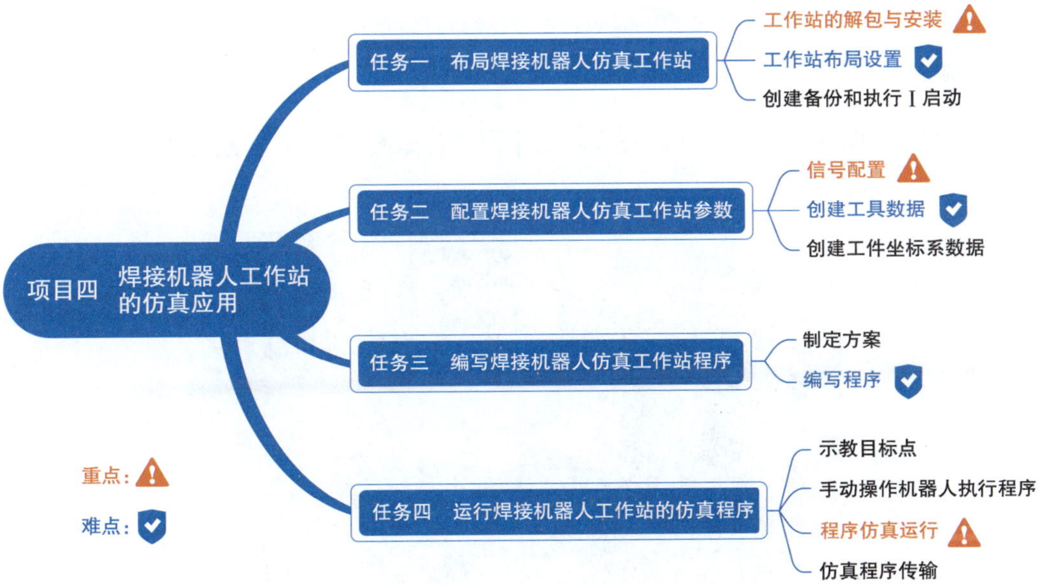

任务一　布局焊接机器人仿真工作站

情景导入

由于新车上市，公司的汽车配件产品急需更新换代，当前的焊接生产环境需要重新规划与布局。为应对这一挑战，可以借助机器人仿真软件。这类软件提供了一个高度自由的虚拟操作平台，使用户能够在不消耗实际材料的情况下，自由地规划和布局焊接工作站，探寻最佳的设备配置方案。下面以 ABB 机器人 RobotStudio 为例进行讲解。

学习目标

一、知识目标

①了解工业机器人弧焊工作站的布局原则。
②了解备份的意义。

二、能力目标

①会在 RobotStudio 中对工作站进行解包操作。
②会对工作站进行备份操作。
③会对工作站进行 I 启动操作。

三、素养目标

①培养严谨专注、精益求精的工匠精神。
②培养学生勇于尝试和创新的精神。

任务描述

请在 RobotStudio 中对原有的 AW Station 工作站进行修改，完成新产品的生产工作站仿真布局，如图 4-1-1 所示。

图 4-1-1　仿真工作站布局

任务分析

根据任务描述，需要对原有工作站进行详尽的解包操作。随后，在新配置工作站之前，对IRB2600机器人系统进行全面的备份操作。最后，规范执行I启动操作，让机器人系统恢复初始状态，为仿真工作站的正式使用打下基础，具体任务流程如图4-1-2所示。

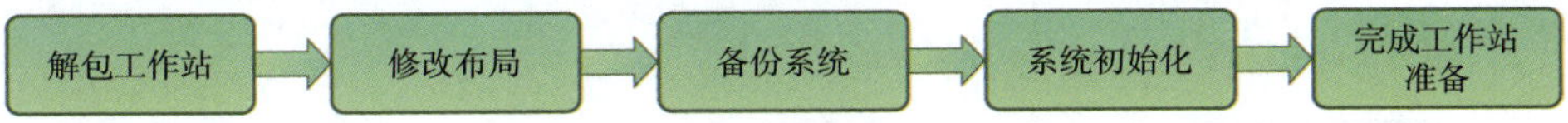

图 4-1-2　布局仿真工作站任务流程

核心知识

一、工作站的解包与安装

①打开 RobotStudio 软件，在软件主界面中选择“文件”→“打开”命令，如图4-1-3所示。

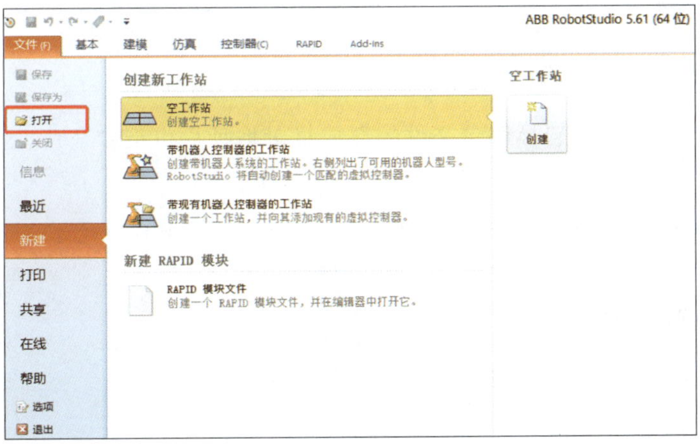

图 4-1-3　软件主界面

②进入文件浏览界面，选择 Demo AW Stations，单击“打开”按钮，如图4-1-4所示。

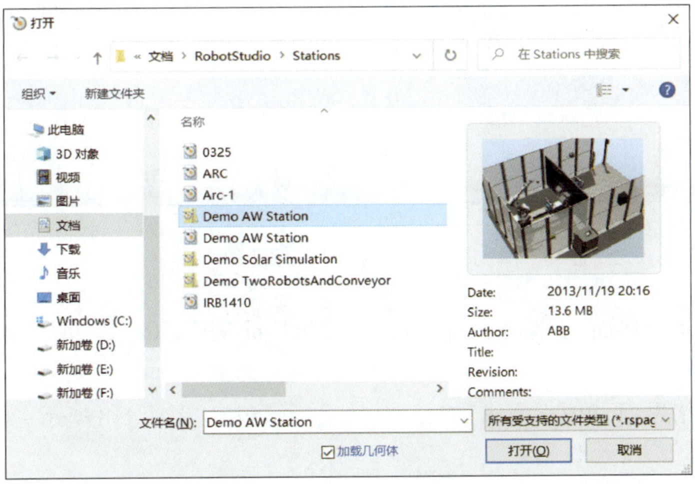

图 4-1-4　文件选择界面

③进入解包向导，单击“下一个”按钮，如图 4-1-5 所示。

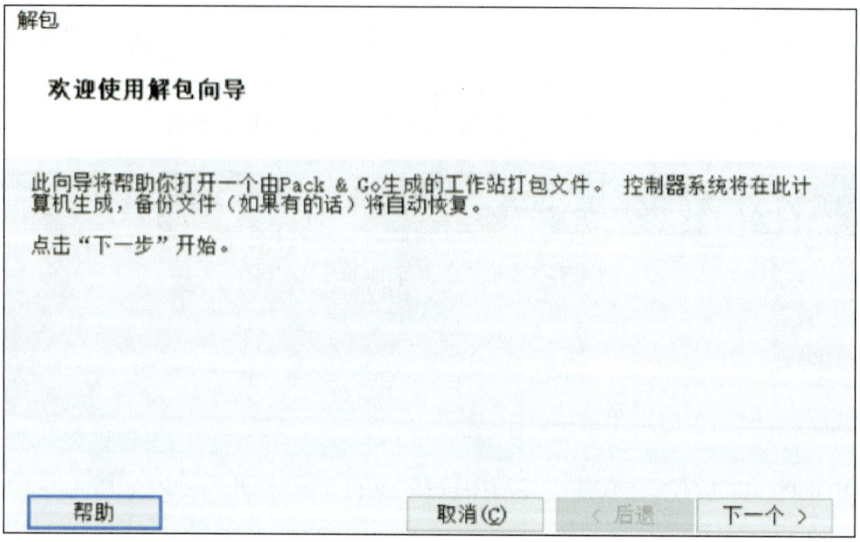

图 4-1-5　解包向导

④单击“浏览”按钮，自行选择解包文件的存放目录地址后，单击“下一个”按钮，如图 4-1-6 所示。

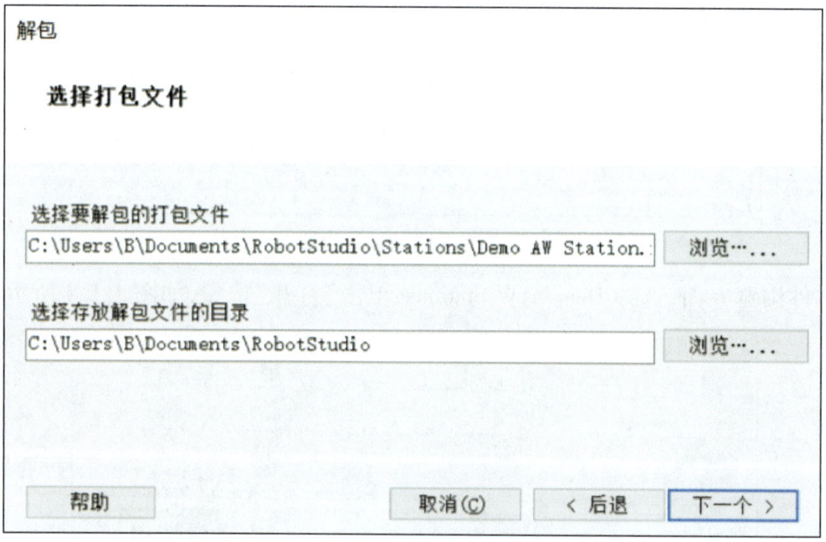

图 4-1-6　选择打包文件

⑤进入控制器系统界面，机器人系统库指向 MediaPool 文件，RobotWare 版本选择 5.61.104，如图 4-1-7 所示。

⑥进入解包就绪界面，单击“完成”按钮，开始进行解包，如图 4-1-8 所示。

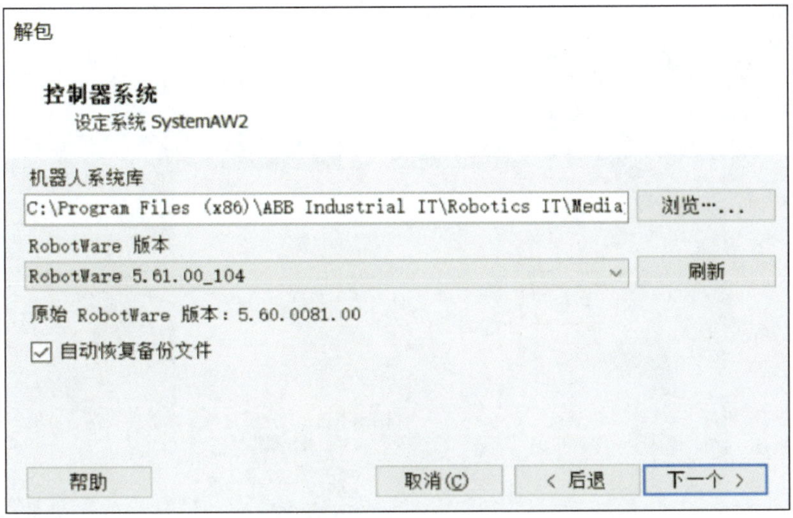

图 4-1-7　选择版本

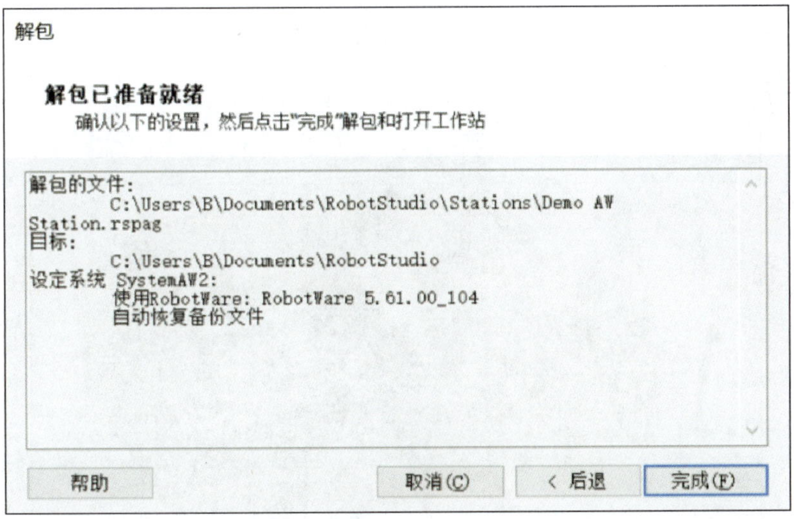

图 4-1-8　解包就绪

⑦解包完成后，单击“关闭”按钮，如图 4-1-9 所示。

此时在主窗口中生成焊接机器人工作站，如图 4-1-10 所示。

二、工作站布局设置

视频

工作站布局原则

焊接机器人工作站的布局，作为现代工业生产中的重要环节，需要综合考虑物流、空间利用、安全性、灵活性和工艺性等多个方面。通过科学合理的布局设计，可以提高生产效率、降低物流成本、保障人员安全，并为未来的生产变化留下足够的调整空间。

①要遵循物流最优化原则。这意味着在布局焊接机器人工作站时，应尽量减少物流路径和搬运距离，优化物料流动过程，从而提高整体生产效率。通过合理安排设备和工位，使得工件在各工序间的流转更加顺畅，降低物流成本。

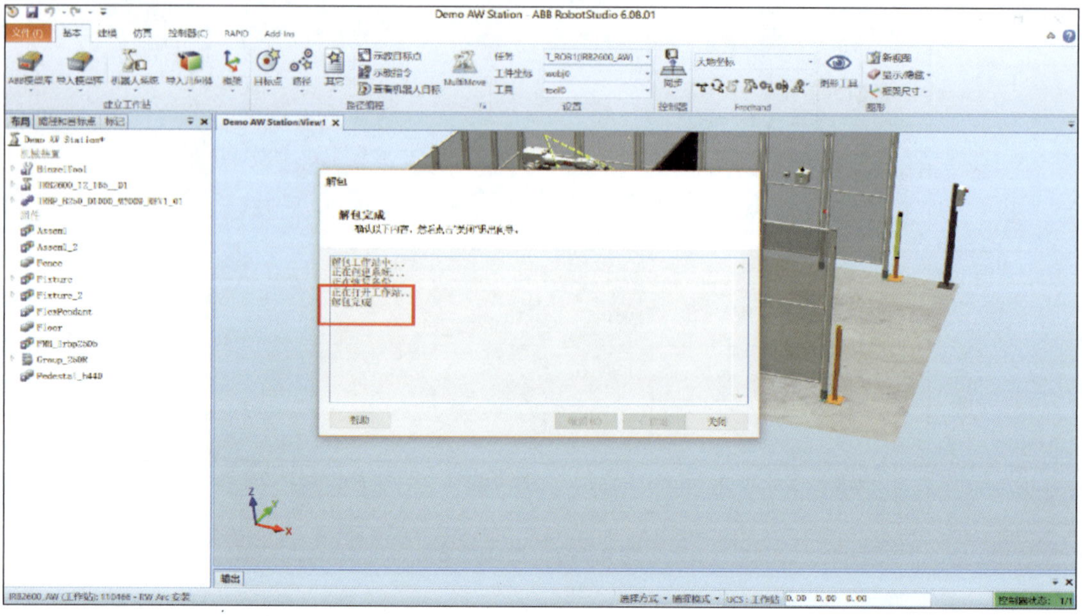

图 4-1-9　解包完成

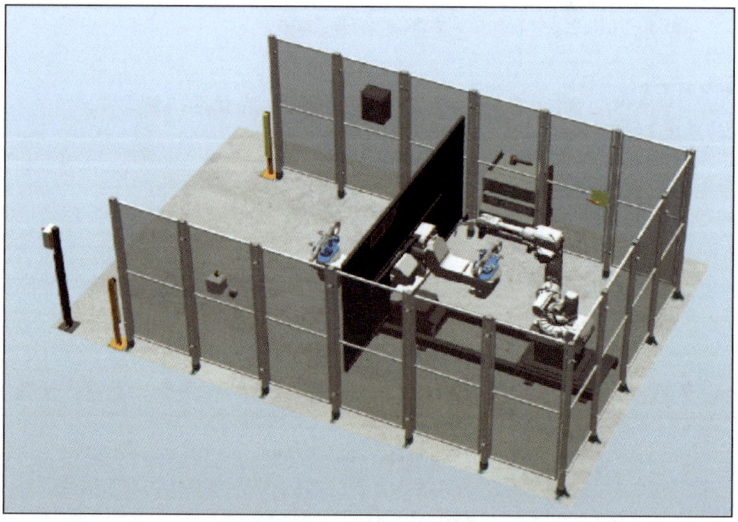

图 4-1-10　焊接机器人工作站

②要考虑空间利用的高效性原则。在有限的厂房空间内，要合理规划设备的位置和间距，确保每台设备都能充分发挥其功能，同时避免空间的浪费。这要求布局设计者具有精细的空间感，能够充分利用每一寸空间，提高生产环境的整体利用率。

③安全性原则是焊接机器人工作站布局中不可忽视的一环。在布局过程中，必须严格遵守相关的安全标准和规范，确保操作人员的人身安全。通过设置安全围栏、安全门以及光电保护装置等设备，有效隔离危险区域，防止人员误入或接触到危险源。

④灵活性原则也是布局设计中需要考虑的重要因素。由于市场需求和产品特性可能会不断变化，因此工作站的布局应具备一定的灵活性和可扩展性。采用模块化设计思想，可以方便地根

据生产需求进行调整和扩展，以适应不同产品的生产要求。

⑤工艺性原则是确保焊接质量和效率的关键。在布局时，应结合具体的焊接工艺要求，合理安排焊接设备、辅助设备和检测设备的位置和顺序，以确保焊接过程的顺利进行，并达到预期的焊接质量。

视 频

RobotStudio工作站布局修改

在仿真软件环境中，可以依据前述的布局原则，结合实际工作需求和场景，灵活利用软件提供的工具，对需要调整布局的对象直接拖动或者修改位置数据，进行焊接机器人工作站的布局调整与优化，如图4-1-11所示。通过这种方法，能够更加科学、高效地配置工作站，从而提升整体生产效率和焊接质量。

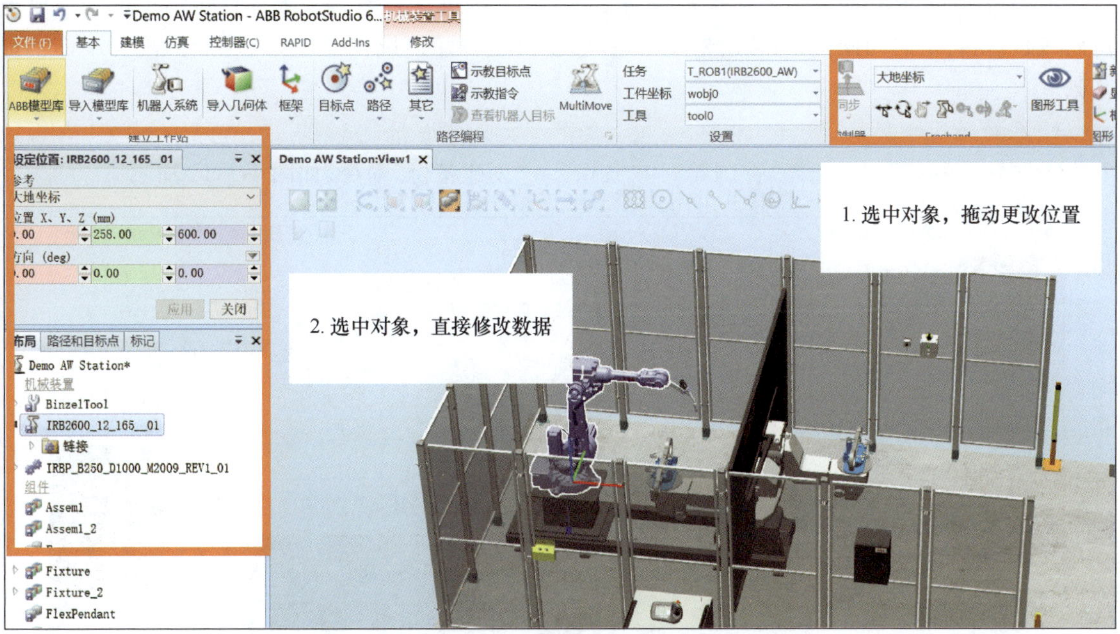

图 4-1-11　修改工作站布局

三、创建备份和执行 I 启动

视 频

ABB机器人启动方式

现有工作站已预置了相关的参数设置及 RAPID 程序。对于工业机器人而言，数据备份至关重要，其对象主要涵盖系统内存中运行的所有 RAPID 程序和系统参数。为确保数据安全及系统的稳定运行，需要在关键节点进行备份操作：安装新 RobotWare 前、对指令或参数进行重要修改前，以及在修改指令或参数并成功测试后。

ABB 机器人提供了多种启动模式，以满足不同情况下的需求。这些启动模式各自具有特定的功能和用途，具体如下：

①热启动（也称为重启动）：在此模式下，机器人控制器会进行软重启，同时保留并激活之前所做的配置更改。这种启动模式主要用于应用更改后的参数设置或进行软件更新后的系统重启。

②P 启动（重置 RAPID 启动）：该模式会重启机器人控制器，同时清除所有已加载的 RAPID 程序，但系统会保留原有的配置数据。这种启动方式常用于解决因 RAPID 程序错误导致的问题，使系统恢复到一个干净、无程序干扰的状态。

③X 启动（引导应用程序启动）：当选择此模式时，机器人会重启并进入引导应用程序界面，这

主要用于系统的深层次维护、固件更新或者进行系统恢复操作。

④ I 启动(系统初始化启动):当执行 I 启动时,机器人的系统会恢复到初始设置或出厂默认状态。这类似于电子设备中的“恢复出厂设置”功能。进行 I 启动后,之前所做的程序修改、参数设置等可能会被清除,机器人回到一个基础、原始的配置状态。

⑤B 启动(恢复上次自动保存启动):在这种模式下,控制器会重启并尝试恢复到上一次自动保存的系统状态,为系统故障后的快速恢复提供了一种有效手段。

⑥冷启动:此模式是最为彻底的启动方式,它会清除当前系统的所有数据和设置,并重启进入引导应用程序。这种启动模式通常在系统出现严重故障或需要全新安装系统时使用。

因此,在修改原有的工作站适配新任务之前,首要步骤是对当前系统进行全面备份。完成备份后,通过执行 I 启动操作,可将机器人系统恢复至出厂时的初始状态,以此为新的配置工作奠定基础。

1. 系统备份

①在软件界面上方,选择“控制器”→“备份”→“创建备份”命令,如图 4-1-12 所示。

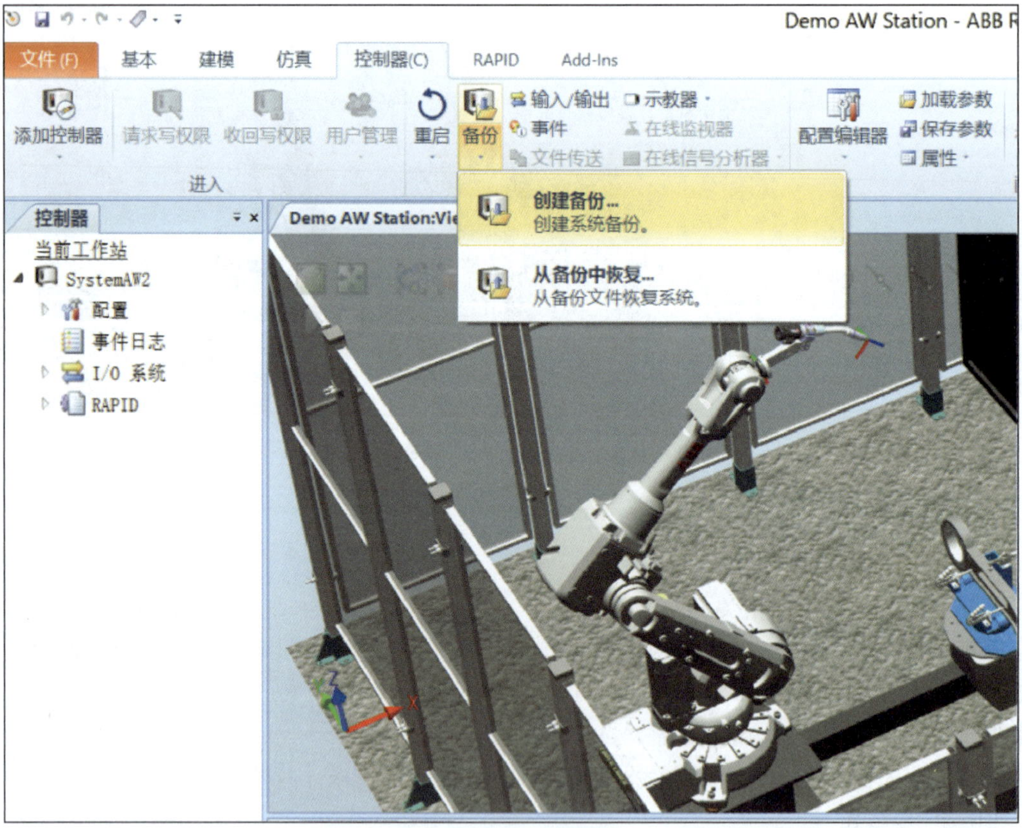

图 4-1-12　备份操作

②在创建备份对话框,为备份文件进行命名,注意不要出现重名情况,并选择保存位置。单击“确定”按钮,如图 4-1-13 所示。

③观察输出窗口,显示“备份完成”信息后,表示已完成备份操作。然后可执行“ I-启动”操作,在“控制器”菜单中,选择“重启”→单击“ I-启动”命令,如图 4-1-14 所示。

图 4-1-13　选择保存位置

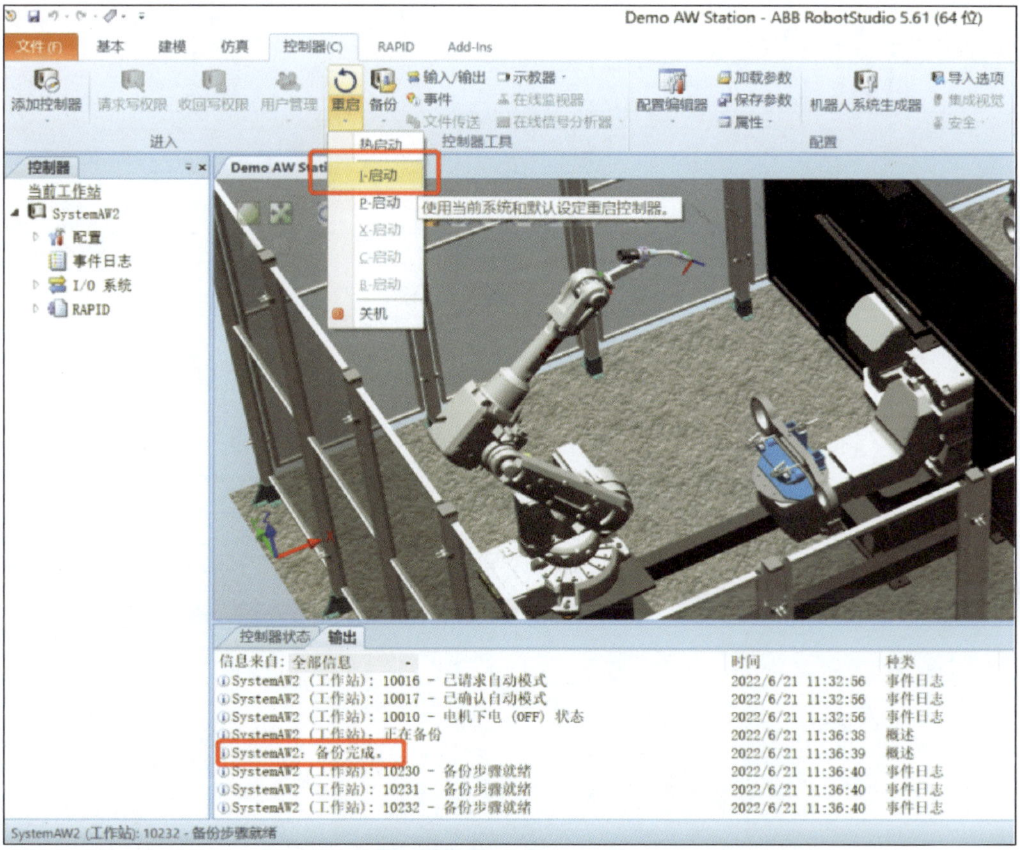

图 4-1-14　备份完成和 I-启动

④执行 I-启动之后，即完成了工作站的初始化操作，如图 4-1-15 所示。

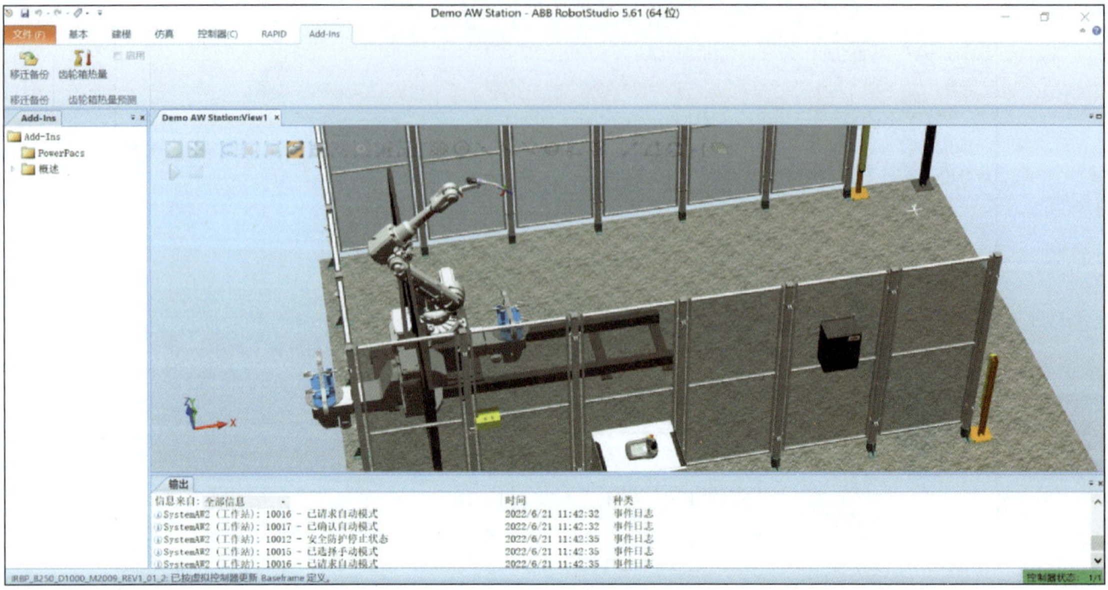

图 4-1-15　I-启动完成

学习笔记

任务实施

一、准备工作

①获取软件包。
②准备一台安装有 RoboStudio 软件的计算机。

二、布局工作站

在 RobotStudio 中解包 AW Station,完成工作站布局。

如表 4-1-1 所示,按照步骤,完成工作站的解包、布局、备份和重启工作,为后续任务做好准备。

表 4-1-1　布局工作站任务记录单

<table>
<tr><td colspan="2">仿真工作站名称:</td><td>机器人型号:</td><td colspan="2">制表人:</td><td>日期:</td></tr>
<tr><td>序号</td><td>工作内容</td><td>关键流程</td><td>任务结果</td><td>出现的问题、原因</td><td>解决办法</td></tr>
<tr><td rowspan="4">1</td><td rowspan="4">工作站的解包与布局</td><td>①选择 AW Station 项目包</td><td>□完成
□未完成</td><td rowspan="4"></td><td rowspan="4"></td></tr>
<tr><td>②按照流程完成项目解包</td><td>□完成
□未完成</td></tr>
<tr><td>③根据布局原则,调整工作站布局,使其符合汽车配件双工位焊接工作要求</td><td>□完成
□未完成</td></tr>
<tr><td>④另存项目为 New AW</td><td>□完成
□未完成</td></tr>
<tr><td rowspan="2">2</td><td rowspan="2">工作站系统准备</td><td>①备份新项目系统</td><td>□完成
□未完成</td><td></td><td></td></tr>
<tr><td>②选择正确启动方式,完成系统初始化</td><td>□完成
□未完成</td><td></td><td></td></tr>
</table>

三、任务结束

保存项目后,对工作现场进行 5S 整理。

任务评价

任务评价见表 4-1-2。

表 4-1-2　布局工作站任务评价表

序号	主要内容	考核要求	评分标准	配分	得分
1	解包工作站	正确完成工作站的解包	不能够正确进行工作站解包，每步扣 5 分	30	
2	布局工作站	能根据任务特点及布局原则优化工作站布局	能简述布局原则，并根据任务特点完成工作站布局，每错误一处扣 5 分	20	
3	基础准备	正确备份系统	备份文件具有可描述性名字，错误扣 5 分；保留创建备份文件时的日期，错误扣 5 分；备份文件存储在一个安全位置，错误扣 10 分	20	
		初始化系统	不能够正确进行 I-启动，每步扣 5 分	20	
4	规范注意事项	规范计算机使用	理解与掌握项目文件管理方法，正确命名、保存项目文件，做好电脑的使用和保管工作，操作错误一处扣 5 分	10	
合计				100	

拓展阅读

秦世俊：让中国制造业在世界上更有话语权

20 年来，秦世俊从一名普通岗位工人成长为我国航空领域，旋翼、起落架、数控加工零件制造的知名专家型技能人才和航空工业首席技能专家。2014 年，航空工业哈飞，创建了以秦世俊领衔的高技能人才创新工作室。秦世俊将自己工作 20 年的经验和技艺倾囊相授，带领团队获得了一次又一次技术性突破。

秦世俊说他最开始就在数控方面从零开始学起，当时感觉很多师哥师姐都不认可他。因为他是技校毕业生，首先在学习文凭上就不够，想要得到认可就必须做出成绩，只有做出成品才会打破质疑。每天生产计划完成后，机床便成为秦世俊的试验场。方寸之间，秦世俊进行着千百次重复。

一次任务更是让所有人对他刮目相看，某机型零件关键件，起落架系统配合面表面精度要求高，需要保证表面粗糙度在 *Ra*0.4 以上。多年来，该类精度面加工方式，基本采用镗削后，再进行钳工研磨才能达到精度，费时费力且质量稳定性较差。

秦世俊结合历史数据分析机床精度、加工参数、刀具，寻找最优工艺方案。一个月的时间，秦世俊经历了一千多次的失败。千锤百炼，方得始终，他实现了镗削加工精度面粗糙度达到 *Ra*0.13 至 *Ra*0.18 的镜面级，彻底解决了困扰行业多年的难题，创造了机械加工领域的奇迹，超越了理论极限值，实现了零件一次交检合格率百分之百，加工效率提高近三倍。这种对技艺的极致追求和勇于尝试的精神，正是大国工匠严谨专注、精益求精的生动体现。

在长期的实践中，他不断尝试新的加工方法和技巧，努力提升工作效率和产品质量。他的这种勇于尝试和创新的精神，不仅推动了个人技艺的提升，也为整个行业的发展注入了新的活力。

秦世俊是大国工匠中严谨专注、精益求精，并拥有勇于尝试和创新精神的杰出代表。他的事迹和精神对于激励广大劳动者追求卓越、不断创新，具有重要的示范和引领作用。

任务二　配置焊接机器人仿真工作站参数

情景导入

工厂内，工程师们正在紧张筹备新产品的生产。为了确保生产顺利，我们决定先利用仿真软件进行模拟实验。在开始编写程序前，首要任务是配置机器人工作站的 I/O 信号，如同给机器人安装感知神经，让它能准确响应。同时，创建精确的工具和工件数据也至关重要。

学习目标

一、知识目标

①掌握需要进行参数配置的 I/O 信号种类。
②掌握需要创建数据的种类。

二、能力目标

①会在仿真软件中进行 I/O 信号的配置。
②会配置系统的输入/输出。
③会创建工具数据。
④会创建工件坐标系数据。

三、素养目标

①培养严谨专注、精益求精的工匠精神。
②培养学生勇于尝试和创新的精神。

任务描述

完成新产品的工作站布局后，需要完成工作站的参数设置。这项任务的目标是完成信号、工具和工件数据的设置，这些数据是机器人工作站进行模拟实验的基础，只有这些数据准确无误，机器人才能在仿真环境中准确地完成各种任务。

任务分析

根据任务描述，需要对新工作站进行参数设置，具体任务流程如图 4-2-1 所示。

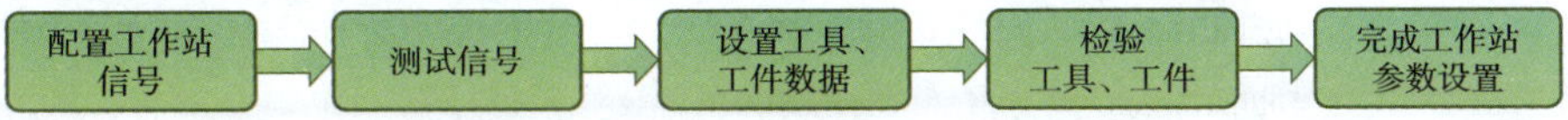

图 4-2-1　配置工作站参数任务流程

核心知识

一、信号配置

视频　在仿真软件中配置信号

1. 配置 I/O 单元和 I/O 信号

在 RobotStudio 的仿真应用中，工作站的动画效果是由 Smart 组件创建的，焊接工作站中周围设备的 Smart 组件的动画效果，需要通过周围设备的输入/输出信号与机器人的 I/O

信号相关联,实现工作站周围设备动画效果与机器人程序的同步执行。

在本任务中,需要根据表4-2-1和表4-2-2进行I/O参数配置。

表4-2-1 信号板卡配置表

名 称	类 型	总 线	地 址
Board10	D651	DeviceNet	10
simBoard1	Virtual	Virtual1	—

表4-2-2 I/O信号配置表

名 称	信号类型	单元分配	地 址	I/O信号注解
soRobotInHome	Digital Output	simBoard1	0	机器人在Home点
soRotToA	Digital Output	simBoard1	1	转台旋转到A工位控制
soRotToB	Digital Output	simBoard1	2	转台旋转到B工位控制
di01ArcEst	Digital Input	Board10	0	起弧
di02GasOK	Digital Input	Board10	1	保护气
di03FeedOK	Digital Input	Board10	2	送丝
di04Start	Digital Input	Board10	3	启动
di05Stop	Digital Input	Board10	4	停止
di06WorkStation1	Digital Input	Board10	5	转台转到A工位
di07WorkStation2	Digital Input	Board10	6	转台转到B工位
di08LoadingOK	Digital Input	Board10	7	工件装夹完成按钮
di09ResetError	Digital Input	Board10	8	错误报警复位
di10StartAt_Main	Digital Input	Board10	9	从主程序开始
di11MotorOn	Digital Input	Board10	10	马达上电
do01WeldOn	Digital Output	Board10	32	焊接启动
do02GasOn	Digital Output	Board10	33	打开保护气
do03FeedOn	Digital Output	Board10	34	送丝
do04Pos1	Digital Output	Board10	35	转台转到A工位
do05Pos2	Digital Output	Board10	36	转台转到B工位
do06CycleOn	Digital Output	Board10	37	机器人处于运行状态
do07Error	Digital Output	Board10	38	机器人处于错误报警状态
do08E_Stop	Digital Output	Board10	39	机器人处于急停状态
do09GunWash	DigitalOutput	Board10	40	清枪装置清渣
do10GunSpary	Digital Output	Board10	41	清枪装置喷雾
do11FeedCut	Digital Output	Board10	42	剪焊丝
ao01Weld_REF	Analog Output	Board10	0-15	焊接电压控制
ao02Feed_REF	Analog Output	Board10	16-31	焊接电流控制

在仿真中,除了使用虚拟示教器进行信号配置外,还可以在仿真软件界面中直接配置。其方法如下:

①选择"控制器"菜单,在"配置"选项中,选择I/O System命令,如图4-2-2所示。

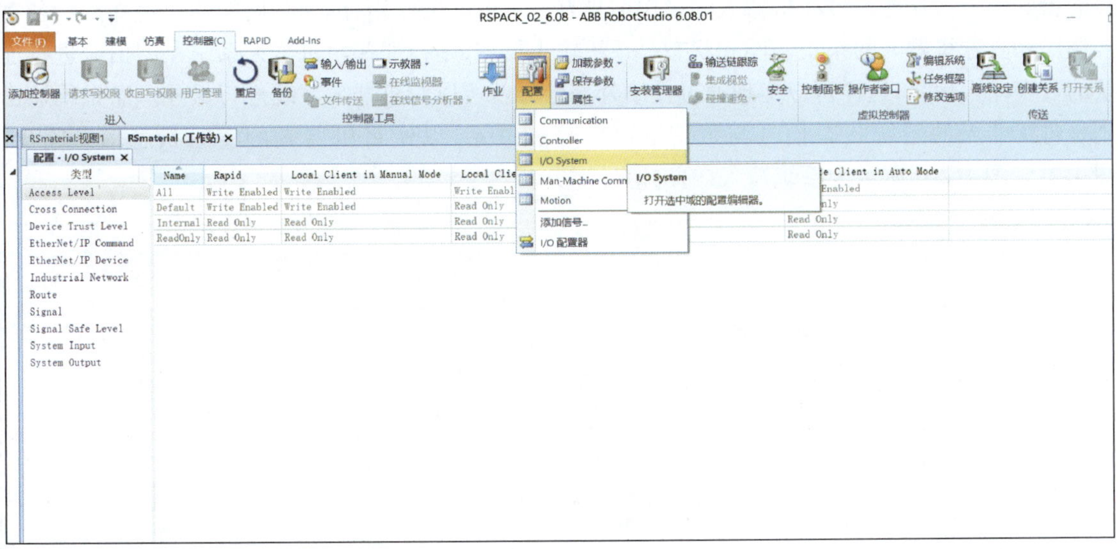

图 4-2-2　信号版配置表

②在 I/O System 界面的左侧树状图中选择板卡类型（见图 4-2-3），右击选择“新建”命令，参照表 4-2-1 信号板卡配置表设置相关参数。

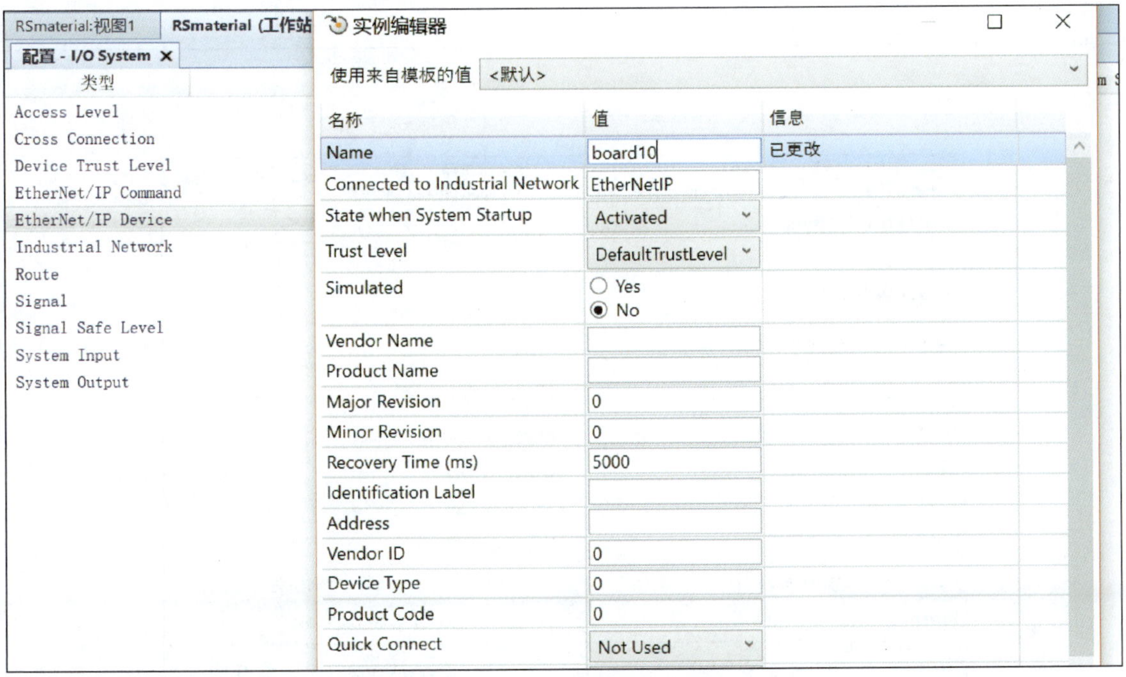

图 4-2-3　信号版配置表

③在 I/O System 界面的左侧树状图中选择 Signal（见图 4-2-4），右击选择“新建”命令，参照表 4-2-2 I/O 信号配置表创建新信号。

视频

配置系统信号

2. 配置系统输入/输出

在表 4-2-2 中，除了常规的数字信号外，还包含了一些被特别定义为系统输入和输出信号的特殊信号。这些信号在机器人的操作中具有不可或缺的作用,因为它们能够通过外围设备直接调用和查看机器人的系统功能和状态。系统输入信号,是指那些与机器人系统控制信号进行连接的数字输入信号,这样可以实现通过控制外部信号就可以对机器人系统进行操控。而系统输出则是将机器人的系统状态信号与数字输出信号相联系,以便将机器人的实时状态信息输出。图 4-2-5、图 4-2-6 所示为系统输入/输出信号种类。

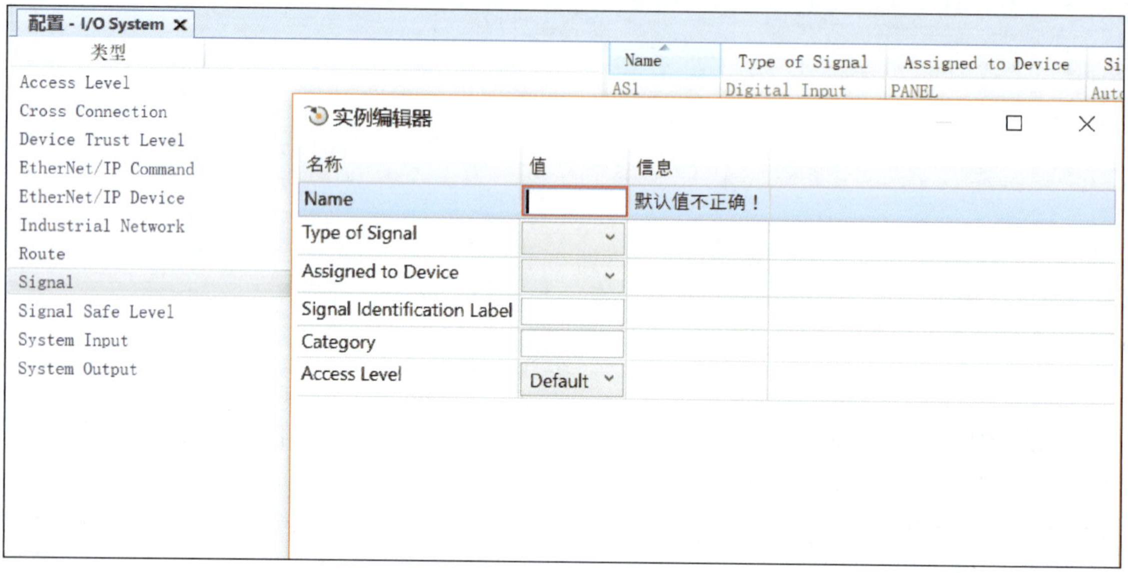

图 4-2-4 信号版配置表

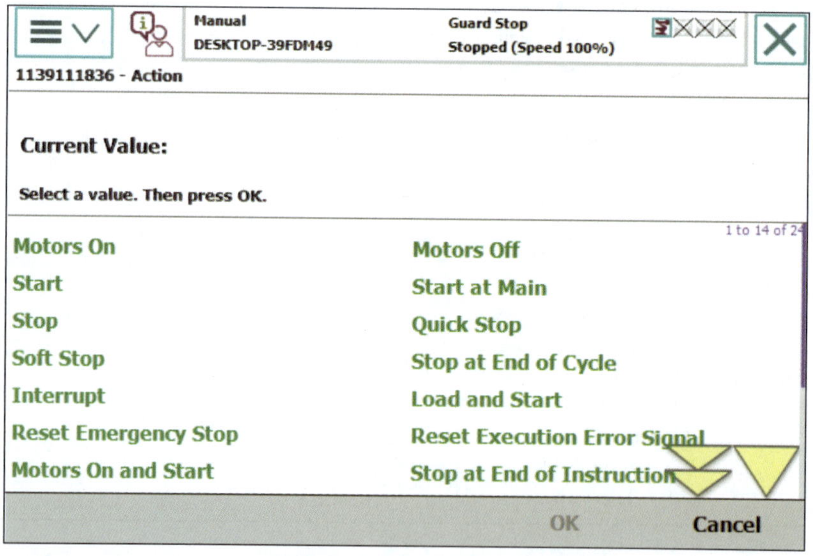

图 4-2-5 系统输入信号种类

在本任务中,需要根据表 4-2-3 配置系统输入和输出信号,配置过程相对直观且易于操作。具体来说,首先需要选定现有的数字信号,随后选择与这些信号相关联的系统功能。通过这种方式,可以轻松地完成系统输入/输出信号的配置工作。

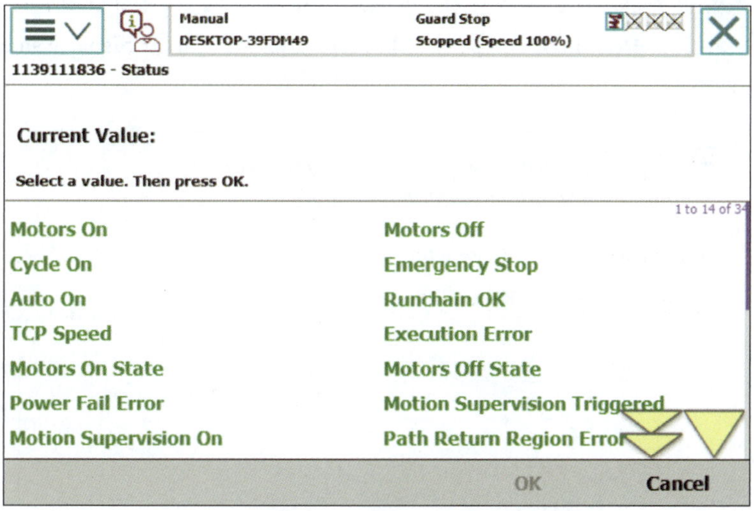

图 4-2-6　系统输出信号种类

表 4-2-3　系统输入/输出配置表

信 号 名 称	动　　作	注　　解
di04Start	Start	程序启动
di05Stop	Stop	程序停止
di10StartAt_Main	Startat Main	从主程序启动
di09ResetError	Reset Execution Error	报警状态恢复
di11MotorOn	Motors On	电机上电
do06CycleOn	CycleOn	自动循环状态输出
do07Error	Execution Error	报警状态输出
do08E_Stop	Emergency Stop	急停状态输出

①在“控制面板”菜单中，进入“配置”选项，为确保系统信号配置的正确性，需预先完成 Signal 的配置工作。单击 System Input 选项进一步进行系统信号配置，如图 4-2-7 所示。

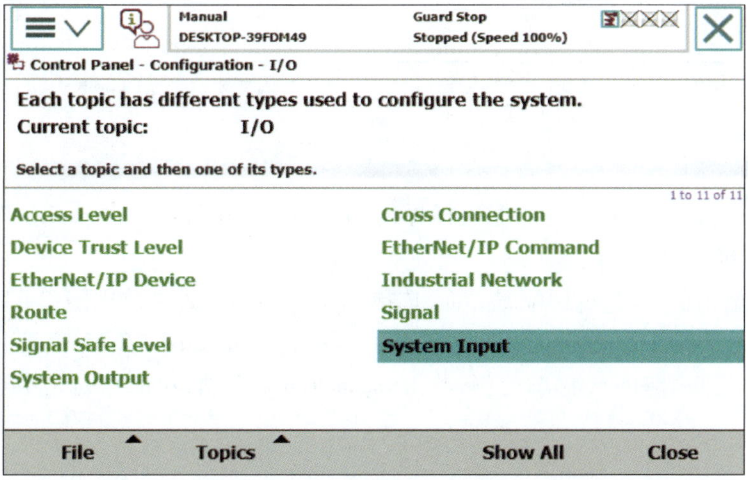

图 4-2-7　配置系统输入

②在系统输入配置界面,单击 Add 按钮,进入信号配置页面,如图 4-2-9 所示,在此界面要进行选择即可。以表 4-2-3 中的 di04Start 信号关联 Start 功能为例,单击 Signal Name 选项,在信号列表中选择 di04Start 信号。

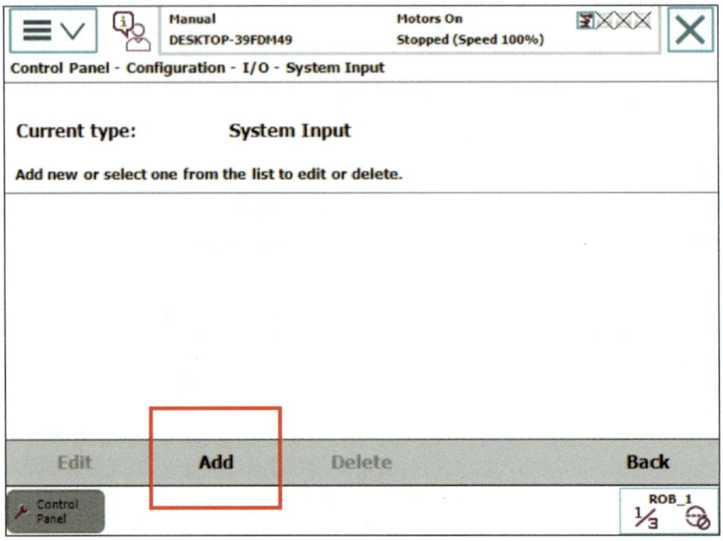

图 4-2-8　系统输入配置界面

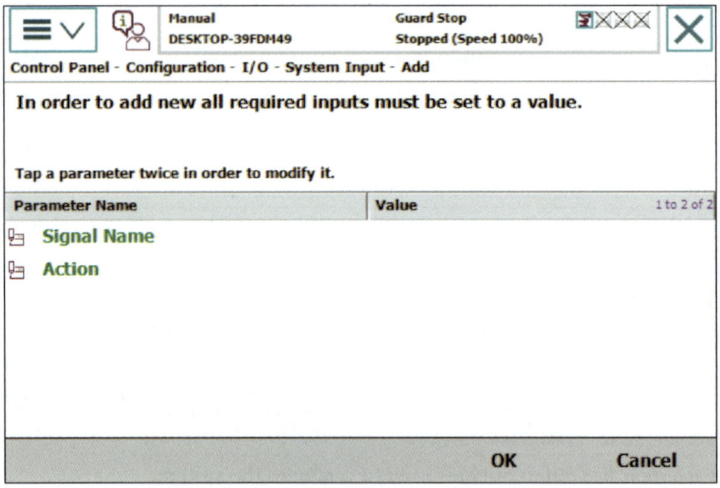

图 4-2-9　选择数字信号

③单击 Action 选项,进入系统功能选择界面,如图 4-2-10 所示。在 Action 界面选择 Start 功能,单击 OK 按钮确认即可。

④配置系统输出信号时,返回配置界面,选择 System Output 选项,如图 4-2-11 所示。

⑤在系统输出配置界面,单击 Add 按钮,进入信号配置界面,如图 4-2-12 所示。以表 4-2-3 中的 do06CycleOn 信号关联 CycleOn 状态为例,单击 Signal Name 选项,在信号列表中选择 do06CycleOn 信号。

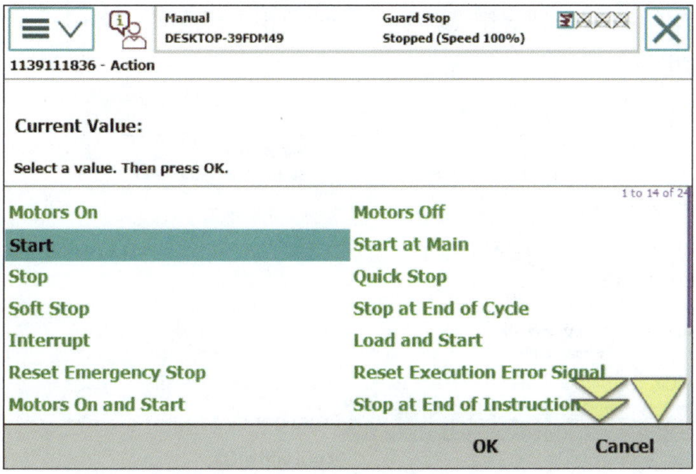

图 4-2-10　系统功能选择界面

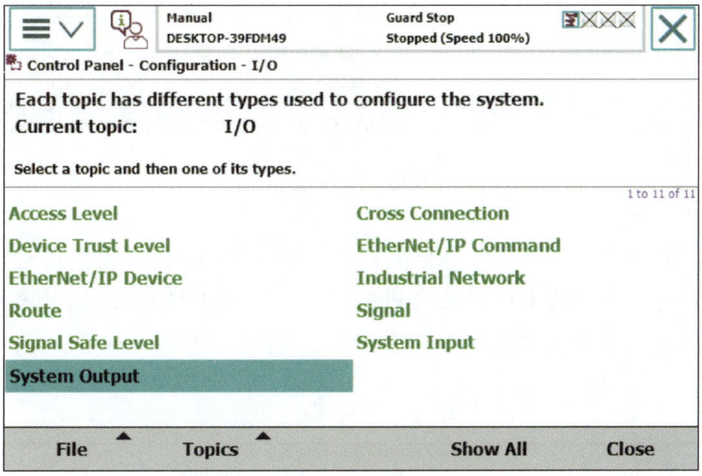

图 4-2-11　选择系统输出

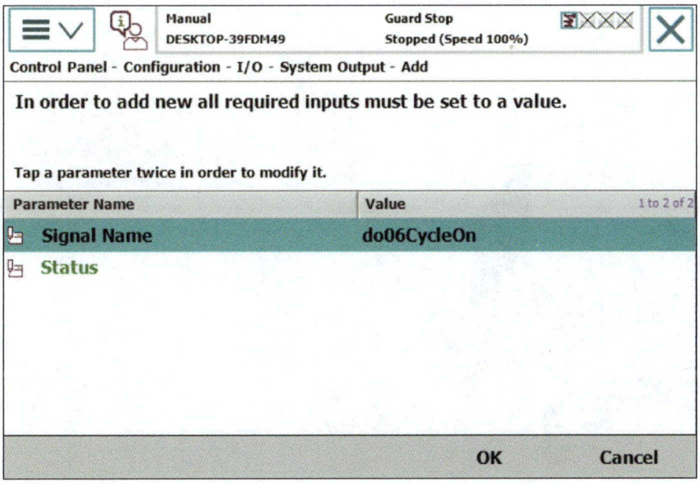

图 4-2-12　配置系统输出

⑥单击 Status 选项，在状态列表中选择 Cycle on，单击 OK 按钮，如图 4-2-13 所示，按照表格完成所有系统输入/输出信号配置。

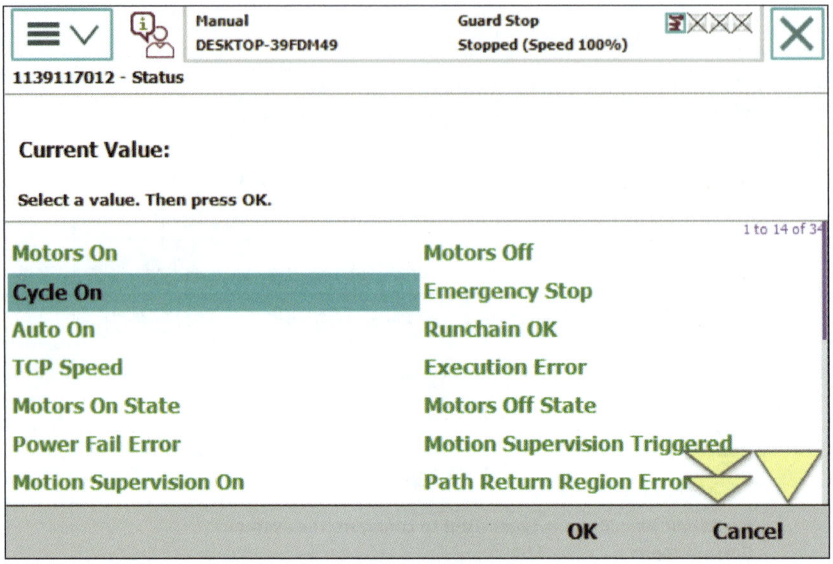

图 4-2-13　完成状态选择

在完成所有信号配置之后，为确保信号配置的正确性和功能性，需要进行测试检验。在仿真软件中，可以借助仿真菜单中的 I/O 仿真器进行测试。通过 I/O 仿真器，能够获取一个虚拟的外部输入/输出面板，从而方便地实现信号的控制和状态监测。图 4-2-14 所示为仿真软件信号测试界面。

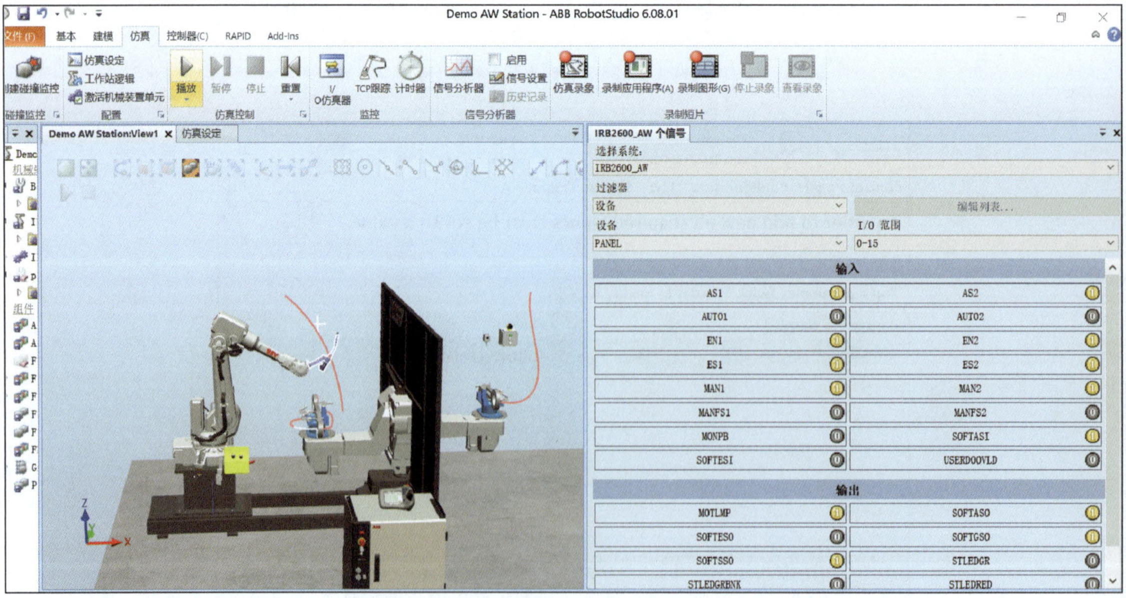

图 4-2-14　仿真软件信号测试界面

二、创建工具数据

视 频

创建工具坐标系数据

在虚拟示教器中，根据表 4-2-4 直接设置工具数据 tWeldGun，如图 4-2-15 所示。

表 4-2-4　tWeldGun 的工具数据

数据类型	参　数	数　值
tframe. pose	x	136. 845 681
	y	0
	z	378. 598 217
tframe. rot	q1	0. 902 593
	q2	0
	q3	0. 504 568
	q4	0
tload. mass	mass	1
tload. cog	x	0
	y	0
	z	100

图 4-2-15　工具数据 tWeldGun

视 频

创建工件坐标系数据

三、创建工件坐标系数据

在焊接工作站中，还需要用到两个工件坐标系，在虚拟示教器中，使用三点法进行工件坐标数据的设置。分别为 A 工位坐标 wobjA，B 工位坐标 wobjB，如图 4-2-16 所示。

图 4-2-16　工位坐标示意

学习笔记

任务实施

一、准备工作

①获取软件包。
②准备一台安装有 RoboStudio 软件的计算机。

二、配置工作站参数

如表 4-2-5 所示，按照步骤，在新的 New AW 项目中，完成工作站参数设置。

表 4-2-5　配置工作站参数任务记录单

仿真工作站名称：		机器人型号：	制表人：		日期：
序号	工作内容	关键流程	任务结果	出现的问题、原因	解决办法
1	信号配置	①配置信号板卡 Board10	□完成 □未完成		
		②配置仿真板卡 simBoard1	□完成 □未完成		
		③根据表 4-2-2，完成 27 个信号配置	□完成 □未完成		
		④根据表 4-2-3，设置系统信号	□完成 □未完成		
		⑤利用 I/O 仿真器测试信号，确认信号配置正确	□完成 □未完成		
2	坐标系设置	①根据表 4-2-4 新建工具坐标系 tWeldGun	□完成 □未完成		
		②利用仿真软件中的基本菜单，检验工具坐标系 TCP 点及方向是否正确	□完成 □未完成		
		③根据模型，新建工件坐标系数据 wobjA	□完成 □未完成		
		④根据模型，新建工件坐标系数据 wobjB	□完成 □未完成		
		⑤检验 wobjA、wobjB 坐标系方向是否正确	□完成 □未完成		

三、任务结束

保存项目后，对工作现场进行 5S 整理。

任务评价

任务评价见表 4-2-6。

表 4-2-6　配置工作站参数任务评价表

序号	主要内容	考核要求	评分标准	配分	得分
1	信号配置	正确完成信号配置	不能正确配置板卡,每步扣 5 分;不能正确配置数字信号,每步扣 1 分;不能正确设置系统信号,每步扣 1 分	30	
		正确完成信号测试	无法在仿真软件中依次测试信号的,每个扣 1 分	20	
2	创建工具数据	正确设置工具数据	工具坐标系命名正确得 3 分;工具数据输入正确,每个得 1 分;正确激活工具坐标系得 2 分	15	
		正确检验坐标系	正确检验工具坐标系 TCP 点得 2 分;正确检验工具坐标系方向得 3 分	5	
3	创建工件数据	正确设置工件数据	工件坐标系命名正确,每个得 2 分;工件数据设置步骤正确,每步得 1 分;正确激活工件坐标系,每个得 2 分	14	
		正确检验坐标系	正确检验坐标系 wobjA 方向,得 3 分;正确检验坐标系 wobjB 方向,得 3 分	6	
4	规范注意事项	规范电脑使用	理解与掌握项目文件管理方法,正确命名、保存项目文件,做好计算机的使用和保管工作,操作错误一处扣 5 分	10	
合计				100	

任务三　编写焊接机器人仿真工作站程序

情景导入

为了配合新车发布会的时间节点,新产品生产必须提升效率。为此,引入了变位机和翻转机构,这两种设备的结合应用将显著提高产品的生产效率。如何针对这一产品的焊接任务进行方案制定和程序编写,成为确保生产顺利进行的关键环节。下面将深入仿真软件的学习,以掌握相关操作,为新产品的高效生产奠定坚实基础。

学习目标

一、知识目标

①掌握程序流程图的绘制方法。
②理解翻转机构的仿真设置方法。
③理解 ActUnit、DeactUnit 指令。

二、能力目标

①会分析工作站程序任务。

②会在仿真软件中使用翻转机构。

③能根据分析编写机器人焊接程序。

三、素养目标

①培养严谨专注、精益求精的工匠精神。

②培养学生勇于尝试和创新的精神。

任务描述

这里的任务是设计一套程序，采用 ABB IRB260 机器人用于焊接图 4-3-1 中所展示汽车零配件的淡灰色与深灰色部件。鉴于焊接质量的重要性，产品的正反两面均需要进行精细焊接。并且为提升效率，将引入变位机和大转台作为翻转机构，共同构建双工位工作站，从而减少机器人的移动，以实现连续、高效的焊接作业。

图 4-3-1　需要焊接的产品

任务分析

根据任务描述，想要完成产品焊接程序的编写，需要先制定焊接方案，包括对于任务的分析，绘制程序流程图，完成具体的轨迹规划。制定好方案后再编写机器人程序，具体任务流程如图 4-3-2 所示。

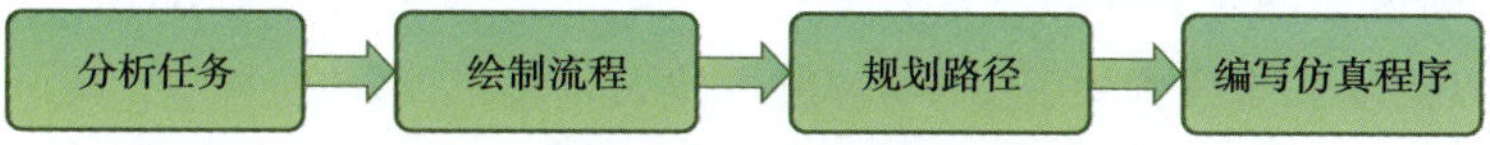

图 4-3-2　布局仿真工作站任务流程

核心知识

一、制定方案

为实现汽车零配件的焊接工作，本任务将采用 ABB IRB260 机器人在双工位工作站执行作业。为提升任务的可理解性和分析效率，并促进团队成员间的沟通与协作，确保每位成员明确自身职责和任务，可运用流程图进行程序方案设计，如图 4-3-3 所示。

流程图作为一种图形化表达工具，能够直观地描绘出一系列步骤、操作或事件的逻辑顺序和关系。它由图形、箭头及文字说明等元素构成，旨在详细阐述某一过程或系统的操作流程。

在流程图的绘制中，不同的图形代表不同类型的步骤或元素。具体来说，矩形常用于表示具体的操作步骤，菱形则代表判断或决策点，而椭圆形多用来标记流程的开始或结束。箭头则起着连接各个步骤、指示流程方向的作用。

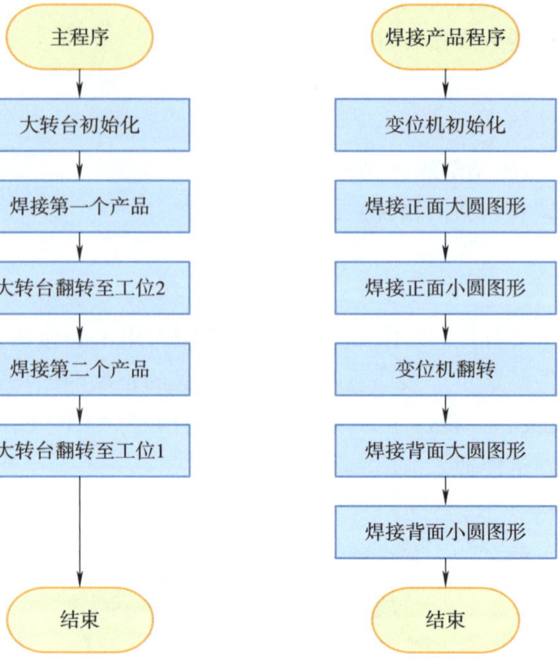

图 4-3-3　产品生产流程图

流程图在工程设计、生产制造、项目管理及软件开发等多个领域均有广泛应用。在工业机器人焊接程序的分析中，流程图尤为关键，它能帮助工程师全面理解和规划焊接流程的每一步骤，包括焊接前的准备、焊接过程中的机器人路径规划，以及焊接后的各项后续处理。通过流程图的详细描述和优化，能更有效地确保焊接任务的顺利完成。

要完成焊接程序，还需要对焊接轨迹进行规划，虽然根据变位机的位置变化产品需要焊接正反两面，但是正反面的机器人轨迹相同，因此只需要分析其中一面即可。以焊接产品正面为例，在大圆图形部分，其轨迹如图 4-3-4(a)所示，小圆图形部分轨迹如图 4-3-4(b)所示。根据分析，机器人焊接轨迹主要以圆弧和直线为主，还需要辅助机器人过渡点位。

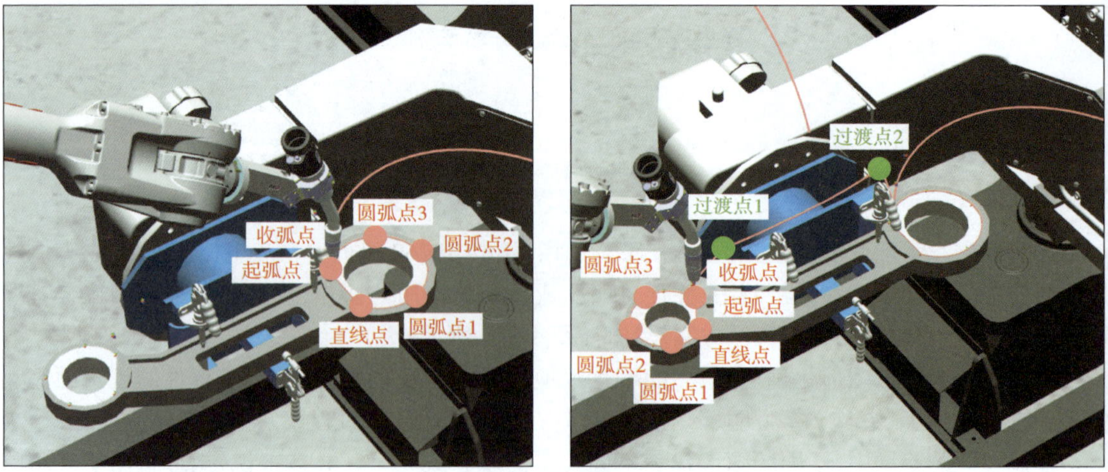

（a）大圆图形轨迹　　　（b）小圆图形轨迹

图 4-3-4　轨迹规划

二、编写程序

视 频

使用ActUnit、DeactUnit指令

要能够在仿真软件中使用翻转机构编写程序，需要先在仿真菜单中激活机械装置单元，如图4-3-5所示。而在ABB焊接程序中，要能够驱动翻转机构需要使用ActUnit、DeactUnit指令。

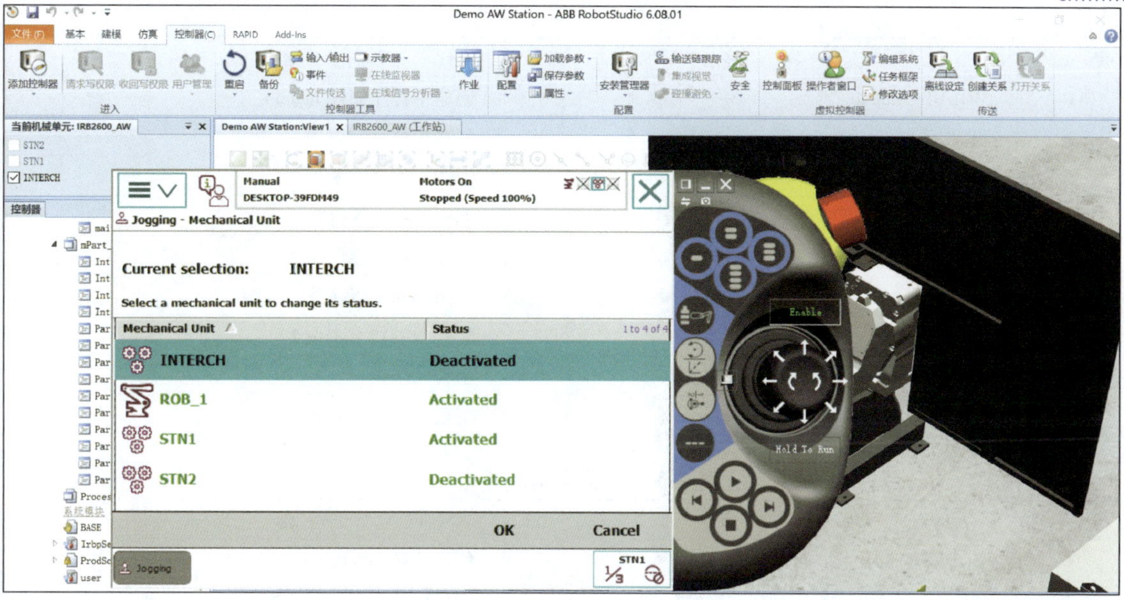

图4-3-5　激活机械装置单元

1. ActUnit——启用机械单元指令

ActUnit指令用于启用机械单元，可用于确定应启用哪一个单元（例如，当使用公共驱动单元时）。本指令仅可用于主任务T_ROB1，如果在MultiMove系统中，则可用于运动任务中。例如：

```
ActUnit orbit_a
```

说明：orbit_a机械单元启用，其中orbit_a指的是待启用机械单元的名称。在程序执行时，当机械臂与外轴实际路径就绪时，系统会清除当前路径等级上的路径，并启用指定机械单元。

2. DeactUnit——停用机械单元指令

与ActUnit可配合使用，用于停用机械单元。例如：

```
DeactUnit track_motion;
MoveL p20, v100, z10, tool1;
MoveL p30, v100, fine, tool1;
ActUnit track_motion;
MoveL p40, v100, z10, tool1;
```

说明：当机械臂运动至p20和p30时，单元track_motion将固定停止移动。此后，机械臂与track_motion均将移动至p40中设置的位置。

结合前面的分析与指令，可以构建出汽车零配件的焊接程序。该程序采用模块化设计，以提高程序的可读性和可维护性。主程序模块见表4-3-1，负责调用和管理各个功能模块。对于焊接第一个工位上的产品，所有相关程序都组织在模块mPart_1中（见表4-3-2），这一设计使得对第一

视频
仿真程序编写

个工位焊接流程的管理和修改更为集中和便捷。同样，焊接第二个工位上产品的所有程序被归入模块 mPart_2（见表 4-3-3）。此外，大转台的翻转控制以及相关的测试程序都被整合到模块 mintch 中（见表 4-3-4）。通过这种结构化的程序设计，能够实现汽车零配件焊接过程的高效、精准控制。另外需要注意，在仿真软件中编写程序可以直接在 RAPID 菜单中编辑程序代码，无须使用虚拟示教器，如图 4-3-6 所示。

表 4-3-1　主程序模块

行　号	程　序	含　义
1	MODULE mMain	创建主程序模块 mMain
2	PROC main()	创建主程序 main
3	Intch_Start;	大转台位置初始化
4	Part_1;	调用产品 1 焊接整体程序
5	Intch_Pth_2;	大转台翻转至工位 2
6	Part_2;	调用产品 2 焊接整体程序
7	Intch_Pth_1;	大转台翻转至工位 1
8	ENDPROC	主程序结束
9	ENDMODULE	主程序模块 mMain 结束

表 4-3-2　模块 mPart_1 程序

行　号	程　序	含　义
1	MODULE mPart_1	创建模块 mPart_1
2	PROC Part_1()	创建产品 1 焊接整体程序
3	Part_1_Pth_1;	调用正面大圆形焊接程序
4	Part_1_Pth_2;	调用正面小圆形焊接程序
5	Part_1_Pth_3;	调用反面大圆形焊接程序
6	Part_1_Pth_4;	调用反面小圆形焊接程序
7	ENDPROC	—
8	PROC Part_1_Pth_1()	创建正面大圆形焊接程序
9	ActUnit STN1;	激活变位机 1
10	MoveAbsJ jt_1, vmax, fine, tool0\WObj: = wobj0;	过渡点，确保产品正面朝上
11	MoveJ p1, v1000, z10, tWeldGun\WObj: = WobjA;	过渡点，此时需要注意由于机器人在工位 1 工作，应使用工位 1 的工具坐标系 WbojA
12	ArcLStart p2, v1000, sm1, wd1, fine, tWeldGun\WObj: = WbojA\SeamName: = "Part_1_Pth_1_Weld_1";	使用线性起弧指令 ArcLStart 起弧，焊接过程使用 wd1 和 sm1 控制
13	ArcL p3, v100, sm1, wd1, z1, tWeldGun\WObj: = WbojA;	直线焊接开始
14	ArcC p5, p6, v100, sm1, wd1, z1, tWeldGun\WObj: = WbojA;	圆弧焊接开始
15	ArcCEnd p7, p8, v100, sm1, wd1, fine, tWeldGun\WObj: = WbojA;	圆弧焊接结束
16	MoveL p4, v1000, z10, tWeldGun\WObj: = WbojA;	过渡点

续表

行　号	程　序	含　义
17	MoveJ p17, v1000, z10, tWeldGun\WObj: = WbojA;	过渡点
18	ENDPROC	—
19	PROC Part_1_Pth_2()	创建正面小圆形焊接程序
20	ActUnit STN1;	激活变位机 1
21	MoveJ p18, vmax, z10, tWeldGun\WObj: = WbojA;	过渡点,确保产品正面朝上
22	MoveJ p9, v1000, z10, tWeldGun\WObj: = WbojA;	过渡点
23	ArcLStart p10, v1000, sm1, wd1, fine, tWeldGun\WObj: = WbojA\SeamName: = "Part_1_Pth_2_Weld_1";	使用线性起弧指令 ArcLStart 起弧,焊接过程使用 wd1 和 sm1 控制
24	ArcL p11, v100, sm1, wd1, z1, tWeldGun\WObj: = WbojA;	直线焊接开始
25	ArcC p13, p14, v100, sm1, wd1, z1, tWeldGun\WObj: = WbojA;	圆弧焊接开始
26	ArcCEnd p15, p16, v100, sm1, wd1, fine, tWeldGun\WObj: = WbojA;	圆弧焊接结束
27	MoveL p12, v1000, z10, tWeldGun\WObj: = WbojA;	过渡点
28	MoveJ p19, vmax, z10, tWeldGun\WObj: = WbojA;	过渡点
29	MoveJ p20, vmax, z10, tWeldGun\WObj: = WbojA;	等待变位机翻转点
30	ENDPROC	—
31	PROC Part_1_Pth_3()	创建反面大圆形焊接程序
32	ActUnit STN1;	激活变位机 1
33	MoveJ p21, v1000, z10, tWeldGun\WObj: = WbojA;	过渡点,确保产品反面朝上
34	ArcLStart p22, v1000, sm1, wd1, fine, tWeldGun\WObj: = WbojA\SeamName: = "Part_1_Pth_3_Weld_1";	使用线性起弧指令 ArcLStart 起弧,焊接过程使用 wd1 和 sm1 控制
35	ArcL p23, v100, sm1, wd1, z1, tWeldGun\WObj: = WbojA;	直线焊接开始
36	ArcC p25, p26, v100, sm1, wd1, z1, tWeldGun\WObj: = WbojA;	圆弧焊接开始
37	ArcCEnd p27, p28, v100, sm1, wd1, fine, tWeldGun\WObj: = WbojA;	圆弧焊接结束
38	MoveL p24, v1000, z10, tWeldGun\WObj: = WbojA;	过渡点
39	MoveJ p29, v1000, z10, tWeldGun\WObj: = WbojA;	过渡点
40	ENDPROC	—
41	PROC Part_1_Pth_4()	创建反面小圆形焊接程序
42	ActUnit STN1;	激活变位机 1
43	MoveJ p38, v1000, z10, tWeldGun\WObj: = WbojA;	过渡点,确保产品反面朝上
44	MoveJ p30, v1000, z10, tWeldGun\WObj: = WbojA;	过渡点
45	ArcLStart p31, v1000, sm1, wd1, fine, tWeldGun\WObj: = WbojA\SeamName: = "Part_1_Pth_4_Weld_1";	使用线性起弧指令 ArcLStart 起弧,焊接过程使用 wd1 和 sm1 控制
46	ArcL p32, v100, sm1, wd1, z1, tWeldGun\WObj: = WbojA;	直线焊接开始

续表

行　号	程　序	含　义
47	ArcC p34, p35, v100, sm1, wd1, z1, tWeldGun\WObj: = WbojA;	圆弧焊接开始
48	ArcCEnd p36, p37, v100, sm1, wd1, fine, tWeldGun\WObj: = WbojA;	圆弧焊接结束
49	MoveL p33, v1000, z10, tWeldGun\WObj: = WbojA;	过渡点
50	MoveAbsJ jt_2, vmax, fine, tWeldGun\WObj: = wobj0;	等待大转台翻转点
51	ENDPROC	—
52	ENDMODULE	—

表 4-3-3　模块 mPart_2 程序

行　号	程　序	含　义
1	MODULE mPart_2	创建模块 mPart_2
2	PROC Part_2()	创建产品 2 焊接整体程序
3	Part_2_Pth_1;	调用正面大圆形焊接程序
4	Part_2_Pth_2;	调用正面小圆形焊接程序
5	Part_2_Pth_3;	调用反面大圆形焊接程序
6	Part_2_Pth_4;	调用反面小圆形焊接程序
7	ENDPROC	—
8	PROC Part_2_Pth_1()	创建正面大圆形焊接程序
9	ActUnit STN2;	激活变位机 2
10	MoveAbsJ jt_1_2, vmax, fine, tool0\WObj: = wobj0;	过渡点,确保产品正面朝上
11	MoveJp1_2, v1000, z10, tWeldGun\WObj: = WbojB;	过渡点,此时需要注意由于工位切换应使用工位 2 的工具坐标系 WbojB
12	ArcLStart p2_2, v1000, sm1, wd1, fine, tWeldGun\WObj: = WbojB\SeamName: = "Part_2_Pth_1_Weld_1";	使用线性起弧指令 ArcLStart 起弧,焊接过程使用 wd1 和 sm1 控制
13	ArcL p3_2, v100, sm1, wd1, z1, tWeldGun\WObj: = WbojB;	直线焊接开始
14	ArcC p5_2, p6_2, v100, sm1, wd1, z1, tWeldGun\WObj: = WbojB;	圆弧焊接开始
15	ArcCEnd p7_2, p8_2, v100, sm1, wd1, fine, tWeldGun\WObj: = WbojB;	圆弧焊接结束
16	MoveL p4_2, v1000, z10, tWeldGun\WObj: = WbojB;	过渡点
17	MoveJ p17_2, v1000, z10, tWeldGun\WObj: = WbojB;	过渡点
18	ENDPROC	—
19	PROC Part_2_Pth_2()	创建正面小圆形焊接程序
20	ActUnit STN2;	激活变位机 2
21	MoveJ p18_2, vmax, z10, tWeldGun\WObj: = WbojB;	过渡点,确保产品正面朝上
22	MoveJ p9_2, v1000, z10, tWeldGun\WObj: = WbojB;	过渡点
23	ArcLStart p10_2, v1000, sm1, wd1, fine, tWeldGun\WObj: = WbojB\SeamName: = "Part_2_Pth_2_Weld_1";	使用线性起弧指令 ArcLStart 起弧,焊接过程使用 wd1 和 sm1 控制

续表

行　号	程　序	含　义
24	ArcL p11_2, v100, sm1, wd1, z1, tWeldGun\WObj: = WbojB;	直线焊接开始
25	ArcC p13_2, p14_2, v100, sm1, wd1, z1, tWeldGun\WObj: = WbojB;	圆弧焊接开始
26	ArcCEnd p15_2, p16_2, v100, sm1, wd1, fine, tWeldGun\WObj: = WbojB;	圆弧焊接结束
27	MoveL p12_2, v1000, z10, tWeldGun\WObj: = WbojB;	过渡点
28	MoveJ p19_2, vmax, z10, tWeldGun\WObj: = WbojB;	过渡点
29	MoveJ p20_2, vmax, z10, tWeldGun\WObj: = WbojB;	等待变位机翻转点
30	ENDPROC	—
31	PROC Part_2_Pth_3()	创建反面大圆形焊接程序
32	ActUnit STN2;	激活变位机 2
33	MoveJ p21_2, v1000, z10, tWeldGun\WObj: = WbojB;	过渡点，确保产品反面朝上
34	ArcLStart p22_2, v1000, sm1, wd1, fine, tWeldGun\WObj: = WbojB\SeamName: = "Part_2_Pth_3_Weld_1";	使用线性起弧指令 ArcLStart 起弧，焊接过程使用 wd1 和 sm1 控制
35	ArcL p23_2, v100, sm1, wd1, z1, tWeldGun\WObj: = WbojB;	直线焊接开始
36	ArcC p25_2, p26_2, v100, sm1, wd1, z1, tWeldGun\WObj: = WbojB;	圆弧焊接开始
37	ArcCEnd p27_2, p28_2, v100, sm1, wd1, fine, tWeldGun\WObj: = WbojB;	圆弧焊接结束
38	MoveL p24_2, v1000, z10, tWeldGun\WObj: = WbojB;	过渡点
39	MoveJ p29_2, v1000, z10, tWeldGun\WObj: = WbojB;	过渡点
40	ENDPROC	—
41	PROCPart_2_Pth_4()	创建反面小圆形焊接程序
42	ActUnit STN2;	激活变位机 2
43	MoveJ p38_2, v1000, z10, tWeldGun\WObj: = WbojB;	过渡点，确保产品反面朝上
44	MoveJ p30_2, v1000, z10, tWeldGun\WObj: = WbojB;	过渡点
45	ArcLStart p31_2, v1000, sm1, wd1, fine, tWeldGun\WObj: = WbojB\SeamName: = "Part_2_Pth_4_Weld_1";	使用线性起弧指令 ArcLStart 起弧，焊接过程使用 wd1 和 sm1 控制
46	ArcL p32_2, v100, sm1, wd1, z1, tWeldGun\WObj: = WbojB;	直线焊接开始
47	ArcC p34_2, p35_2, v100, sm1, wd1, z1, tWeldGun\WObj: = WbojB;	圆弧焊接开始
48	ArcCEnd p36_2, p37_2, v100, sm1, wd1, fine, tWeldGun\WObj: = WbojB;	圆弧焊接结束
49	MoveL p33_2, v1000, z10, tWeldGun\WObj: = WbojB;	过渡点
50	MoveAbsJ jt_2_2, vmax, fine, tWeldGun\WObj: = wobj0;	等待大转台翻转点
51	ENDPROC	—
52	ENDMODULE	—

表 4-3-4　模块 mintch 程序

行　号	程　序	含　义
1	MODULEmintch	创建模块 mintch
2	PROC Intch_Pth_1()	创建大转台翻转至工位 1
3	DeactUnit STN2;	关闭变位机 2
4	ActUnit INTERCH;	激活大转台
5	MoveAbsJ jt_5, vmax, fine, tWeldGun\WObj: = wobj0;	大转台翻转至工位 1
6	MoveAbsJ jt_6, vmax, fine, tWeldGun\WObj: = wobj0;	—
7	DeactUnit INTERCH;	关闭大转台动作
8	ENDPROC	—
9	PROC Intch_Pth_2()	创建大转台翻转至工位 2
10	DeactUnit STN1;	关闭变位机 1
11	ActUnit INTERCH;	激活大转台
12	MoveAbsJ jt_3, vmax, fine, tWeldGun\WObj: = wobj0;	大转台翻转至工位 2
13	MoveAbsJ jt_4, vmax, fine, tWeldGun\WObj: = wobj0;	—
14	DeactUnit INTERCH;	关闭大转台动作
15	ENDPROC	—
16	PROC Intch_Start()	创建大转台位置初始化
17	DeactUnit STN1;	关闭变为机 1
18	ActUnit INTERCH;	激活大转台
19	MoveAbsJ jt_3, vmax, fine, tWeldGun\WObj: = wobj0;	大转台翻转至工位 1
20	DeactUnit INTERCH;	关闭大转台动作
21	ENDPROC	—
22	PROC Intch()	创建翻转机构测试程序
23	Intch_Pth_1;	调用大转台翻转至工位 1
24	Intch_Pth_2;	调用大转台翻转至工位 2
25	ENDPROC	—
26	ENDMODULE	—

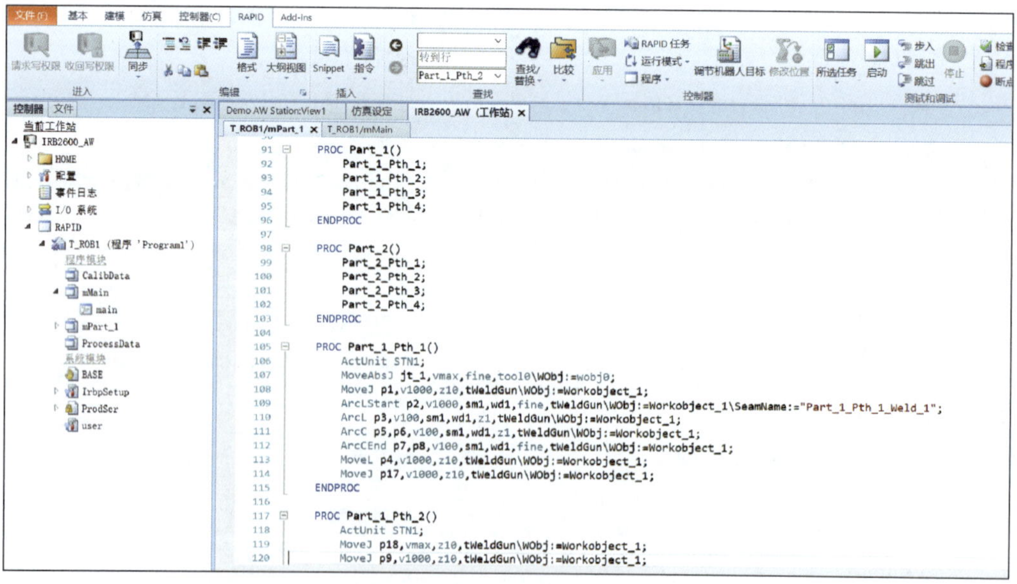

图 4-3-6　仿真程序编写界面

任务实施

一、准备工作

①获取软件包。
②准备一台安装有 RoboStudio 软件的计算机。

二、编写仿真程序

在新的 New AW 项目中，完成汽车零配件仿真程序编写：
①分析任务，完成程序流程图。
②根据分析，完成轨迹表 4-3-5。
③参考上述焊接程序，参照表 4-3-6 完成仿真软件中的程序编写。

表 4-3-5　轨迹表

序　号	点 序 号	注　释	备　注
1			
2			

表 4-3-6　仿真程序任务记录单

仿真工作站名称：		机器人型号：	制表人：		日期：
序号	工 作 内 容	关 键 流 程	任 务 结 果	出现的问题、原因	解 决 办 法
1	编程准备	①绘制程序流程图	□完成 □未完成		
		②分析轨迹，完成轨迹表 4-3-5	□完成 □未完成		
2	仿真编程	①编写工位 1 焊接程序 mPart_1	□完成 □未完成		
		②编写翻转机构控制程序 mintch	□完成 □未完成		
		③编写工位 2 焊接程序 mPart_2	□完成 □未完成		
		④编写主程序 main	□完成 □未完成		
		⑤在仿真软件中完成程序的输入	□完成 □未完成		

三、任务结束

①提交相关图表。
②保存项目后，对工作现场进行 5S 整理。

任务评价

任务评价见表 4-3-7。

表 4-3-7　仿真程序任务评价表

序号	主要内容	考核要求	评分标准	配分	得分
1	制定方案	正确完成流程图	正确流程图,图形、流程每错误一处扣 1 分	20	
		正确规划轨迹	根据流程图,小组合作合理规划机器人运动轨迹,每缺少一个点位扣 0.5 分	20	
2	编写程序	正确使用翻转机构	在仿真软件中正确激活机械装置,每错误一处扣 2 分;正确使用 ActUnit、DeactUnit 指令,每错误一处扣 2 分	10	
		正确编写程序	小组合作完成程序编写,每错误一处扣 1 分;正确设置机器人动作参数,确保程序安全运行,每错误一个参数扣 1 分	40	
3	规范注意事项	规范计算机使用	理解与掌握项目文件管理方法,正确命名、保存项目文件,做好计算机的使用和保管工作,操作错误一处扣 5 分	10	
合计				100	

任务四　运行焊接机器人工作站的仿真程序

情景导入

新产品仿真工作站的配置及编程前期筹备已全面完成。为确保该方案的实施可行性,需要对工作站开展仿真调试操作,以便为后续的实地调试奠定坚实基础。下面将学习运行一个仿真程序需要掌握的技能。

学习目标

一、知识目标

①理解工作站中目标点示教的意义。
②理解仿真工作站中程序运行的方式。
③掌握仿真程序传输方法。

二、能力目标

①会在软件中对目标点进行示教操作并完成数据同步。
②会在软件中对工作站进行运行操作。
③会将仿真程序传输至真机。

三、素养目标

①培养严谨专注、精益求精的工匠精神。
②培养学生勇于尝试和创新的精神。

任务描述

IRB260 机器人双工位工作站实现汽车零配件产品的焊接工作程序已编写完成，接下来，需要完成仿真程序的调试与优化，并将优化好的程序导入真机为后续实测做好准备。

任务分析

根据任务描述，需要对新工作站进行参数设置，具体任务流程如图 4-4-1 所示。

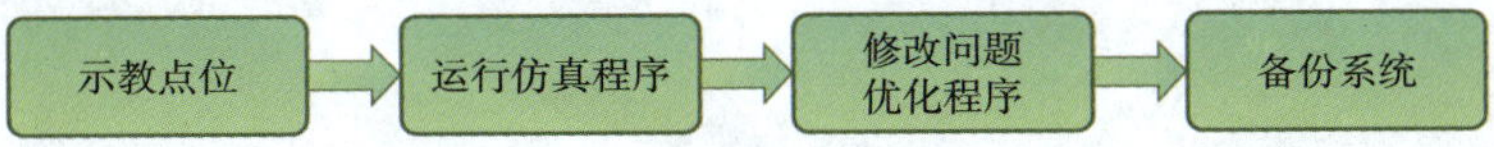

图 4-4-1　运行仿真程序任务流程

核心知识

一、示教目标点

视频
仿真中点位示教与检查

在仿真软件中，虚拟控制器中的数据应该与焊接工作站数据一致，才能够保证仿真的正常运行。在 RAPID 中编写好程序代码后，需要将焊接工作站数据与虚拟控制器进行同步。在图 4-4-2 中右击 T_ROB1，选择“同步到 PAPID”命令。同理，当在虚拟示教器中进行点位示教、数据修改后，需要执行“同步到工作站”命令。

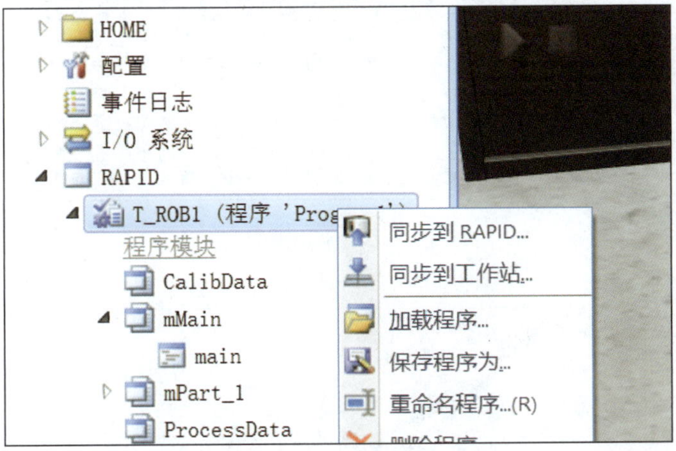

图 4-4-2　同步数据

将任务三中的工作站程序同步到虚拟示教器 RAPID 中后，在焊接工作站中，需要示教程序中的重要路径点和焊接目标点，如图 4-4-3 所示。具体操作步骤如下：

①在虚拟示教器中，进入“程序编辑器”，将指针移动至该子程序，之后通过示教器操纵机器人到达该焊接起始点 p2，并通过修改位置将其记录下来，如图 4-4-4 所示。

②在示教机器人弧焊路径时，注意以下几点：焊枪枪头尽量与焊缝垂直，如图 4-4-5 所示。

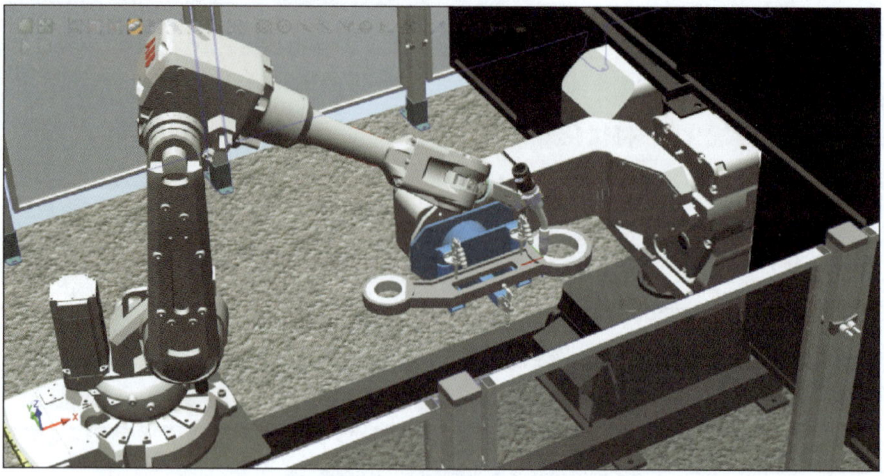

图 4-4-3　焊接起始点位置

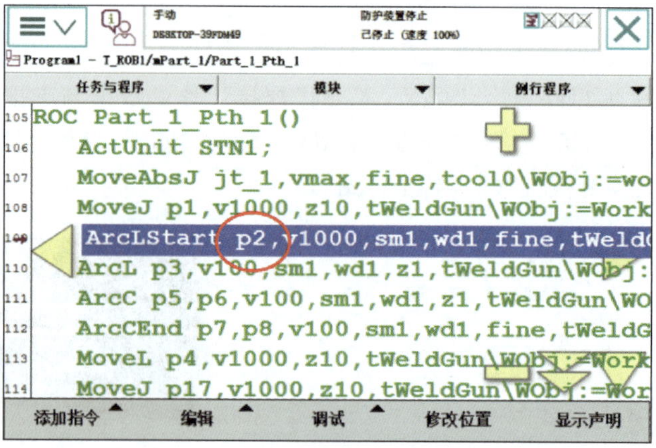

图 4-4-4　焊接起始点 p2

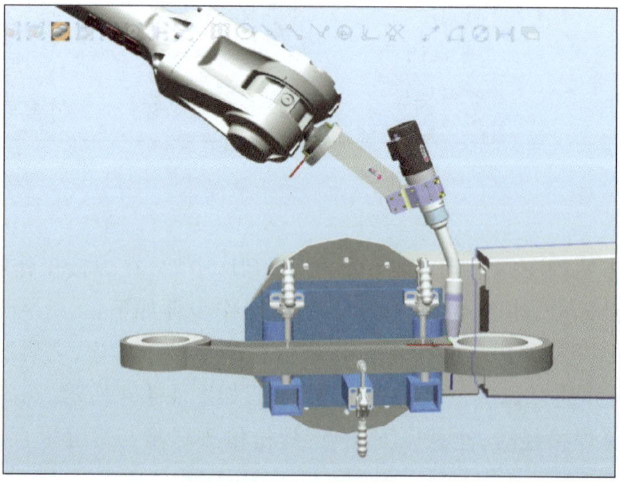

图 4-4-5　焊枪枪头

③机器人焊接过程中尽量避免路径中存在奇异点。所有目标点示教完成后，可运行机器人，查看焊接工作站的整个工作流程，如图 4-4-6 所示。

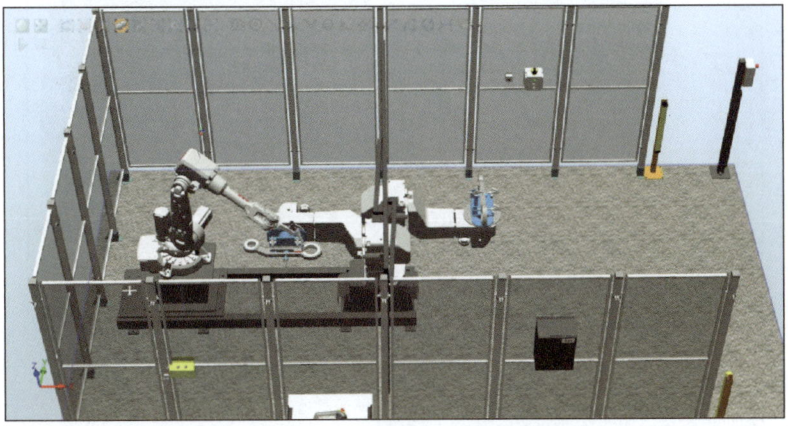

图 4-4-6　查看整个工作流程

④在真实的焊接工作站应用中，可以在此仿真程序基础上做适当的修改，再导入真实机器人系统中执行目标点示教即可快速完成程序编写工作。

二、手动操作机器人执行程序

在本焊接工作站中，可以通过虚拟示教器控制机器人对工件的焊接，从而达到程序调试的目的。具体操作步骤如下：

①在软件主界面中，选择“控制器”→“示教器”→“虚拟示教器”，打开示教器，如图 4-4-7 所示。

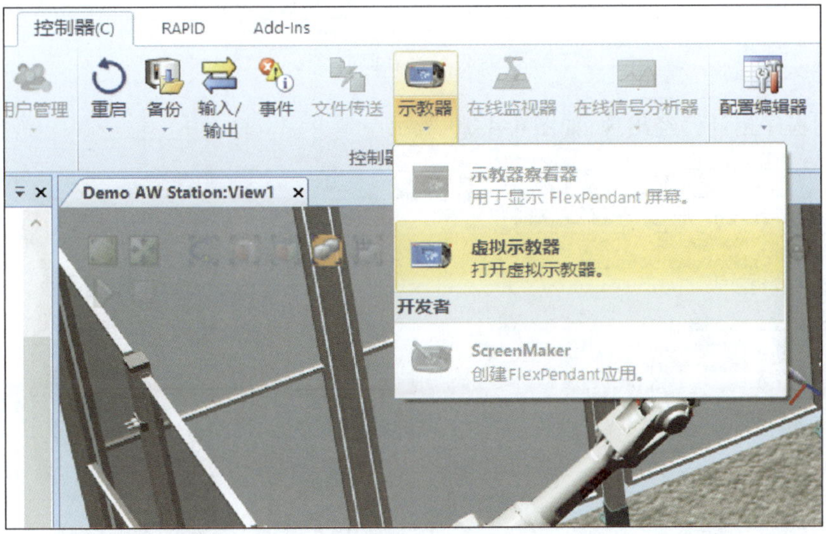

图 4-4-7　打开示教器

②在示教器界面选择右侧控制面板中的手动限速模式，然后单击 PP 移至 Main，如图 4-4-8 所示。

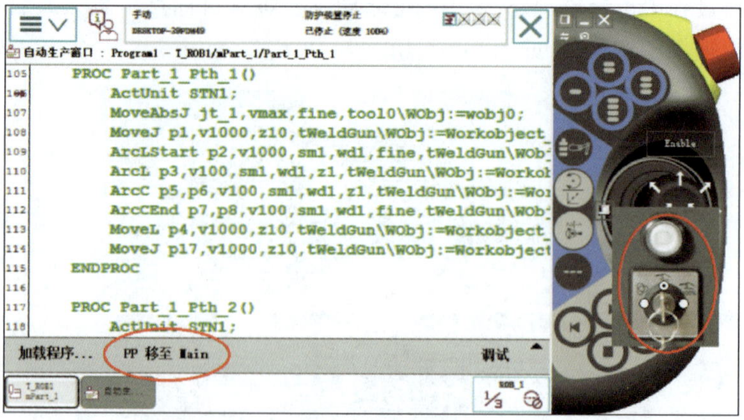

图 4-4-8　手动操作

③在打开的询问对话框中,单击是按钮,如图 4-4-9 所示。

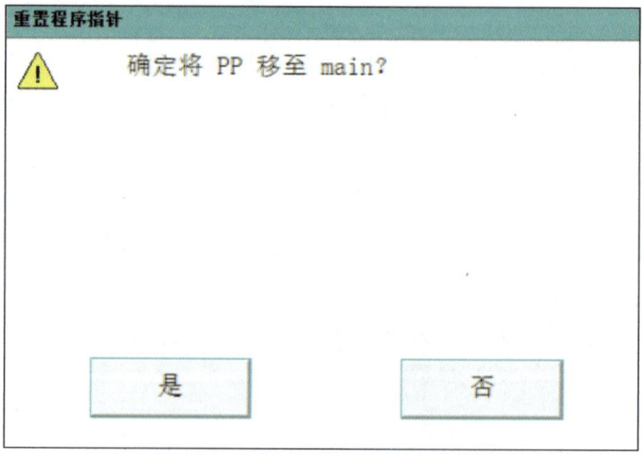

图 4-4-9　询问对话框

④可看到程序指针已经出现,如图 4-4-10 所示。

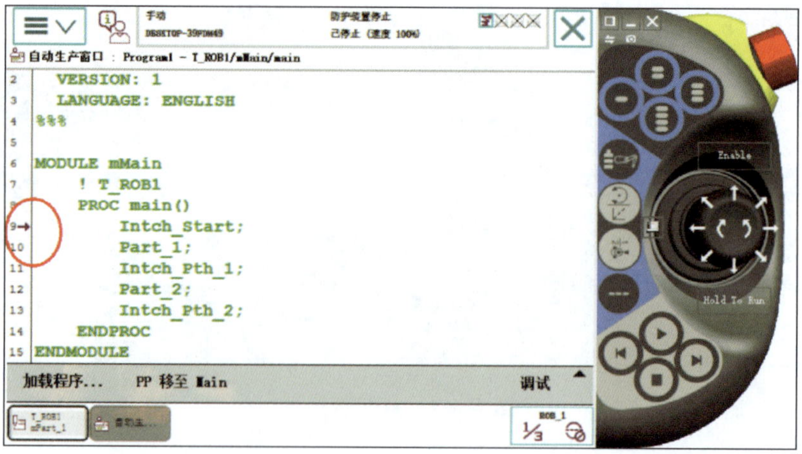

图 4-4-10　调试例行程序

⑤依次单击示教器上的 Enable 按钮和运行按钮，如图 4-4-11 所示。

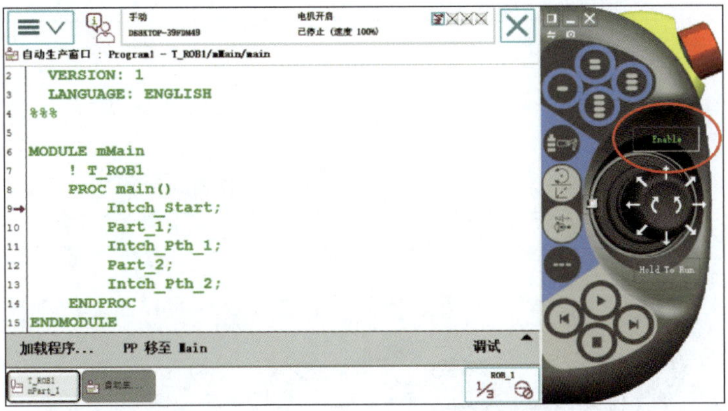

图 4-4-11　Enable 按钮和运行按钮

⑥观察主窗口，可见机器人执行焊接工作，如图 4-4-12 所示。

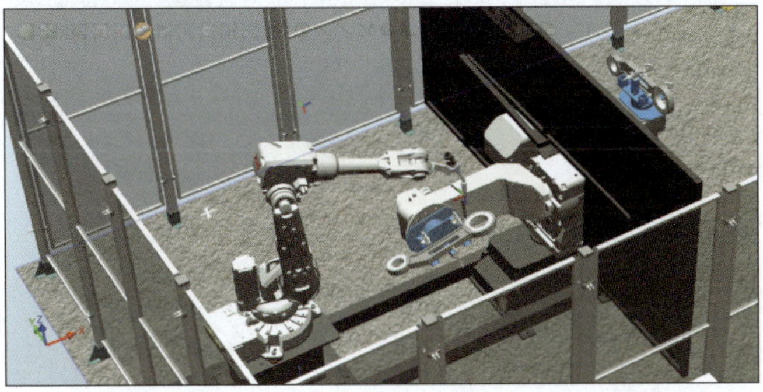

图 4-4-12　执行焊接工作

三、程序仿真运行

在仿真软件中，想要看到完整的动画效果，需要进行程序的仿真运行。

①在界面上方选择“仿真”选项卡，如图 4-4-13 所示。

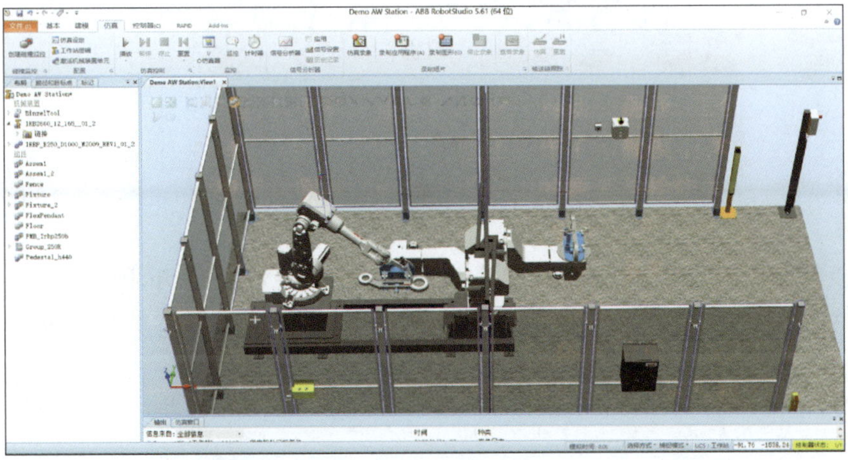

图 4-4-13　“仿真”选项卡

②单击“I/O 仿真器”按钮，在界面右侧会出现 I/O 信号列表，如图 4-4-14 所示。

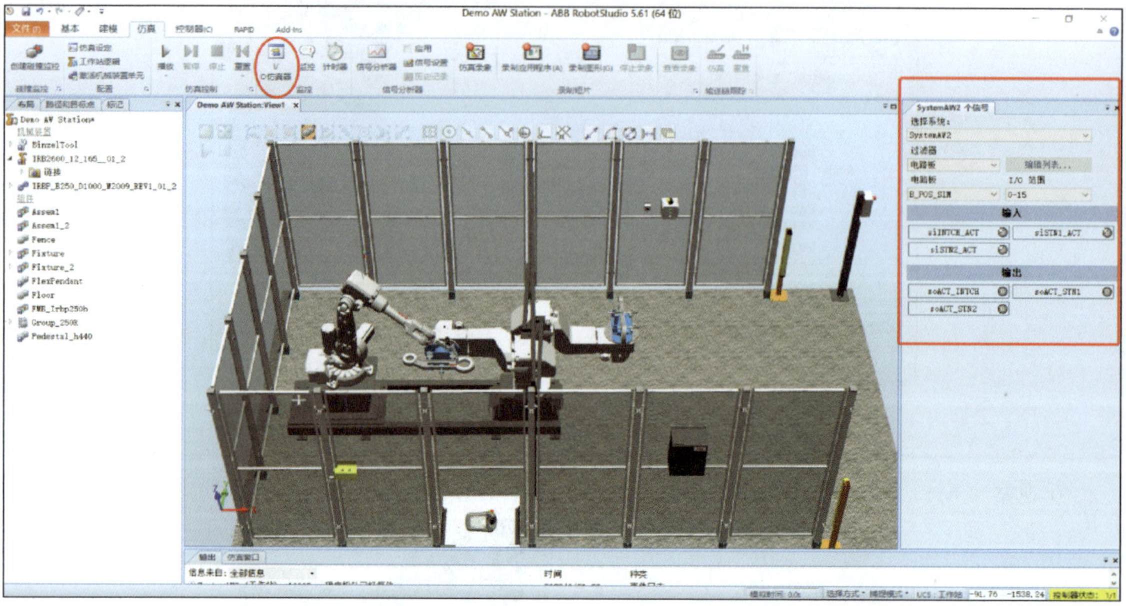

图 4-4-14　I/O 列表

③在“过滤器”下拉列表中选择“数字输入”，如图 4-4-15 所示。

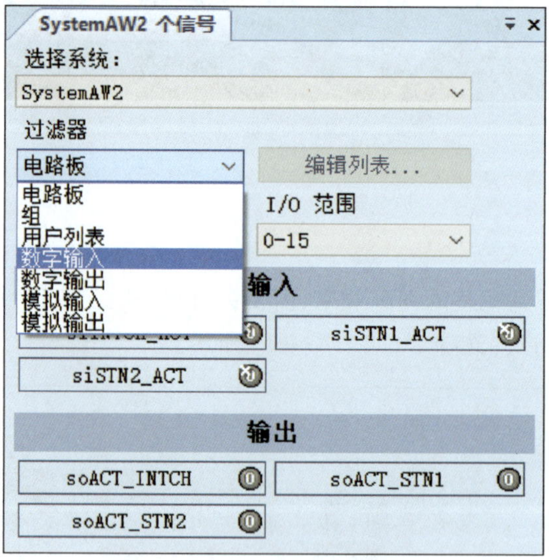

图 4-4-15　选择“数字输入”

④在焊接工作站中，运行仿真之前请确认工件转台到位信号是否打开，因为在仿真中数字输入信号是通过软件动画实现效果的，需要动态触发，所以在第一次仿真时需要确认打开，如图 4-4-16 所示。

⑤在“I/O 范围”的下拉列表中，选择全部，确保相应输入信号都打开，如图 4-4-17 所示。

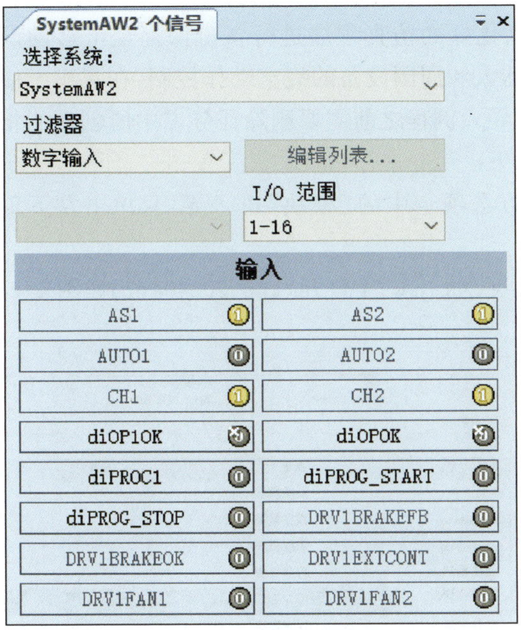

图 4-4-16　数字输入信号(一)

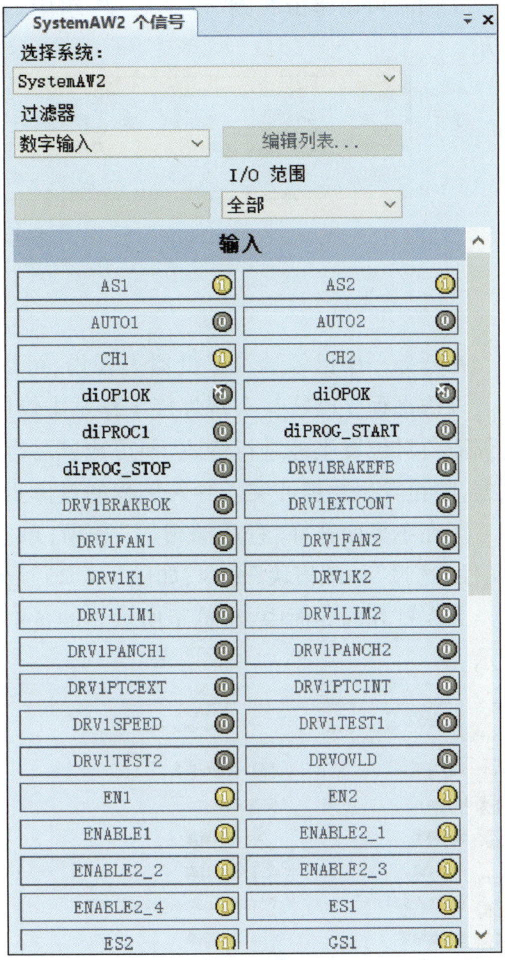

图 4-4-17　数字输入信号(二)

⑥确认后单击“播放”按钮，可观察到整个工作站的仿真运行，如图 4-4-18 所示。

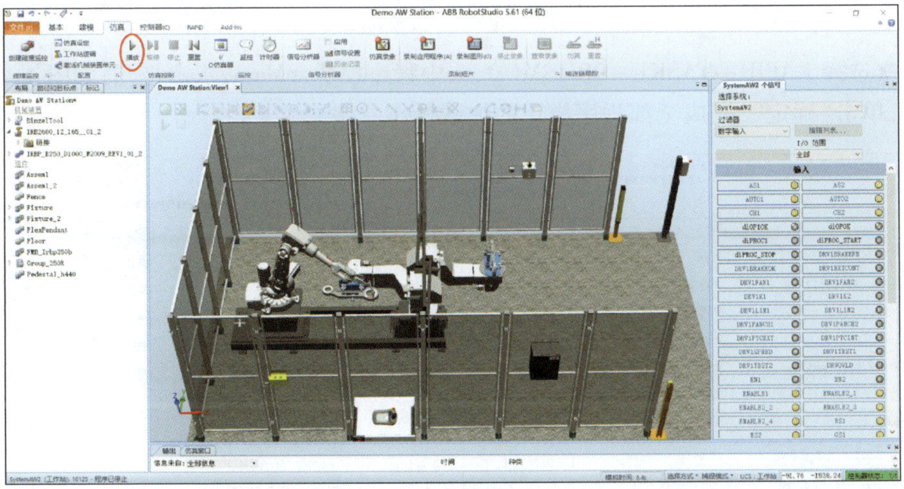

图 4-4-18　整体运行

⑦同时可以单击右侧“录制短片”组中的“仿真录像”按钮，获取仿真运行动画，如图 4-4-19 所示。

图 4-4-19　录制仿真动画

四、仿真程序传输

在任务一中已经学习了机器人备份，可以将优化好的仿真程序进行备份保存至可移动设备中。该仿真程序已能够实现焊接工作站中焊接机器人和周围设备的完整动作控制，在真机上使用前仅需要对位置坐标进行修改，便可测试运行。在导入例程之前需要删除任务二中所创建的相关数据，防止发生数据冲突。导入例程的具体步骤如下：

①在主界面选择“程序编辑器”选项，单击上方选项卡中的“模块”进入界面，单击左下角的“文件”选择“加载模块”命令，如图 4-4-20 所示。

②在打开的界面中，浏览至所创建的备份文件夹，如 New_AW_Backup_20240417，如图 4-4-21 所示。

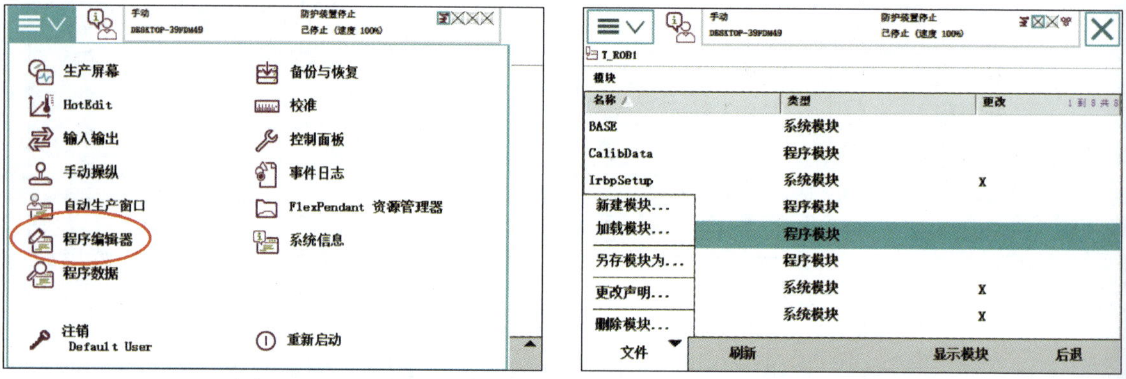

（a）　　　　　　（b）

图 4-4-20　加载模块

③依次选择 RAPID→TASK1→PROGMOD，选中程序模块 mMain，双击打开，如图 4-4-22 所示。依次勾选，单击“确定”，完成全部程序模块的加载操作。

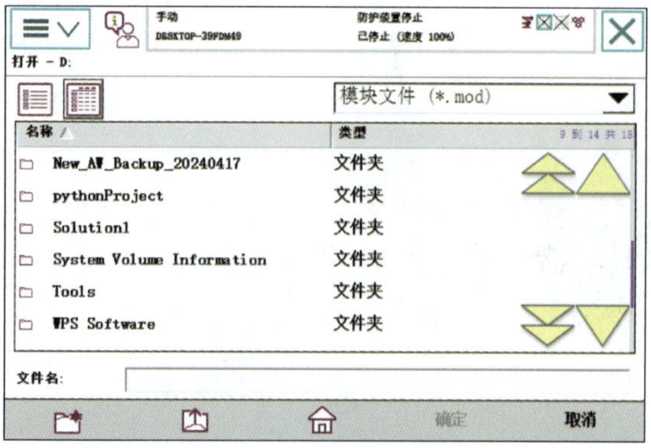

图 4-4-21　选择文件夹

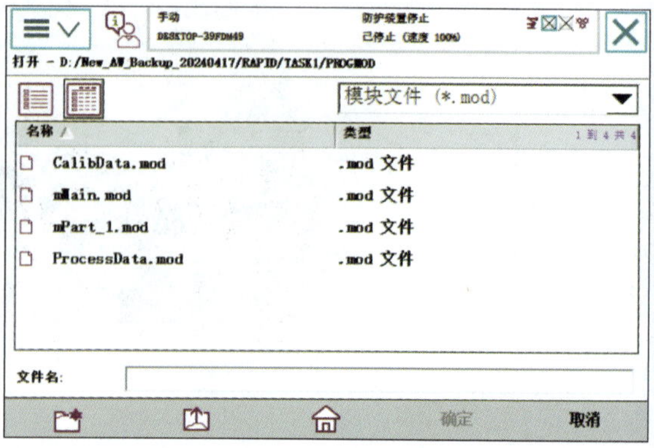

图 4-4-22　mMain 文件

任务实施

一、准备工作

①获取软件包。
②准备一台安装有 RoboStudio 软件的计算机。

二、运行仿真程序

基于任务三编写好的程序，按照表 4-4-1 的流程，在新的 New AW 项目中，完成仿真程序运行。

表 4-4-1　运行仿真程序任务记录单

仿真工作站名称：		机器人型号：	制表人：		日期：
序号	工 作 内 容	关 键 流 程	任 务 结 果	出现的问题、原因	解 决 办 法
1	点位示教	①同步程序到 RAPID	□完成 □未完成		
		②按照轨迹表，使用虚拟示教器记录点位	□完成 □未完成		
		③完成点位示教后，将 RAPID 数据同步到工作站	□完成 □未完成		
2	程序仿真运行	①使用 RAPID 手动测试仿真程序	□完成 □未完成		
		②修改问题，优化程序	□完成 □未完成		
		③利用“仿真”选项卡，完成程序仿真运行	□完成 □未完成		
		④修改问题，优化程序及设置	□完成 □未完成		
		⑤录制仿真动画	□完成 □未完成		
		⑥备份系统	□完成 □未完成		

三、任务结束

①提交仿真动画和程序备份。
②保存项目后，对工作现场进行 5S 整理。

任务评价

任务评价见表 4-4-2。

表 4-4-2　运行仿真程序任务评价表

序号	主要内容	考核要求	评分标准	配分	得分
1	示教程序点位	正确同步数据	能正确将工作站数据同步到虚拟示教器，每错误一次扣 5 分；能正确将虚拟示教器数据同步到工作站，每错误一次扣 5 分	20	
		正确示教点位	精确示教关键点位，点位错误一个扣 1 分	20	
2	运行仿真程序	正确使用信号	能正确打开仿真中的输入信号，错误一处扣 5 分	10	
		正确手动执行程序	正确手动单步测试，速度高于 30% 扣 5 分	5	
		正确修改优化程序	对手动测试过程中出现的问题能发现并及时修改，每发现一处错误加 2 分，无法修改错误扣 1 分	15	
		正确备份系统	备份操作正确，得 5 分；文件名称合理，得 5 分	10	
		正确录制仿真动画	能正确录制仿真动画，每操作错误一处扣 5 分	10	
3	规范注意事项	规范计算机使用	理解与掌握项目文件管理方法，正确命名、保存项目文件，做好计算机的使用和保管工作，操作错误一处扣 5 分	10	
合计				100	

巩固练习

一、选择题

1. ABB 机器人提供了多种启动模式，以满足不同情况下的需求，以下不属于其启动方式的是(　　)。

A. P 启动　　B. X 启动　　C. M 启动　　D. I 启动

2. ABB 机器人的系统信号不包括(　　)。

A. Start at main　　B. Quick stop　　C. Mirroring　　D. Interrupt

3. tframe. rot 变量中存储的数据为(　　)。

A. x、y、z　　B. w、p、r　　C. q1-q4　　D. mass

4.（多选）流程图在(　　)领域均有广泛应用。

A. 工程设计　　B. 生产制造　　C. 项目管理　　D. 软件开发

5. 在 RAPID 菜单中编写好程序代码后，需要将焊接工作站数据与虚拟控制器进行同步，应执行(　　)。

A. 同步到工作站　　B. 同步到机器人　　C. 同步到 PAPID　　D. 同步到 PLC

6. 以下程序表示 robot 与 track_motion 均将移动至 p20 中设置的位置的是(　　)。

A. DeactUnit　track_motion;
　MoveL p20, v100, z10, tool1;

B. ActUnit　track_motion;
　MoveL p20, v100, z10, tool1;

C. MoveL p20, v100, z10, tool1;

D. ActUnit robot;
　MoveL p20, v100, z10, tool1;

二、填空题

1. 在布局时,应结合具体的焊接工艺要求,合理安排焊接设备、辅助设备和检测设备的位置和顺序,以确保焊接过程的顺利进行,是工作站布局的__________原则。

2. __________模式下,机器人控制器会进行软重启,同时保留并激活之前所做的配置更改。

3. __________信号能够通过外围设备直接调用和查看机器人的系统功能和状态。

4. ABB 机器人的工具数据最少需要设置__________、__________、__________、__________四类数据。

5. 在流程图的绘制中,不同的图形代表不同类型的步骤或元素,其中__________代表判断或决策点。

6. 在 ABB 焊接程序中,要能够驱动翻转机构需要使用到__________、__________指令。

三、简答题

1. 什么样的情况需要做备份?

____

____

____

2. 工作站布局遵循什么原则?

____

____

____

3. 系统信号和数字信号有何异同?

____

____

____

学习笔记

- -

- -

- -

项目五

焊接机器人工作站的维护与保养

项目导入

焊接机器人工作站是现代工业自动化生产的重要组成部分，其作为一个典型的机电一体化系统，在科学合理地使用、维护和保养下，才能确保高效稳定的工作状态，并有效延长使用寿命。在本项目中，将深入学习焊接机器人的维护保养知识，包括焊接设备的调试与检修，同时还将重点探讨安全设备的日常检查与维护方法。通过学习，学员将能够熟练掌握焊接机器人工作站的维护保养技能，为提升生产效率和保障工作安全奠定坚实基础。

知识导图

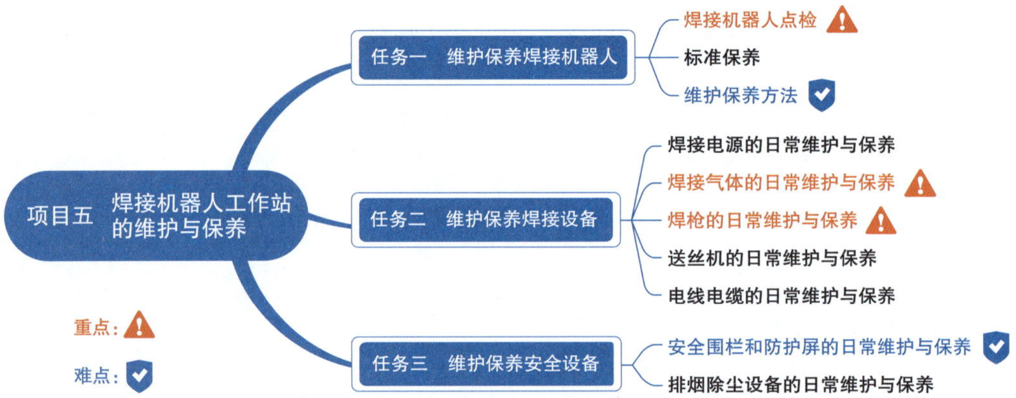

任务一　维护保养焊接机器人

情景导入

某助理工程师将被派往汽车制造厂和团队成员一起负责焊接机器人工作站的维护保养。其核心任务是确保焊接机器人高效稳定运行，延长其使用寿命。通过本次任务，将深入学习焊接机器人的日常检查、清洁、润滑等关键维护保养知识，为生产线的高效运转提供技术支持。

学习目标

一、知识目标

①了解点检的概念。
②了解焊接机器人维护保养注意事项。

二、能力目标

①能使用“五感”对焊接机器人进行点检。
②能根据维护保养情况撰写报告。

三、素养目标

①培养学生安全意识和防护能力。
②锻炼学生的责任心和团队合作精神。

任务描述

ABB-IRB260 焊接机器人在汽车制造厂的生产线上已经连续工作了一段时间，现在需要进行全面的维护保养，以确保其性能和延长使用寿命。请和团队成员一起对这台机器人进行维护保养操作，并编写维护保养报告，包括已完成的维护保养项目、发现的问题及解决方案等，并提交给上级主管审核。

任务分析

机器人类型、使用环境和应用需求不同，其维护保养的要求和注意事项就不同，因此需要先明确设备了解其说明书要求再进行维护保养操作，具体任务流程如图 5-1-1 所示。

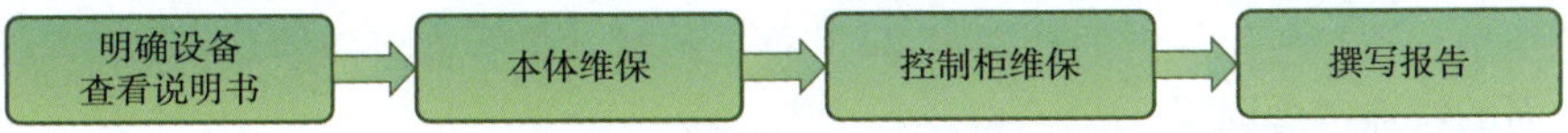

图 5-1-1　机器人维护保养任务流程

核心知识

视频

点检

一、焊接机器人点检

定期保养机器人可以延长机器人的使用寿命，机器人的保养周期可以分为每天、一个月、半年等。对机器人进行定期检查、测试和调整，以确保其正常运行、预防故障并延长使用寿命的过程称为点检。点检工作通常包括以下几个关键方面：

①外观检查：检查机器人的外观是否完好，注意有无变形、磨损或锈蚀等现象。检查电缆、气管等连接部位是否紧固，有无松动或破损等问题。

②功能测试：对机器人的运动控制、传感器、执行器及通信等各项功能进行测试。确保机器人在执行任务时能够准确、稳定地运行。

③润滑保养：定期对机器人的关键部位，如关节、轴承等进行润滑，以减少磨损。检查润滑油或润滑脂的水平和质量，必要时进行更换或补充。

④系统检查与调整：检查机器人的操作系统和软件是否需要更新或调整。对机器人的参数进行校准，确保其性能达到最优状态。

⑤安全防护检查：检查机器人的安全防护装置是否完好有效。确保在紧急情况下，机器人能够安全停机或执行其他安全措施。

⑥记录与分析：每次点检后，详细记录检查情况、发现的问题及处理措施。定期对点检记录进行分析，以发现潜在问题并采取预防措施。

通过执行这些点检步骤，可以及时发现并解决机器人可能存在的问题，确保其处于良好的工作状态，从而提高生产效率并降低故障率。此外，点检还有助于延长机器人的使用寿命，减少维修成本。

注意：具体的点检项目和周期可能因机器人类型、使用环境和应用需求而有所不同。因此，在实际操作中，应根据相关手册和厂家建议制订适合自己的点检计划。

视频

标准保养

二、标准保养

对于焊接机器人来说，其标准保养分为本体常规检查和控制柜保养两大模块。

1. 本体常规检查

①本体清洁：根据现场工作对机器人本体进行除尘清洁。

②本体和6轴工端固定检查：检查本体及工具是否固定良好。

③各轴限位挡块检查：逐一检查各轴限位挡块的安装位置、磨损情况及功能有效性。

④电缆状态检查：检查机器人信号电缆、动力电缆、用户电缆、本体电缆的使用状况与磨损情况。

⑤密封状态检查：检查本体齿轮箱，手腕等是否有漏油、渗油现象。

2. 控制柜保养

①控制柜清洁。

②控制柜各部件牢固性检查。

③示教器清洁。

④电路板指示灯状态。

⑤控制柜内部电缆检查。

其中，清洁是其中重要的一项内容。想长时间正常运行，定期清洁设备十分重要，清洁频次取决于产品的工作环境。根据设备的不同防护类型，可采用不同的清洁方法，清洁之前务必确认机器人的防护类型。务必使用规定的清洁设备，其他任何清洁设备都可能缩短机器人的寿命。

清洁方面的特殊考虑因素：

①在清洁之前，务必检查是否已将所有保护罩都装到了机器人上。

②不用压缩空气来清洁机器人。

③切勿用未经公司同意的溶剂来清洁机器人。

④不要在0.4 m以内喷水。

⑤在清洁机器人之前，不要拆除任何盖罩或其他防护装置。

三、维护保养方法

为了维持设备的原有性能，通过人的“五感”或简单的工具、仪器，按照预先设定的周期和方法，对设备上的规定部位进行有无异常的预防性周密检查。为了使设备的隐患或缺陷能够得到早期的发现，早期预防，早期处理。

人的“五感”技能包括视觉、听觉、触觉、嗅觉和味觉(仅适用于食品级)。通过“视觉”可以检测螺栓是否松动、液压或气压是否正常、油位油温是否正常、管线是否有破损，以及减速箱是否漏油等。通过“听觉”可以检测机械设备的异常响声、电机减速机是否有异响、轨道链条运行是否有异响、轴承运转是否有异响等。通过“触觉”可以检测电机表面温度是否异常、电缆电线表面温度是否异常升高、精密设备表面是否油污严重等。通过“嗅觉”可以检测电机减速机是否有异味、传送带是否有异味、电器元件是否有异味。

点检可根据实际要求定义周期，一般是每天和每周。点检工作内容包括“五感”点检、修理、调整、清扫、润滑和排水。检测的十大要素包括压力、温度、流量、泄漏、油脂、异响、振动、磨损以及松弛等。点检记录内容则包括：

①每天点检记录(见表5-1-1)，由岗位操作人员填写。

②每周点检记录，由设备技术员填写。

③定期检查记录。

④维修或者设备更新报告。

表 5-1-1　焊接机器人点检表

类别	编号	检查项目	要求标准	方法	1	2	3	4
点检	1	本体清洁	无灰尘异物	擦拭				
	2	控制柜通风情况	清洁无污染	测				
	3	示教器屏幕	显示正常	看				
	4	示教器使用	正常控制工业机器人	试				
	5	急停按钮	急停按钮运行正常	测试				
	6	气管、接头、气阀	密封性完好，无漏气	听、看				
	7	电机	无异常声响	听				
	8	其他设备	正常运行	运行				
	9	焊枪						
	确认人签字							
备注	日点检要求每日开工前进行。 设备点检、维护正常画“√”；使用异常画“△”；设备未运行画“/”。							

四、维护保养注意事项

在进行机器人维护保养时，需遵循以下注意事项：

①目测检查机器人，确保其未受损。受损及缺少零部件的机器人，切勿安装，否则有发生重大事故、人员受伤的危险。

②移动机器人前，请先检查机器人的稳定性，避免倾斜危险。

③电缆包装易受机械损坏，必须小心处理，尤其是连接器，以避免损坏电缆包装，否则机器人无法正常运行。

④开箱时，请仔细确认：运输中是否有破损现象；本机铭牌型号、规格是否与订货要求一致。如果发现型号不符或器件遗漏等情况，请速与厂家或供货商联系。

⑤检查本体电缆防护套有无损坏（磨损、恶劣环境高温烫坏、金属割伤）。

⑥检查电机接头、重载连接器有无水渍。

⑦检查本体手腕、各关节轴，确认是否存在漏油现象，是否有由切削残渣或飞溅物引起的异常磨损迹象，同时确保本体关节上的硬限位块完好无损且功能正常。

此外，不同类型的机器人具有不同的维护保养要求。为了获取具体的维护保养指导，建议参考各自机器人的配套说明书。以 IRB260 机器人为例，其维护保养要求可参考表 5-1-2。

表 5-1-2　IRB260 机器人维护计划

维护活动	间隔	注意事项
齿轮箱换油，轴 1、2、3	40 000 小时	终身润滑，免维护单元
腕部装置换油		当变速箱使用壳牌 Tivela S 150 润滑时，不需要更换齿轮油来进行预防性维护
SMB 单元更换电池包	电池电量不足报警 1	电池组，DSQC633A 型测量系统（2 极电池触点）
SMB 单元更换电池包	36 个月或电池电量不足报警 2	电池组，RMU101 或 RMU102 型测量系统（3 极电池触点）
检查上下臂所有信号电缆	36 个月	如果损坏，请更换
检查所有信息标签	12 个月	替换所有损坏、消失或无关的标签
更换机械限位轴 1	60 个月	如果轴已弯曲，请进行更换

任务实施

一、准备工作

①领取安全防护装备及工具箱。

②正确穿戴安全防护装备。

二、机器人维护保养

①查找 ABB-IRB260 机器人说明书，了解维护保养要求。

②完成 ABB-IRB260 焊接机器人的日常点检表 5-1-1。

③完成对设备的定期维护保养操作，填写记录单 5-1-3。

表 5-1-3　设备检查及处理记录单

设备：			维保日期：	
序　号	问　题	诊断步骤及要点	处 理 结 果	记 录 照 片
1				
2				
3				

④编写维护保养报告，填写表 5-1-4，形成报告。

表 5-1-4　维护保养报告

段　落	标　题	内　容
一	概述：维护保养概述，包括维护保养背景和目标	
二	问题与解决方案：维护保养过程中发现的设备问题及解决方案	
三	结论与建议：包括维护保养总结和后续改进建议	
四	附录：包含维护保养过程照片记录、相关数据记录表格、软件更新记录与说明	

三、任务结束

①归还安全防护装备和工具箱。

②操作现场 5S 整理。

③提交报告。

任务评价

任务评价见表 5-1-5。

表 5-1-5　机器人维护保养任务评价表

序号	主要内容	考核要求	评分标准	配分	得分
1	机器人维护保养	正确完成机器人的维护保养	能够利用“五感”正确完成点检表，每错误一处扣 5 分	30	
2	维护保养报告	能正确撰写维护保养报告	报告内容全面无遗漏，每错误一处扣 5 分；报告语言规范，表达流畅清晰，得 10 分	30	
3	规范注意事项	规范使用工具	在维护保养过程中规范使用各类工具，操作错误一处扣 5 分	20	
4	安全注意事项	注意维护保养过程中的安全	操作过程中出现安全问题扣 10 分；导致设备损坏扣 20 分	20	
合计				100	

拓展阅读

陈虎：设备维修领域首席工匠

陈虎努力钻研业务技术，先后取得了无线电维修中级、电气设备安装技师、低压电器维修高级技师等资格，多次荣获 3515 公司“先进工作者”“技术革新先进个人”等称号，并被公司聘为“设备维修领域首席工匠”。

自 1994 进入 3515 公司以来，十几年来一直从事电器设备维修工作，立足本职，踏实工作，并利用业余时间自学了无线电、计算机编程、工业自动化技术等专业知识。

为了使同事对转盘机有更直观的了解，他用 4 个月的时间制作了一个 4 工位转盘机的模型，转盘机、注射机、操作软件一应俱全，为工友演示的同时，也使自己对设备有了更深层次的理解。德国厂家的工程师说，看了你们的演示模型，我对 3515 公司的维修能力有了一个新的认识。在他的精心维护下，进口设备德士马转盘机一直保持良好运行，为公司完成各项限期任务提供了有力保障。

2006 年，公司投千万巨资引进了世界一流的德国全自动双密度橡胶注射机。设备刚运行时，面对厚厚几大本英文说明书，陈虎茫然无措，无从下手，有问题只能请教厂方工程师，但关键技术他们会说：“这个你不需要知道！”那种不屑的眼光和言语中的傲慢刺痛了陈虎。不就是英语翻译吗？一定要争口气！于是，陈虎利用业余时间查资料动手翻译，几个月的艰辛努力，几大本英语说明书硬是被陈虎啃下来。为了加深理解，他还制作了示教模型，模拟机器运转，学会后又讲解给同事，使维修团队在很短时间就了解掌握了设备的原理与检修关键点。

二十多年来，陈虎一直兢兢业业，立足本职，踏实工作，弘扬工匠精神，凡事全力以赴。迄今为止，陈虎个人获得 23 项国家专利，其中发明专利 7 项，30 多个革新项目得到公司奖励。在自己做出成绩的同时，陈虎毫无保留地将所学技术传授给班组成员。

陈虎劳模创新工作室在 2014 年 4 月成立。在工作中，陈虎劳模创新工作室围绕企业生产需要，不断攻克难题，持续不断开展创新。工作室围绕提高皮鞋生产转盘机的效能，专门研发了转盘机控制模块，并组织编写了配套程序，解决了企业长期依赖进口配件的技术难题，节约了维修费用 30 万多元，当年创造利润 153 万元，并申报发明专利一项。

任务二　维护保养焊接设备

情景导入

置身于汽车制造厂，焊接机器人是生产核心，而焊接设备的维护保养至关重要。为确保焊接效果与生产线高效运转，团队还需要深入学习焊接设备维护知识，定期检查、润滑、更换磨损部件。专业技术支持，是生产线顺畅的坚强后盾。

学习目标

一、知识目标

①掌握焊接设备的保养内容。
②掌握焊接设备的保养要求。

二、能力目标

①能完成焊接电源的日常维护与保养。
②能完成焊接气体的日常维护与保养。
③能完成焊枪的日常维护与保养。
④能完成送丝机的日常维护与保养。
⑤能完成电线电缆的日常维护与保养。

三、素养目标

①培养学生安全意识和防护能力。
②锻炼学生的责任心和团队合作精神。

任务描述

你与团队成员共同参与的焊接机器人工作站日常维护保养工作还包括对焊机、焊枪、送丝机，以及供气系统等关键焊接设备的细致检查与维护。具体任务包括对焊机进行深度清洁，确保无灰尘和杂物；紧固各部件的接头和螺栓，以防松动或脱落；检查电气仪表的工作状态，确保其准确性和稳定性。

任务分析

在进行焊接设备的维护保养的时，必须遵守安全操作规程，先进行外观的判断，保证焊接设备整洁无异物，之后使用相关工具对对应设备进行维护。

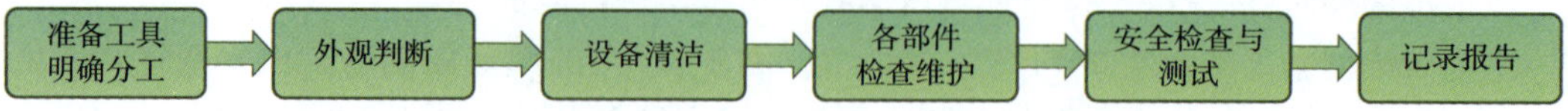

图 5-2-1　焊接设备维护保养任务流程

核心知识

视 频

焊接电源的日常维护与保养

一、焊接电源的日常维护与保养

1. 搬运或移动

手持搬运本产品时有危险，尽量使用吊车或叉车实施搬运作业，操控设备如图 5-2-2 所示。向下吊放搬运时使用吊环并且必须 2 点悬挂，如图 5-2-3 所示。

图 5-2-2　操控设备外观

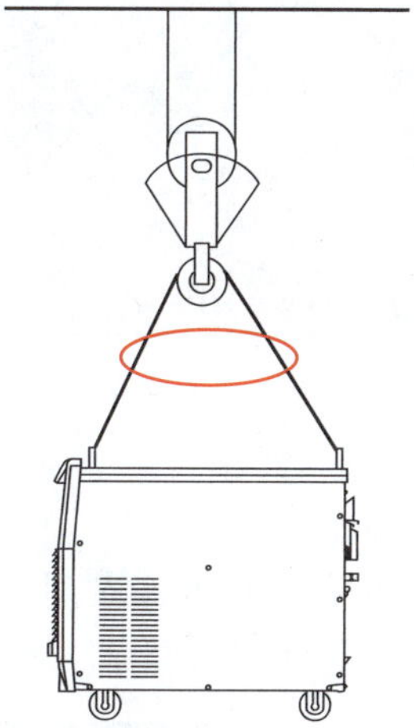

图 5-2-3　吊装示意图

人手持搬运移动时，不要单人实施，在实施手持搬运时由多人配合共同实施。手推移动时，为了保护脚轮及地面不要紧急转向，不要放置在坡面上，因为焊机带有脚轮，放置于坡面时危险。

2. 外观检查

检查电缆连接处螺钉是否紧固，平垫、弹垫是否齐全，有无生锈氧化等不良现象，检查焊机输出接线是否规范、牢固，并且出线方向向下是否接近垂直，如图 5-2-4 所示。检查焊机机壳接地是否牢靠，如图 5-2-5 所示。

图 5-2-4　检查电缆

图 5-2-5　检查机壳接地

检查焊机电源、母材接地良好、规范，如图 5-2-6 所示。

检查电缆连接处要可靠绝缘，用胶带包扎好。电源线、焊接电缆与电焊机的接线处屏护罩是否完好，如图 5-2-7 所示。

图 5-2-6　检查接地

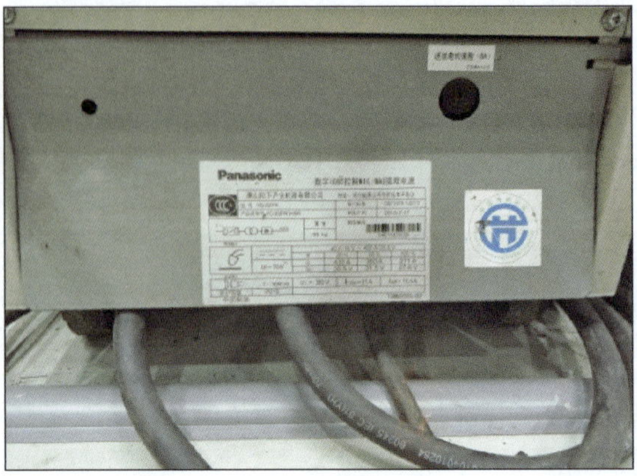

图 5-2-7　屏护罩

3. 冷却风扇

焊机冷却风扇转动是否灵活、正常，如图 5-2-8 所示。电源开关接通后风扇就旋转，而当电源在待机状态持续 7 min 以后就会停止运转，进入省电模式。控制面板如图 5-2-9 所示。

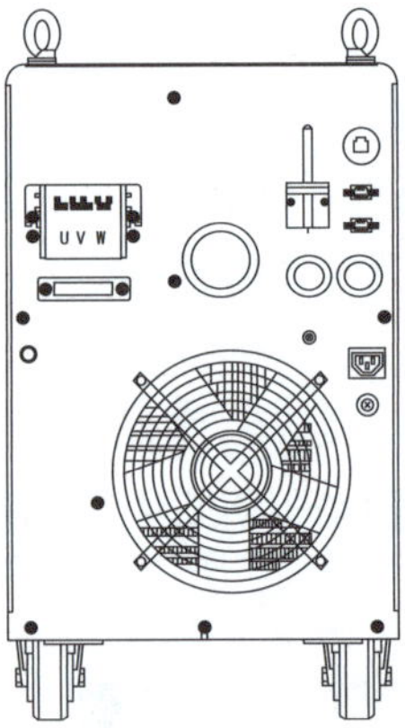

图 5-2-8　冷却风扇

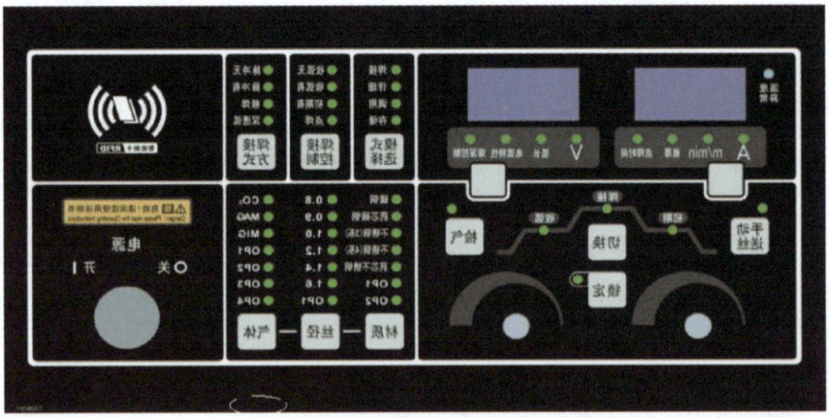

图 5-2-9　控制面板

4. 开关与电源

检查电源开关、电源指示灯及调节旋钮、控制面板等是否保持完好，电流表、电压表数值显示是否清晰准确、表面完好。

视频

焊接气体的日常维护与保养

5. 清洁设备

每周彻底清洁设备表面灰尘、油污一次。

二、焊接气体的日常维护与保养

①检查焊接气体有无泄漏，加热装置是否能正常加热。

②日常使用 CO_2 时流量计必须加热，刻度管与水平面垂直，如图 5-2-10 所示。

③气体流量根据电流确定，一般在 15～25 L/min 之间。

④气瓶（见图 5-2-11）必须直立固定好、一定不要使气瓶摔倒，否则流量计一定会损坏。

图 5-2-10　流量计

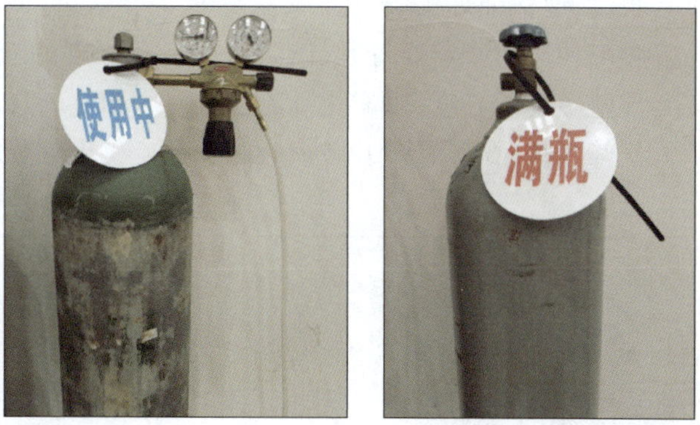

图 5-2-11　气瓶

⑤供气管路任何部位不应有气体泄漏现象，以节约气体。

⑥检查气管是否包扎并固定好，如图 5-2-12 所示。

⑦每半年对电焊机内部用压缩空气（不含水分）清除一次内部的粉尘（一定要切断电源后再清除）。在去除粉尘时，应将上部及两侧板取下，然后按顺序由上向下吹，附着油脂用布擦净。

视频

焊枪的日常维护与保养

三、焊枪的日常维护与保养

①检查焊枪紧固螺钉要拧紧，如图 5-2-13 所示。

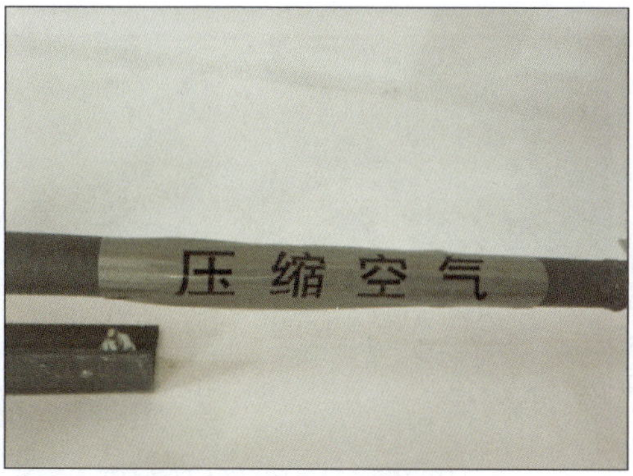

图 5-2-12　气管

图 5-2-13　检查焊枪

②送丝机的安装位置正确、连接处的接线与管路牢固可靠。

③焊枪弯曲半径不能小于 300 mm 否则供气和送丝会受到影响。枪管安装时必须到位并用扳手牢固拧紧。绝缘套管完好无损，若破损及时处理，如图 5-2-14 所示。

图 5-2-14　焊枪

④导电嘴的长度要与喷嘴长度相等或比喷嘴短 2 ~ 3 mm 为宜，如图 5-2-15 所示。导电嘴内孔磨损较大时应及时更换，以保证电弧稳定。导电嘴必须拧紧，使用时需配相应工具。焊接时保证干伸长度，以保证焊接质量。

⑤喷嘴使用时一定要拧紧，以防止漏气和长度的变化。及时清理喷嘴口与喷嘴内部飞溅物。保证与导电嘴的同心度，以避免乱流、涡流，如图 5-2-16 所示。

⑥气筛焊接时必须使用，破损时必须更换。出气要均匀；防止喷嘴与导电嘴粘连，如图 5-2-17 所示。

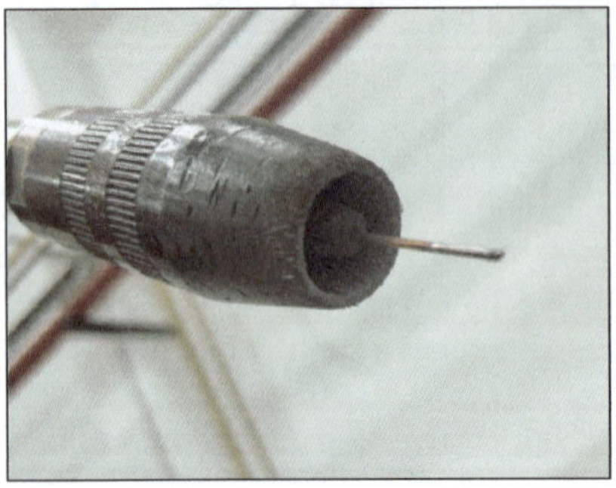

图 5-2-15　导电嘴

图 5-2-16　喷嘴

图 5-2-17　气筛

视频

送丝机的日常维护与保养

四、送丝机的日常维护与保养

①送丝轮槽径、焊接电源面板上丝径选择、手柄压力与焊丝直径对应，如图 5-2-18 所示。

②焊接电流符合焊丝直径允许使用电流范围。

③除焊丝铝盘轴外，其他部位不能加油润滑。

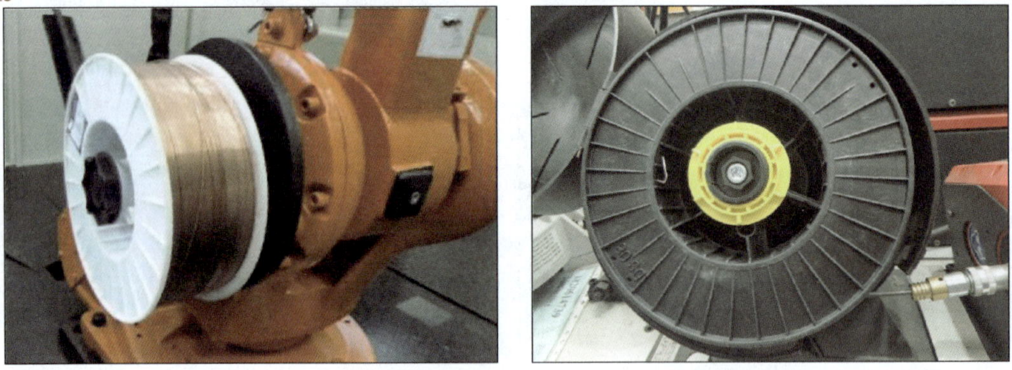

图 5-2-18　焊丝铝盘

④送丝软管长度要符合要求（以出厂原配为准），不宜过短。

视频

电线电缆的日常维护与保养

⑤要定期检查送丝阻力，及时对送丝软管内部进行清理、除尘、除屑，如图 5-2-19 所示。

⑥老化造成送丝不稳时，绝不能加油进行润滑，应及时更换。

⑦检查送丝装置矫正轮、送丝轮磨损及时更换，如图 5-2-20 所示。

五、电线电缆的日常维护与保养

①焊接回路中所有连接点牢固，不得虚接和松接。

图 5-2-19 送丝软管

图 5-2-20 送丝装置矫正轮、送丝轮内部图

②保证电缆截面积与焊机最大电流匹配。

③加长电缆线时不能盘绕，以防止产生电感，如图 5-2-21 所示。

④检查送丝装置电缆及气管是否包扎并固定好，如图 5-2-22 所示。

图 5-2-21 加长电缆线

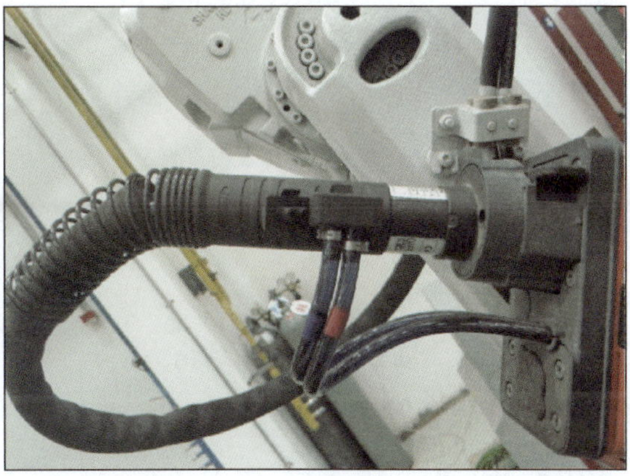

图 5-2-22 电缆、气管的包扎及固定

任务实施

一、准备工作

①领取安全防护装备及工具箱。
②正确穿戴安全防护装备。

二、焊接设备维护保养

①完成 5 个焊接设备的维护保养操作。
②完善上一任务的维护保养报告。
③完成任务记录单表 5-2-1。

表 5-2-1　焊接设备维护保养任务记录单

焊接工作站名称：		机器人型号：	制表人：		日期：
序号	工 作 内 容	关 键 流 程	任 务 结 果	出现的问题、原因	解 决 办 法
1	焊接设备维护保养	①准备工具	□完成 □未完成		
		②完成焊接电源的维保	□完成 □未完成		
		③完成焊接气体的维保	□完成 □未完成		
		④完成焊枪的维保	□完成 □未完成		
		⑤完成送丝机的维保	□完成 □未完成		
		⑥完成电线电缆的维保	□完成 □未完成		
2	撰写维护保养报告	基于任务一的表 5-1-4 填写焊接设备的维护保养内容	□完成 □未完成		

三、任务结束

①归还安全防护装备和工具箱。
②操作现场 5S 整理。
③提交报告。

任务评价

任务评价见表 5-2-2。

表 5-2-2　焊接设备维护保养任务评价表

序号	主要内容	考核要求	评分标准	配分	得分
1	焊接电源的日常维护与保养	焊接电源的日常维护与保养的内容和操作步骤	内容和步骤错误,每处扣 3 分	15	
2	焊接气体的日常维护与保养	焊接气体的日常维护与保养的内容和操作步骤	内容和步骤错误,每处扣 3 分	15	
3	焊枪的日常维护与保养	焊枪的日常维护与保养的内容和操作步骤	内容和步骤错误,每处扣 3 分	15	
4	送丝机的日常维护与保养	送丝机的日常维护与保养的内容和操作步骤	内容和步骤错误,每处扣 3 分	15	
5	电线电缆的日常维护与保养	电线电缆的日常维护与保养的内容和操作步骤	内容和步骤错误,每处扣 3 分	15	
6	维护保养报告	能正确撰写维护保养报告	报告内容全面无遗漏,每错误一处扣 5 分;报告语言规范,表达流畅清晰,得 5 分	10	
7	规范注意事项	规范使用工具	在维护保养过程中规范使用各类工具,操作错误一处扣 5 分	5	
8	安全注意事项	注意维护保养过程中的安全	操作过程中出现安全问题扣 10 分	10	
合计				100	

任务三　维护保养安全设备

情景导入

置身于繁忙的工厂环境中,安全设备的维护保养工作显得尤为关键。如果安全设备因为缺乏保养而失效,那些原本被设计用来保护人们生命安全的装置将无法发挥作用,后果不堪设想。为了保障工厂的安全运营,需要定期对安全设备进行维护保养,为工厂的安全生产保驾护航。

学习目标

一、知识目标

①熟悉工作站安全围栏和防护屏维护与保养要求。

②了解安全光栅的工作原理和工作方式。

③了解排烟除尘设备中的主要构造和日常保养要求。

二、能力目标

①会对安全围栏和防护屏进行日常维护与保养。
②会对排烟除尘设备进行维护与保养。

三、素养目标

①培养学生安全意识和防护能力。
②锻炼学生的责任心和团队合作精神。

任务描述

作为焊接机器人工作站的维护保养团队，在日常工作中要对安全围栏和防护屏四周与内外的灰尘、油腻进行清除，保持外观清洁、整洁、无破裂损坏。检查壁板与壁板之间、围栏与地面固定螺钉是否松动。检查安全锁是否有故障或损坏，检查除烟设备的各个组成部分是否正常工作。请完成日常工作的同时做好巡查记录。

任务分析

在对安全围栏进行维护保养时，要对光栅进行功能调试，确保能够及时反馈信号，并检查光栅镜面反射元件表面是否有异物，并且光栅相对脆弱，需要检查光栅周围环境是否整洁、安全。

在维护除烟设备时要注意断电保养，确保人身安全，及时更换损坏的仪表和使用损耗后的滤芯。

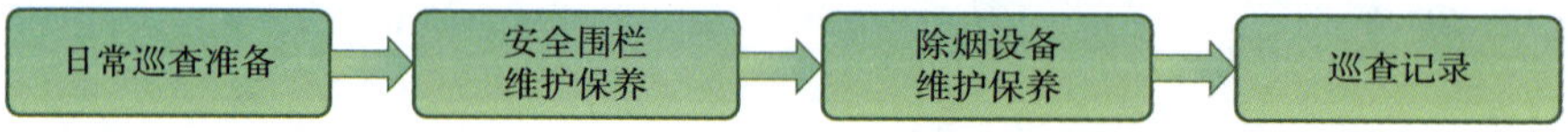

图 5-3-1　安全设备维护保养任务流程

核心知识

一、安全围栏和防护屏的日常维护与保养

1. 安全围栏和防护屏作用

安全防护围栏和防护屏是在工作站外围设立防护机械措施，能有效隔挡焊接时产生的电弧光与焊渣飞溅。当进入工作现场时，能保证人和设备有足够的安全距离。安全围栏设有安全门，并设有安全锁，能有效地防止系统运转时人员进入后发生危险。机器人速度慢，但是很重并且力度很大，运动中的停顿或停止都会产生危险。即使可以预测运动轨迹，但外部信号有可能改变操作，会在没有任何警告的情况下，产生预想不到的运动，当保护空间内有工作人员时可能会引起不必要的人身伤害。以保证人员和设备安全。

2. 安全围栏和防护屏选用

基材应选用轻巧防锈、造型新颖、美观耐用、结构简洁、整体牢固、拆装方便、使用寿命长的材料，如图 5-3-2 所示。

3. 安全光栅其工作原理

通过发光器发射光信号，接收器直接接收光信号，形成保护光幕，受光器监控光幕的通断状态，并把光幕的通断信号通过内部电路处理，直接输出低电平（通光时）或高电平（挡光时），通过传输线连到 PCL 或者报警器报警电路，从而实现设备停止或者发出安全报警，如图 5-3-3 所示。

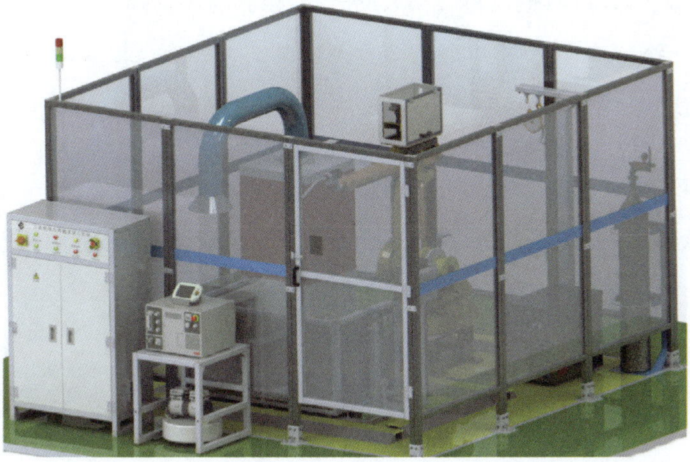

图 5-3-2　安全围栏和防护屏

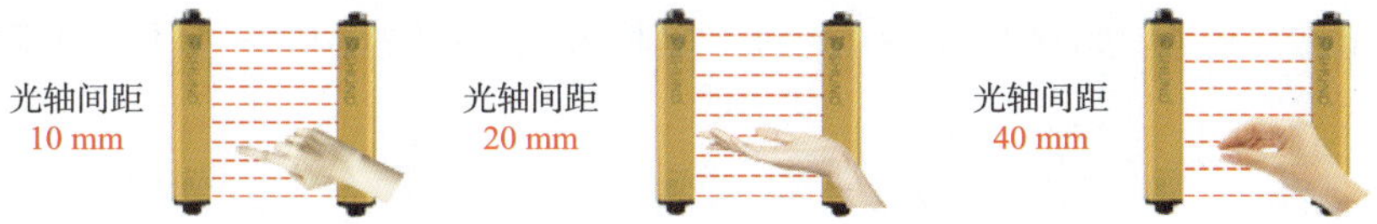

（a）手指保护（或者其他较小物体）　（b）手掌保护（大于20 mm小于40 mm的物体）　（c）手臂保护（大于40 mm小于70 mm的物体）

图 5-3-3　安全光栅

4. 安全围栏和防护屏日常维护

日常主要以擦拭安全围栏和防护屏四周与内外的灰尘、油腻，保持外观清洁、整洁、无破裂损坏。检查壁板与壁板之间、围栏与地面固定螺钉是否松动。检查安全锁是否有故障或损坏。

5. 安全光栅保养和维护要注意的事项

①安全光栅每天都要进行调试，而且要做好记录。调试时，遮挡每一束光线看机械是否正常停止，如图 5-3-4 所示。

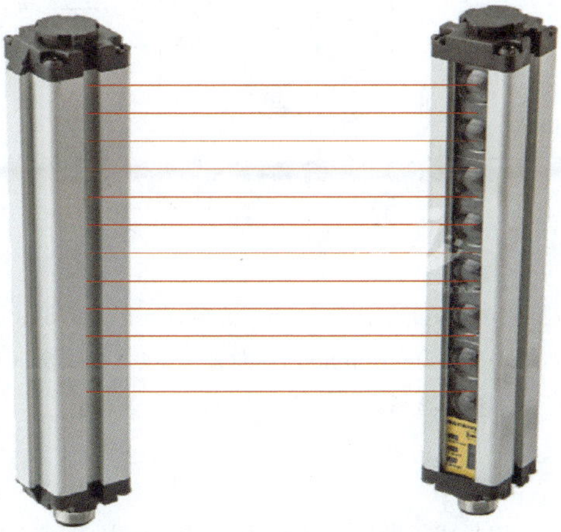

图 5-3-4　安全光栅光线示意图

②定期清理镜面的灰尘，擦拭时，最好用干的抹布或者面纸擦拭。

③不要经常调换安全光栅发光器和受光器的位置，如图5-3-5所示，经常调换会让安全光幕没有以前的紧，尤其是机器人或其他设备震动大的时候，很容易震动掉。

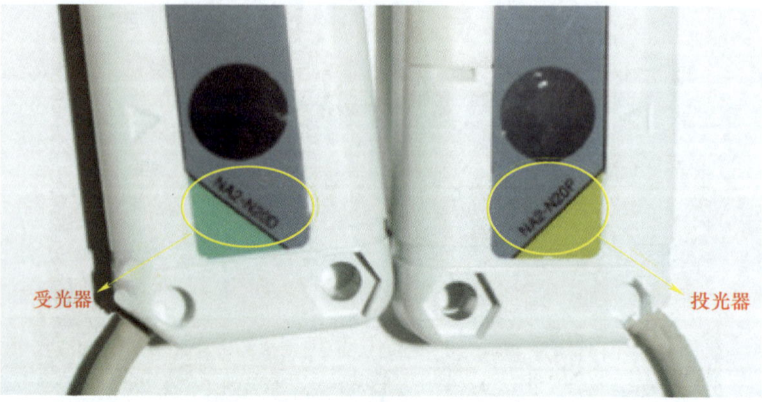

图5-3-5　发光器和受光器

④避免在安全光栅周围放置物体，尤其是重量大、易倒的物体，以免不小心砸坏安全光幕。

⑤安全光栅出现任何问题要先联系专业厂家或者服务商，发生故障时不要私自拆卸维修。

二、排烟除尘设备的日常维护与保养

排烟除尘设备维护与保养工作，若不按规定的时间间隔进行维修与维护，则该设备在运行与运转中会出现风量少、风机无法启动、风机噪声大、不吸烟尘等问题。

1. 排烟除尘设备的内部构造（见图5-3-6）

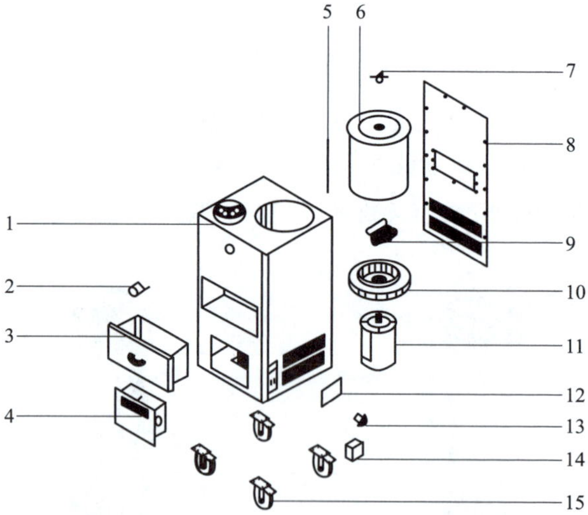

1—机箱；2—压差表；3—抽屉；4—电箱；5—螺杆；6—滤筒；7—把手螺母；8—侧板；9—自动脉冲阀；10—风叶；11—电机；12—液晶屏；13—总开关；14—接线盒；15—万向轮。

图5-3-6　排烟除尘设备内部构造

2. 维护或保养工作安全须知

对设备进行维护或保养工作时，必须将设备停机并断开电源和卸压处理。如果在设备运行时进行上述工作，会使维护或保养人处于危险状态。

日常保养时，清扫设备上的灰尘要求达到：外观清洁、明亮；操作灵活，运转正常；安全防护，指示仪表齐全、可靠。

3. 按技术标准更换滤芯

①根据压差表提示更换，如图 5-3-7 所示。

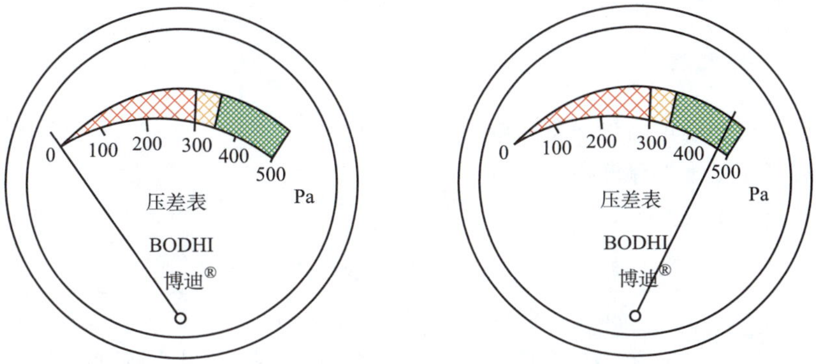

（a）压差表正常指示　　（b）压差表提示更换滤芯

图 5-3-7　压差表

②根据运行时间超过 20 000 h 的最大使用时间更换。

③更换或清理滤芯步骤，按照以下步骤更换或清洗滤芯，如图 5-3-8 所示。

- 拧下螺杆把手和螺母。
- 取下滤筒盖板。
- 取出滤筒，进行清理或更换。
- 以相反的顺序完成重装。

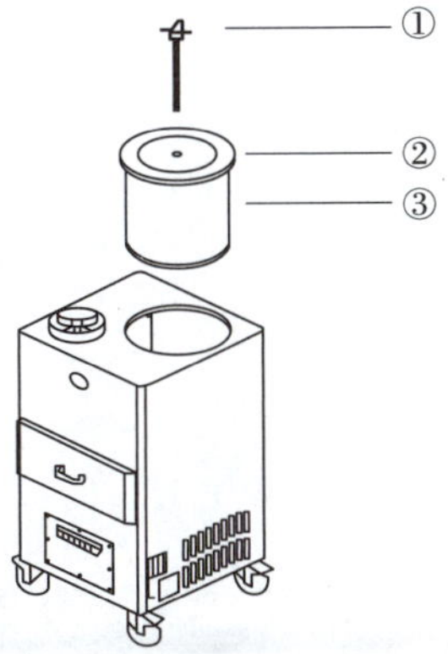

图 5-3-8　更换或清理滤芯示意图

学习笔记

任务实施

一、准备工作

①领取安全防护装备及工具箱。
②正确穿戴安全防护装备。

二、焊接设备维护保养

①完成安全围栏和排烟除尘设备的维护保养操作。
②完成焊接工作站维护保养报告。
③完成任务记录单表5-3-1。

表5-3-1　安全设备维护保养任务记录单

<table>
<tr><td colspan="3">焊接工作站名称：</td><td colspan="2">机器人型号：　　　　　　　　　　制表人：</td><td>日期：</td></tr>
<tr><th>序号</th><th>工作内容</th><th>关键流程</th><th>任务结果</th><th>出现的问题、原因</th><th>解决办法</th></tr>
<tr><td rowspan="3">1</td><td rowspan="3">安全设备维护保养</td><td>①准备工具</td><td>□完成
□未完成</td><td rowspan="3"></td><td rowspan="3"></td></tr>
<tr><td>②完成安全围栏和防护屏的维保</td><td>□完成
□未完成</td></tr>
<tr><td>③排烟除尘设备的维保</td><td>□完成
□未完成</td></tr>
<tr><td rowspan="2">2</td><td rowspan="2">撰写维护保养报告</td><td>①基于上一任务的表5-1-4填写安全设备的维护保养内容</td><td>□完成
□未完成</td><td></td><td></td></tr>
<tr><td>②对报告进行修改、排版</td><td>□完成
□未完成</td><td></td><td></td></tr>
</table>

三、任务结束

①归还安全防护装备和工具箱。
②操作现场5S整理。

任务评价

任务评价见表5-3-2。

表5-3-2　安全设备维护保养任务评价表

序号	主要内容	考核要求	评分标准	配分	得分
1	安全围栏和防护屏的日常维护与保养	安全围栏和防护屏的日常维护与保养的内容和操作步骤	内容和步骤错误，每处扣5分	35	
2	排烟除尘设备的日常维护与保养	排烟除尘设备的日常维护与保养的内容和操作步骤	内容和步骤错误，每处扣5分	35	
3	维护保养记录	能正确填写记录表	表格内容全面无遗漏，每错误一处扣5分	10	

续表

序号	主要内容	考核要求	评分标准	配分	得分
4	规范注意事项	规范使用工具	在维护保养过程中规范使用各类工具，操作错误一处扣5分	10	
5	安全注意事项	注意维护保养过程中的安全	操作过程中出现安全问题扣10分	10	
合计				100	

巩固练习

一、选择题

1. 检查机器人的操作系统和软件是否需要更新或调整。对机器人的参数进行校准，确保其性能达到最优状态属于点检中的(　　)。

A. 润滑保养　　B. 功能测试　　C. 外观检查　　D. 系统检查与调整

2. 控制柜清洁不需要特殊考虑的因素为(　　)。

A. 在清洁之前，务必检查是否已将所有保护罩都装到了机器人上

B. 不用压缩空气来清洁机器人

C. 切勿用公司未同意的溶剂来清洁机器人

D. 在清洁机器人之前，请拆除盖罩或其他防护装置

3. 气体流量根据电流确定，一般在(　　)之间。

A. 0~6 L/min　　B. 30~50 L/min　　C. 12~20 L/min　　D. 15~25 L/min

4. 焊枪弯曲半径不能小于(　　)，否则供气和送丝受影响。

A. 100 mm　　B. 500 mm　　C. 200 mm　　D. 300 mm

5. 更换或清理滤芯步骤顺序为(　　)。①取下滤筒盖板。②拧下螺杆把手和螺母。③以相反的顺序完成重装。④取出滤筒，进行清理或更换。

A. ①、②、③、④　　B. ③、①、②、④

C. ④、④、②、③　　D. ②、①、④、③

二、填空题

1. 点检工作通常包括以下几个关键方面：________、________、________、________、________、________。

2. 对于焊接机器人来说，其标准保养分为________和________两大模块。

3. 通过________可以检测机械设备的异常响声、电机减速机是否有异响、轨道链条运行是否有异响、轴承运转是否有异响等。

4. 为了保护脚轮及地面不要紧急转向，________不要放置在坡面上。

5. 焊接气体在日常维保中需要注意，气瓶必须________固定好、一定不要使气瓶摔倒，否则流量计一定会损坏。

6. 安全光栅其工作原理是通过________发射光信号，________接收光信号，形成保护光幕，受光器监控光幕的通断状态，并把光幕的通断信号通过内部电路处理。

7. 排烟除尘设备维护与保养的工作，若不按规定的时间间隔进行维修与维护，则该设备在运

行与运转中会出现________、________、________、________等问题。

三、简答题

1. 什么是点检？

2. 机器人的标准保养包含哪些内容？

3. 简述焊接机器人工作站需要维护保养的焊接设备及其注意事项。

参 考 文 献

[1] 杜志忠. 机器人焊接编程与应用[M]. 北京:机械工业出版社,2019.
[2] 邱葭菲. 工业机器人焊接工艺与技能[M]. 北京:中国工信出版传媒集团有限责任公司,2023.
[3] 黎文航. 焊接机器人技术与系统. 北京:机械工业出版社,2023.
[4] 戴建树. 机器人焊接工艺[M]. 北京:机械工业出版社,2024.